U0323055

普通高等教育"十二五"规划教材

采矿工程CAD绘图基础教程

主　编　徐　帅　李元辉

副主编　刘建坡　郑贵平

北　京

冶金工业出版社

2023

内 容 提 要

本书围绕采矿工程图纸的绘制，系统介绍了采矿工程图纸的基本知识，采矿工程图纸的阅读与绘制方法，常用辅助绘图软件 AutoCAD 的绘图环境和绘图方法、采矿工程二维图形的创建与修改、文字及表格、图块及外部参照、尺寸标注、三维模型的构建、图纸的打印与输出等知识。书中各章均附有大量的习题，通过练习，可以巩固所学内容，加深理解。

本书作为高等院校教材，主要供采矿工程专业本科生和研究生使用，也可供矿业工程其他专业学生或相关技术人员参考，还可作为继续教育和企业培训用书。

图书在版编目(CIP)数据

采矿工程 CAD 绘图基础教程/徐帅，李元辉主编 . —北京：冶金工业出版社，2013.12 (2023.8 重印)
普通高等教育"十二五"规划教材
ISBN 978-7-5024-6441-7

Ⅰ. ①采… Ⅱ. ①徐… ②李… Ⅲ. ①矿山开采—AutoCAD 软件—高等学校—教材 Ⅳ. ①TD8 - 39

中国版本图书馆 CIP 数据核字(2013)第 284336 号

采矿工程 CAD 绘图基础教程

出版发行	冶金工业出版社	电 话	(010)64027926
地 址	北京市东城区嵩祝院北巷 39 号	邮 编	100009
网 址	www. mip1953. com	电子信箱	service@ mip1953. com

责任编辑 郭冬艳 张耀辉 美术编辑 吕欣童 版式设计 孙跃红
责任校对 李 娜 责任印制 禹 蕊
北京虎彩文化传播有限公司印刷
2013 年 12 月第 1 版，2023 年 8 月第 7 次印刷
787mm×1092mm 1/16；21.5 印张；516 千字；328 页
定价 42.00 元

投稿电话 (010)64027932 投稿信箱 tougao@ cnmip. com. cn
营销中心电话 (010)64044283
冶金工业出版社天猫旗舰店 yjgycbs. tmall. com
(本书如有印装质量问题，本社营销中心负责退换)

前　言

随着以信息技术为代表的技术革命迅猛发展，信息技术已成为当今社会发展的动力和经济发展的基础。利用高新技术改造传统矿山产业，是实现我国矿业高速发展，满足我国经济建设对矿山原材料不断增长的需求，保证我国矿山行业走可持续发展的必由之路。推进矿山信息化建设，依靠信息技术带动传统矿业发展同样也是未来矿山建设的发展方向。

采矿工程图纸是矿井设计、施工和生产过程中的重要工程资料，在生产实际中起着重要作用。利用计算机辅助设计技术提高采矿工程图纸生成的质量、速度和效率，实现采矿工程图纸设计、绘制和管理的现代化、数字化，不仅可以提高设计的效率、质量和精度，也可极大地降低设计人员的劳动强度。熟练运用计算机辅助设计技术已成为采矿工程专业学生和采矿工程技术人员必须掌握的基本技能。

现有的教材体系中，有大量的关于计算机辅助设计绘图的书籍和资料，但是针对采矿工程专业计算机辅助设计绘图的教材和资料非常有限，学生在学习此课程时，缺乏对应的教材，学习起来，非常不便。本书围绕采矿工程图纸的绘制，系统介绍了采矿工程图纸的基本知识，采矿工程图纸的阅读与绘制方法，应用常用辅助设计软件 AutoCAD 进行采矿工程图纸绘制等知识。通过对以上知识的学习，可以让采矿工程专业的学生具备扎实的制图知识，掌握利用计算机辅助设计技术绘制采矿工程图纸的技能。

本书共 12 章，第 1 章为采矿工程图纸的基础知识，介绍了采矿工程图纸的特点和分类、图纸的基本组成、图纸绘制的基本方法和基础矿山图纸的识读；第 2 章为采矿工程常用图纸的阅读与绘制，介绍了地形地质图、中段平面设计图、采矿方法图；第 3 章介绍了采矿工程计算机辅助设计的概念、组成、发展过程、发展概况；第 4 章介绍了 AutoCAD 的绘图环境配置；第 5 章介绍了 AutoCAD 的对象特性；第 6、7 章介绍了二维图形的绘制与编辑；第 8 章介绍了文字及表格的绘制；第9章介绍了图块及外部参照；第10章介绍了图形的尺寸标注；第11章介绍了采矿工程三维制图的基本概念、建模方法，采矿工程三维图形的绘制流程和基于三维模型的编辑与信息提取；第12章介绍了图纸的打印与输出。

本书的特点是：将采矿工程图纸绘制的基本知识与计算机辅助设计技术相结合，以采矿工程图纸的绘制为实例，阐述计算机辅助设计的相关技术；将国家制图标准《金属非金属矿山采矿制图标准》（GB/T 50564—2010）中采矿工程图纸绘制的相应规范分解到对应的章节中，使读者在学习的过程中，能够自觉遵守相应的国标规范，从而提高矿山图纸的绘制质量；在阅读和学习本书时，必须进行上机操作和实践，才能收到较好的效果。

本书由李元辉统筹编写工作和审阅，徐帅、李元辉任主编，刘建坡、郑贵平任副主编。第1、2章由李元辉、徐帅编写，第3~11章由徐帅编写，第12章由徐帅、刘建坡编写。全书的习题与上机练习由徐帅、刘建坡、郑贵平编写和整理，其他参与本书相关编写工作的还有安龙、彭建宇、黄晶柱、张雄天、张月侠、李坤蒙、刘凯等。

在本书编写过程中，参阅了大量的书籍，在此谨向相关作者表示感谢。本书的出版得到了东北大学教务处和采矿工程研究所的关怀与支持，并得到教育部"高等学校本科教学质量与教学改革工程——采矿工程专业综合改革试点"项目的资助，在此一并表示感谢！

由于编者水平所限，书中不足之处，欢迎广大读者批评指正。

编　者
2013 年 9 月

目　　录

第 2 篇　基于 AutoCAD 的采矿工程辅助设计基础

绪 论

A 采矿工程计算机辅助制图学习的意义

图纸是根据投影原理、标准或有关规定，表示工程对象的图形和相关文字说明的一种技术文件。图纸作为工程界共同的技术"语言"，是每个工程技术人员应当掌握的基本知识。只有掌握这种语言，才能表达自己的设计构思，领会别人的设计意图，进行工程技术的交流。要成为合格的工程技术人员，就需要经过严格、系统的学习和训练，具备阅读和绘制工程图纸的能力。

采矿是从地壳中将可利用矿物开采出来并运输到矿物加工地点进行加工处理的行为、过程或工作。在采矿的设计、施工和生产过程中，需要一系列图纸，来表明地面、地下、中段、矿体和井巷之间的相互关系和工序的前后，这种图纸被称为采矿工程图纸。采矿工程图纸是采矿设计、施工和生产过程中的重要的工程资料，通常包括地形地质图、中段平面图、勘探线剖面图、纵投影图、井巷断面图、采矿方法图等。

长期以来，矿山的图纸资料都是以纸质媒介为载体，用人工绘图方法来绘制。图纸作为信息的载体，流通性是其重要的属性，但纸质图纸由于图纸的固化作用，其复制、修改非常繁琐，导致图纸流通成本高、效益差。同时纸质图纸占用空间大，不易保存，且易受外界环境的光、热、湿、气、昆虫的影响而损坏。此外人工绘制的图纸，绘制、修改周期长，成图效率低，图纸质量精度差，人为误差大，图纸的质量严重依赖作图人的作图水平和个人习惯，图纸标准化和规范化困难。部分矿山虽然已经使用绘图软件进行辅助设计，但由于设计者对绘图软件不熟悉，致使绘图速度慢、效率低，加上部分设计者对采矿工程图纸绘制的规范和要求不清晰，导致利用计算机绘制的矿山图纸不够清晰、简洁和准确。

随着信息化技术的推广，传统的纸质图纸和绘图方法已经不能满足现代矿山企业生产管理的需要，计算机辅助设计技术开始广泛应用于采矿工程制图中。计算机辅助设计（computer aided design，简称 CAD）是利用计算机的计算功能和高效的图形处理能力，对产品进行辅助设计、分析、修改和优化。矿山生产中越来越多的矿图使用 CAD 技术进行绘制，其应用已涉及矿床开采设计的各个工艺环节，如绘制开拓系统图、井巷断面图、采矿方法图、爆破回采设计图、露天地下采区平面布置图、提升运输系统图、地质剖面图、地形地质图等。熟练运用采矿 CAD 技术逐渐成为矿山工程技术人员的必备技能。采矿工程专业学生毕业后要胜任矿山开采过程中图纸的设计和生产管理工作，熟练掌握基于计算机辅助设计技术的采矿工程图纸的阅读与绘制是十分必要和非常重要的。

B 采矿工程计算机辅助制图学习的内容

本书的内容主要有以下几个方面：

（1）采矿工程图纸的基础知识。介绍矿山企业的生产流程、矿山图纸的分类、采矿工程制图的基础知识、矿山制图的主要投影方法、采矿工程基础图纸的阅读。

（2）采矿工程图纸的阅读与绘制。介绍矿区地形图、矿山地质图、中段平面图、采矿方法图等图纸的阅读与绘制。

（3）采矿工程计算机辅助设计的背景知识。介绍计算机辅助设计的概念、发展、软硬件组成、采矿工程 CAD 的发展历程、AutoCAD 软件的概况。

（4）基于 AutoCAD 的二维图形的绘制。介绍 AutoCAD 的绘图环境和对象特性、二维图形的绘制、修改、文字及表格、图块及外部参照、尺寸标注等内容。

（5）采矿工程三维制图。介绍三维制图的基本知识、三维建模方法、采矿工程三维制图理论以及基于三维矿体模型的实体编辑。

（6）图形的打印与输出。介绍输出比例、打印样式、页面设置、模型空间输出图纸、图纸空间输出图纸、图形的转化。

C　采矿工程计算机辅助制图学习的目的和方法

a　学习目的

图纸是一种直观、准确、醒目、易于交流的表达形式，高质量的图纸应该能够很好地帮助设计者表达自己的设计思想和设计观点，因此"醒目、简洁、准确"是好的计算机绘制图纸的标准。所以，高效、高质量地完成既能保持大体风格统一，又能确保每张具有鲜明的特色，并能准确地表达出工程的分布和特征的采矿工程图纸，就是学习采矿工程制图的目的。

b　学习方法

要达到采矿工程制图的学习目的，需要有一些好的工作方法和习惯来支撑，无论是一个人绘制，还是一个工作小组合作，为了完成图面表达，都需要一些好的工作框架。一般来讲需要遵循以下几点：

（1）夯实基础，提升技能。影响绘图速度的主要是识图能力和图纸的绘制技巧。识图能力是看图和分析图纸的能力，如果识图能力差，绘图技巧再多，也仅仅是个会"依葫芦画瓢"的技工，而无法达到"心手合一"的设计师水平。对于初学者来说，学习的主要时间应该用来提高自己的识图能力，掌握空间形体与其投影之间的相互对应关系，完成"从空间到平面，再从平面到空间"的反复转换，提高空间逻辑思维能力和形象思维能力。

（2）加强实践，学以致用。采矿工程计算机辅助制图课程的特点是既有系统理论又有较强的实践性。因此，在学习中不能仅满足于对理论、原则的理解，还必须通过作图实践，以采矿工程相关图纸为中心，围绕采矿工程图纸进行学习和练习，在具体的应用中提高自己的识图能力和绘图技巧。不要把主要精力花费在对各个命令孤立的学习上；把学以致用的原则贯穿整个学习过程，使自己对绘图命令有深刻和形象的理解，有利于培养自己应用 CAD 独立完成绘图的能力。

（3）循序渐进，熟能生巧。整个学习过程应采用循序渐进的方式，先了解计算机绘图的基本知识，再由浅入深、由简到繁地掌握绘图的技能。随着对采矿工程相关专业课程的学习，逐渐掌握工程图纸的绘制方法后，利用计算机辅助设计绘图软件，多进行该类图纸的绘制，通过图纸绘制练习，提升绘图技巧，循环往复，提高绘图水平。

（4）端正态度，精益求精。采矿工程图纸是采矿设计、施工和生产过程中的重要工程资料，在生产实践中起着重要作用，其中任何一点差错都会给生产带来不应有的损失。因此作图时要端正态度，精益求精，认真细致，严格要求，树立对生产负责的思想，遵守工程制图的国家标准，培养良好的工作作风。

第 1 篇

采矿工程图纸基础

1　采矿工程图纸的基础知识

本章要点：(1) 采矿工程图纸的分类；(2) 采矿工程制图的基本知识；(3) 采矿工程制图中投影的基本原理；(4) 采矿工程基础图纸的识读与转换。

　　学习采矿工程计算机辅助制图，首先要了解采矿过程中涉及的图纸的种类和特点、采矿工程图纸的基本图元和组成、采矿工程绘图的主要方法和基础图纸类别。通过本章知识的学习，可使得初学者对采矿工程图纸有个基本的了解。

1.1　矿山企业生产流程

1.1.1　矿山企业筹建阶段

　　从发现具备开发条件和开发价值的矿产地，到注册矿山开发企业，再到最终进入正常生产，需要经历以下流程：(1) 完成矿区的地质详查工作，申请划定矿区范围；(2) 委托地质测量单位对矿区进行区域测量，形成测量图，获得采矿行政许可；(3) 委托矿山设计单位完成矿山开采的工程技术咨询阶段（包括规划、项目建议书、预可行性研究、可行性研究等）和设计阶段（包括初步设计、方案设计、施工图设计、竣工图设计等）以及相关行政审批后，聘请有施工能力的单位进行矿山的基建施工；(4) 基建工作完成后即可进入正常生产。

　　矿山建设项目需要经过矿山设计单位的设计和政府行政管理部门的审批后，方能进入生产施工阶段，其流程如图1.1所示。矿山设计通常包括以下方面：

　　(1) 工程技术咨询阶段。

　　1) 矿产资源勘探。矿产资源的地质勘探为评价矿床的工业价值、圈定矿体范围和计算矿产储量提供依据和标准，提交勘查区交通位置图、区域地质图、物化探异常图、勘查区地形地质图及工程布置图、主要勘探线剖面图等，为项目建议书等编制提供原始基础资料。

　　2) 编制项目建议书。矿山开采项目建议书主要从宏观上论述项目设立的必要性和可能性，突显项目的社会效益和经济效益，达到立项报批的目的。项目建议书要提交项目分布的平面布置图、项目规划图等。

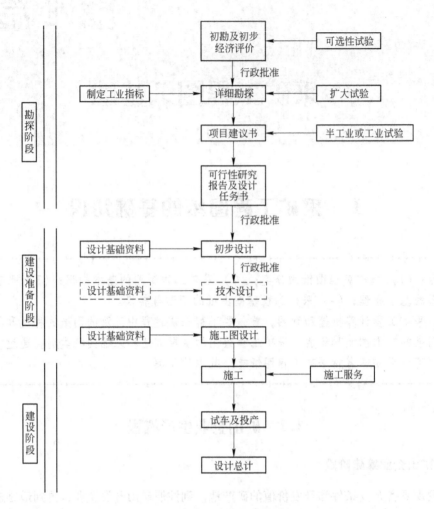

图 1.1 矿山建设项目的建设流程图

3）编制可行性研究报告和设计任务书。可行性研究报告和设计任务书是从事经济活动之前，从经济、技术、生产等因素进行分析，确定项目是否可行，供决策者和主管机关审批的上报文件。通常露天开采需要提交露天开采最终平面图、露天开采基建终了平面图、露天转坑内开拓系统衔接图；地下开采需要提交开拓系统纵投影图、开拓系统综合平面图、主要中段平面图、典型采矿方法图、通风系统示意图。

（2）设计阶段。

1）编制初步设计、技术设计和施工图设计。根据国家有关规定，一般项目可按照初步设计和施工图设计两个阶段进行，个别技术复杂的项目需要按照初步设计、技术设计和施工图设计三个阶段来进行。

2）施工指导及设计总结。设计单位对所承担的工程设计要派出必要的人员积极配合施工，负责交代设计意图，解释图件，解决施工中出现的有关设计的问题。

《金属非金属矿山安全规程》等国家相关技术标准要求矿山必须提交的图纸有：

（1）露天矿山，应保存下列图纸，并根据实际情况的变化及时更新：地形地质图、采剥工程年末图、防排水系统及排水设备布置图。

（2）地下矿山，应保存下列图纸，并根据实际情况的变化及时更新：矿区地形地质和水文地质图、井上/井下对照图、中段平面图、通风系统图、提升运输系统图、风/水管网系统图、充填系统图、井下通讯系统图、井上/井下配电系统图和井下电气设备布置图、井下避灾路线图。

1.1.2 矿山正常生产阶段

矿山正常生产阶段可划分为开拓、采准、切割、回采4个步骤。在施工设计的指导下进行施工开拓，将地表和矿体连接起来，将人员、设备、材料运送到地下，把采出的矿石运至地表。矿山采准是指在已经开拓完毕的矿床里掘进运输巷道，将阶段划分成矿块作为回采的独立单元，并在矿块内创造行人、凿岩、放矿、通风等条件。切割工作是指在已采准完毕的矿块中，为大规模的回采矿石开辟自由面和自由空间，为以后大规模采矿创造良好的爆破和放矿条件。切割工作完成之后，就可以进行回采工作，它包括落矿、运输和地压管理3项主要工作。在此过程中涉及采矿、地质、测量、机械、计算机等诸多专业，尤其是以地质、测量和采矿3个学科的动态循环作业保证了采矿生产的持续进行。

生产中由地质人员提供待生产矿块（分段）的地质资料（地质平面图、剖面图和相关的地质参数），采矿技术人员根据地质人员提供的地质资料，进行矿块的回采设计和相应的工程布置，测量人员根据采矿技术人员提供的采准工程布置图进行现场放样，指导施工，待施工完毕后，再由测量人员负责工程的验收，并绘制现场的实测图纸；在此生产过程中，地质人员还要不断地进行探矿工作，根据现场采样、化验结果，确定矿石截止品位，圈定矿岩边界，修改地质图纸。通过地质人员、采矿人员、测量人员的不断循环工作，动态地指导生产，最终完成矿山开采的任务。详细流程如图1.2所示。

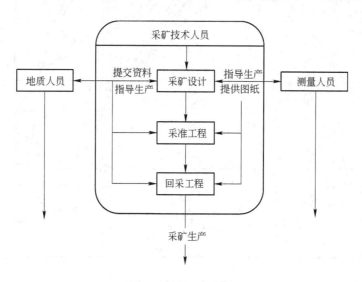

图1.2 矿山生产流程图

从矿山企业筹建流程及矿山日常生产管理流程来看，采矿工程图纸伴随着矿山企业和矿山生产的每个环节，是采矿设计、施工和生产过程中的重要工程基础资料。因此，作为采矿工程专业以及矿业工程相关学科的学生和从业者，应该熟练掌握采矿工程图纸的绘制原理、绘制方法和绘制工具，实现绘制图纸的标准化、规范化。

1.2　采矿工程图纸分类

在矿山企业筹建和正常生产过程中，矿山设计单位和矿山企业的采矿技术人员要完成各种设计文档的编写和设计图纸的绘制工作，这些图纸伴随着矿山生产的整个流程，与矿山的计划编制、设计、施工、验收、预算、决算密不可分。通常情况下，生产过程中涉及的采矿工程图纸主要有矿山地质图纸和采矿设计图纸两大类。

1.2.1　矿山地质图纸

1.2.1.1　矿区地形地质图与综合地质图

矿区地形地质图是表征矿区地形和矿床地质特点的图件，通常以精度、比例尺符合要求的地形图为底图，将野外实测的各种原始地质编录资料，按其相应的坐标绘在底图上，连接各种地质界线绘制而成。此图一般由地质队提供，如图1.3所示。它是研究矿床赋存条件、成矿规律，合理布置生产勘探工程，进行矿山设计建设及技术改造，编制矿山远景规划所必需的图件。比例尺一般为1∶500～1∶5000。图件中应有：坐标网、地形等高线、主要地物标志；地层、构造、岩浆岩等地质界线；断层带、蚀变带、含矿带等的分布与编号；矿体的界线、产状以及不同矿石类型的界线等。

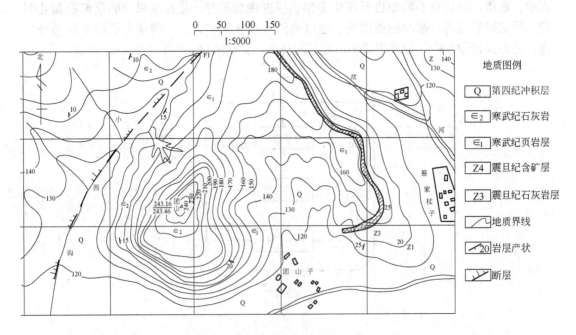

图1.3　地形地质图

1.2.1.2　矿床地质剖面图

矿床地质剖面图是垂直矿床或主要构造走向并反映矿床沿倾向延深变化情况及其成矿

地质条件的图件。它是进行矿山总体设计，布置生产勘探工程，确定采矿顺序以及编制其他综合地质图件或进行矿床预测的主要依据。矿床地质剖面图应有：地形剖面线及方位；坐标线及高程；岩层、构造、岩体、蚀变围岩、矿体的界线；图签、图例等。多数矿山是把矿床地质剖面图与矿床勘探线剖面图合并编制使用，其内容则增添勘探工程、采掘工程以及采样的位置及编号、品位及不同矿石类型、夹石的分布等（见图1.4）。

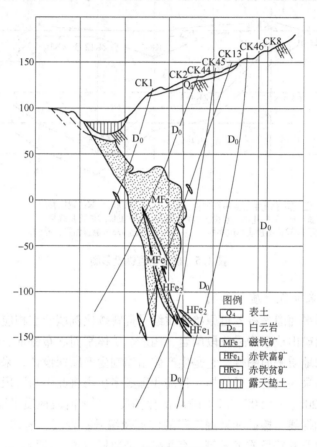

图 1.4   勘探线剖面图

1.2.1.3   矿体纵投影图

矿体纵投影图是将勘探工程切穿矿体轴面的各个交切点，投影到与矿体走向平行的投影面上，用以表示矿体纵向分布轮廓、不同勘探工程对矿体的控制情况及其圈定储量的分布范围等的图件。它适用于层状或脉状矿体。当矿体倾角大于 65°～75° 时，采用垂直投影面，称为矿体垂直纵投影图（见图1.5）；当矿体倾角平缓时，采用水平投影面，称为矿体水平纵投影图。

矿体纵投影图是进行储量计算和编制采掘计划、远景规划的基础图件，同时还能检查各级储量分布是否达到设计开采要求，勘探工程密度是否已控制了各级储量等。矿体纵投影图比例尺通常为 1∶500～1∶1000。矿体纵投影图一般应有：地形线、坐标线、勘探线；各种探矿工程、采矿工程及其编号；矿体厚度及品位；钻孔岩芯采取率；不同矿石类型（或品级）、储量级别范围；主要岩层、断层破碎带及岩浆岩的界线等。

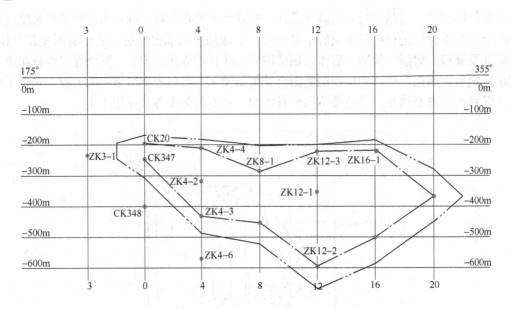

图例

□ 见矿钻孔中心点投影位置及编号　　　□ 基岩出露位置投影线
□ 未见矿钻孔中心点投影位置及编号　　□ 勘探线位置及编号
□ 332资源量估算边界线　　　　　　　□ 333资源量估算边界线

图1.5　矿体垂直纵投影图

1.2.1.4　开采阶段地质平面图

开采阶段地质平面图是将巷道原始地质编录资料按比例填绘在相应的阶段水平巷道实测平面图上，表示矿山地下开采阶段围岩、构造、矿体平面展布特征、矿化分布规律以及工程揭露情况等的地质平面图件，它是生产矿山编制生产勘探设计、采掘技术计划，确定开采顺序，布置开采块段的重要依据。目前我国颇多矿山将此图与阶段样品分布图合并编制，一般采用1∶200、1∶500和1∶1000的比例尺。开采阶段地质平面图应有：坐标网、导线点及标高；勘探线、探矿和采掘工程的位置及编号；岩层、岩体、矿体、蚀变围岩、构造的分布、产状及其符号或编号等。有些矿山把取样位置、编号、品位、厚度、矿石类型（或品级）等资料也填绘在此图上，如图1.6所示。

1.2.1.5　回采块段地质图

回采块段地质图是表征开采块段中围岩、构造、矿体变化特征的地质图件，主要突出回采块段中矿体与围岩界线、矿体的形状及产状、矿石类型（或品级）的分布、地质构造及围岩特征等（见图1.7）。地下开采矿山称其为采场地质图，露天开采矿山称其为爆破块段地质图。它是研究回采块段矿体赋存地质条件、开采技术条件，进行采场设计，确定施工方向，计算矿石开采贫化率及损失率的必备地质图件。图纸比例一般为1∶200、1∶500。

1.2.2　采矿设计图纸

1.2.2.1　阶段平面图

阶段平面图是地下开拓阶段的总体平面布置图，如图1.8所示。它是在阶段地质平面

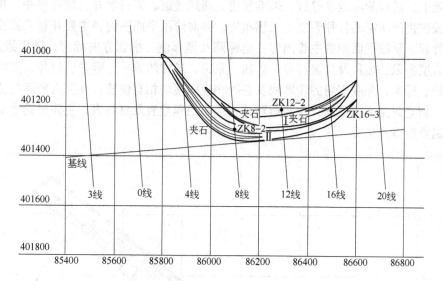

图 1.6　开采阶段地质平面图

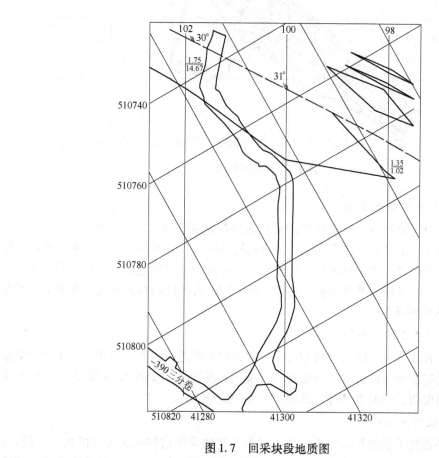

图 1.7　回采块段地质图

图的基础上，进行阶段运输巷道、采准巷道、通风巷道、矿石溜井、废石溜井、井底车场及有关采矿生产所需的各种硐室等工程布置，并对阶段平面图内各主要井巷工程控制点进行坐标计算。阶段平面图的主要内容：坐标网及坐标值、指北方向标志、勘探线及编号；矿体及岩层界限、名称及代表符号；矿块、采区、矿柱的编号；竖井、斜井、充填井、溜井的坐标、标高；井底车场的轮廓线及各种相应硐室的相对位置；井下火药库的位置；新旧巷道、新老采空区的范围；主要运输巷道线路工程量表及材料表；主要运输巷道道岔口处的控制点标高及坐标。

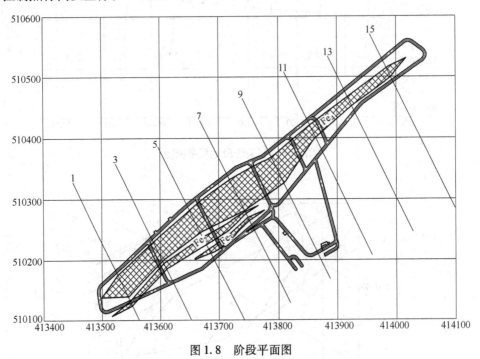

图1.8　阶段平面图

1.2.2.2　井底车场平面图

井底车场是在井筒与石门连接处所开凿的巷道与硐室的总称。它是转送人员、矿岩、设备、材料的场所，也是井下排水和动力供应的转换中心。将井底车场内所有的巷道和环绕井筒的硐室用正投影的方法投影到一个平面上，并按照一定的比例绘制出的图纸称为井底车场平面图。井底车场的类型依据开拓系统的不同，有不同的布置形式，如图1.9所示为竖井井底车场平面图。

1.2.2.3　井巷工程断面图

描述地下工程巷道横断面的形状和尺寸的图纸称为巷道断面图，描述井巷工程的横断面的形状及提升容器和辅助设施的图纸称为井巷工程断面图。如图1.10所示，（a）为带水沟的三心拱断面图，（b）为不带水沟的三心拱断面图。

1.2.2.4　采矿方法图

采矿方法是研究矿块的开采方法，包括回采工艺和采场结构两大方面的内容。因此，表示矿块开采工艺过程及采场结构的图纸称为采矿方法图。如图1.11所示为进路充填采矿方法图。

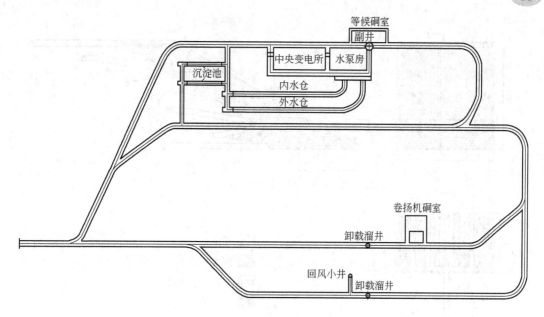

图 1.9 竖井井底车场平面图

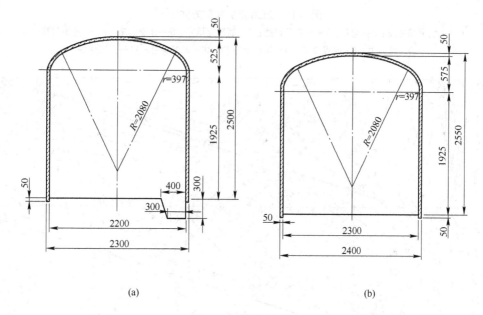

(a)

(b)

图 1.10 巷道断面图

（a）带水沟的三心拱断面；（b）不带水沟的三心拱断面

1.2.2.5 井上下对照图

井上下对照图是反映井下开采工程与地表的地形地物关系的图纸，图纸内容有：地形等高线、地表河流、水体、积水区、主要建筑物、主要道路、井口、工业广场等地形地物；矿体露头线、断层构造线、钻孔位置、勘探线等地质及勘探工程信息；井下各开采水平的主要巷道位置和标高、采空区位置、地表塌陷影响范围等地下开采工程信息等（见图 1.12）。利用井上下对照图，可以了解地面的地形、地物及其与井下巷道工程、采区的

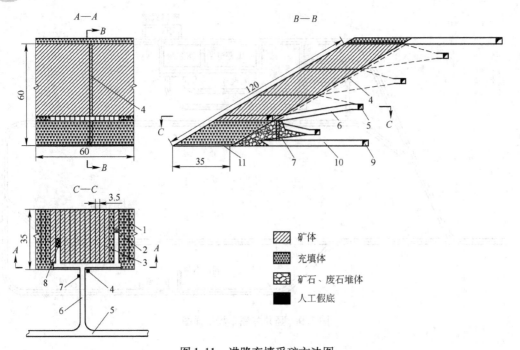

图 1.11　进路充填采矿方法图

1—已充填进路；2—炮孔；3—待开采进路；4—通风充填井；5—分段运输巷；6—分层联巷；
7—泄水井；8—崩落矿石；9—阶段运输巷；10—出矿穿脉；11—人工假底

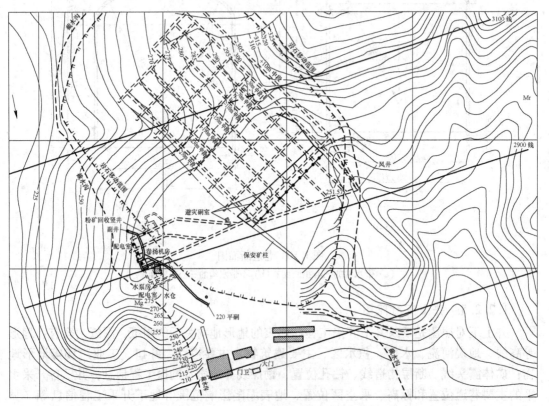

图 1.12　井上下对照图

相互关系，便于地面建设和地下开采的规划和设计，方便布置地表建筑物和留设保安矿柱，可供地质、测量、设计和采掘等部门使用。井上下对照图的比例尺与地形地质图一致，一般为 1 : 5000 或 1 : 2000。

1.2.2.6 生产系统图

为了方便矿山生产管理，矿山各个部门都需要有专用的生产系统。为了描述各生产系统而绘制的纵投影图称为生产系统图（见图 1.13），正常生产的矿山需要的提升系统图、排水系统图、供水系统图、通风系统图、压风系统图、供电系统图、通讯系统图、运输系统图，以及为了安全生产需要绘制的避灾系统图等，均是在开拓系统投影图的基础上添加各种相关信息所绘制的。

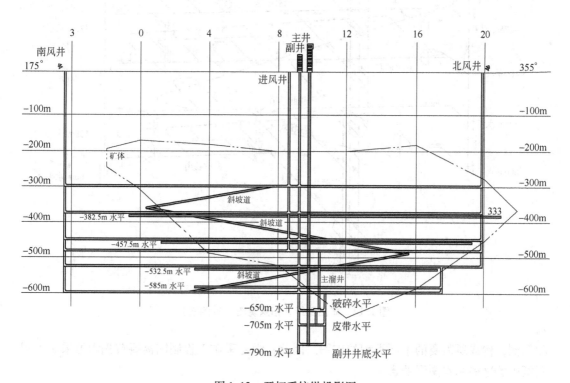

图 1.13　开拓系统纵投影图

1.2.2.7 三维立体图

矿山三维立体图是展示矿床及其周围地质体、井下工程等在三维空间上形态、产状、空间位置等的图件，也是研究矿床空间展布规律，进行成矿预测和确定生产勘探区段的主要图件。一幅完整的矿床立体图除了表现矿床（体）及其周围的各种地质体外还应标明方位，如图 1.14 所示为矿山三维开拓系统图。

从上述常用的矿山地质图纸和采矿设计图纸可知，采矿工程图纸可归纳为三种基本类型的图纸：平面图、剖视图、投影图（以及立体图）。地形地质、开采阶段地质图、开采中段地质图均属于平面图；矿床地质剖面图属于剖视图；矿体纵投影图、开拓系统投影图、通风、避灾、通讯、排水系统图等均属于投影图。这些图纸以比例尺、坐标网、勘探线、纵投影线等为基础参照，同时辅以矿体、地层、构造、构建筑物、井巷、硐室等线条

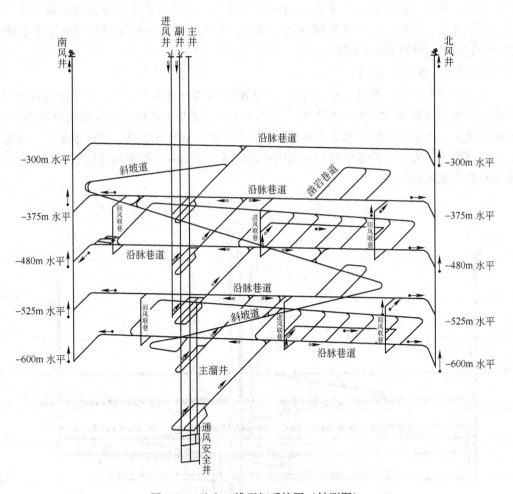

图 1.14　矿山三维开拓系统图（轴测图）

和图例，构成所需要的不同类型的矿图。因此，学习采矿工程制图需要首先学习采矿工程图纸中的这些基本图元的含义。

1.3　采矿工程制图的基本知识

1.3.1　矿图比例尺

1.3.1.1　比例尺的概念

比例尺即指纸质媒介中所显示的比例尺，本书中指图纸比例。

比例尺也称为缩尺，是表示图上距离相比实际距离缩小或扩大的程度，用公式表示为：比例尺 = 图上距离/实际距离。绘制图纸时，用 1cm 长的线条来表示实际长度为 10m 的巷道，则该图纸的比例尺为 1∶1000。

1.3.1.2　比例尺的表示方法

比例尺的表示方法常用的有数字比例尺和图示比例尺。

（1）数字比例尺。用分数或比例数字的形式表示的比例尺，称为数字比例尺。一般用分子为 1，分母为整数的形式表示，如 1∶50、1∶100、1∶2000 等。

（2）图示比例尺。用图示形式表示的比例尺称为图示比例尺。图示比例尺有直线比例尺和斜线比例尺之分，采矿制图中常用直线比例尺，如表 1.1 所示。

表 1.1　直线比例尺

原图比例尺	直线比例尺/m
1∶10000	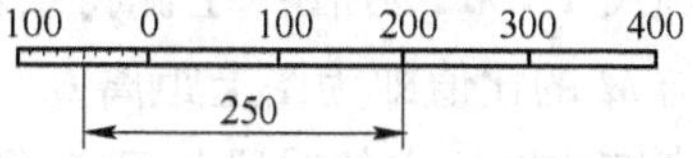 100　0　100　200　300　400　　250
1∶5000	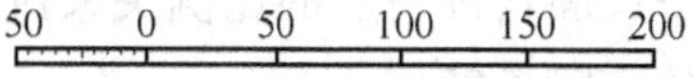 50　0　50　100　150　200
1∶2000	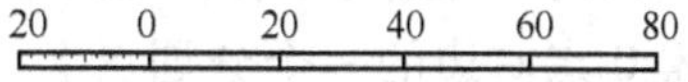 20　0　20　40　60　80
1∶1000	 10　0　10　20　30　40
1∶500	 5　0　5　10　15　20

　　直线比例尺的绘制：先在图纸上绘制一条直线，用分划点把它分成若干个 1cm 或 2cm 长的线段，这些线段称为比例尺的基本单位；将最左端的基本单位再分成 10 个或 20 个等份（一般每个等份为 1mm），然后在该基本单元的右分点上注记 0，如表 1.1 所示；自 0 点起，向左向右的各分划点上，注记不同线段所代表的实际距离。

　　比例尺的大小是指比例尺代表值的大小，如 2∶1、1∶1、1∶100、1∶1000 这几个比例尺，2∶1 的比例尺大，1∶1、1∶100、1∶1000 依次减小。比例尺大，表示范围小，图上信息详细；比例尺小，表示范围大，图上信息简略。因此，大比例尺主要用于井巷断面设计、采矿方法设计等采准工程设计，而小比例尺主要用于中段平面布置图以及地表地质图的测绘，通常用 1∶2000 的比例尺。

1.3.1.3　比例尺的精度

　　在纸质图纸上人们用肉眼能分辨出图上的最小长度，一般是 0.1mm，小于 0.1mm 的线段，实际上不能绘在图上。因此，图上 0.1mm 所代表的实际长度，称为比例尺的精度。矿图中常用的比例尺有 1∶500、1∶1000、1∶2000、1∶5000、1∶10000 等。在不同比例尺的图纸上，比例尺的精度如表 1.2 所示。

表 1.2　比例尺精度

比例尺	1∶500	1∶1000	1∶2000	1∶5000	1∶10000
比例尺精度/m	0.05	0.1	0.2	0.5	1.0
比例尺精度/cm	5	10	20	50	100

　　由表 1.2 可知，当绘图比例确定后，一方面该比例下绘图精度已经确定，如按 1：1000 的比例尺制图时，对于实际物体的尺寸描述其精度要大于 0.1m。如巷道宽 4.2m，对应的图上距离为 4.2mm，但 4.25m 对应的就是 4.25mm，这个 0.05mm 就无法绘制在图纸上。因此应依据所要描述的精度，选择合适的比例尺。如果要表示 4.25m 宽的巷道断面，即绘图的最小单位为 0.05m，那么就要使用 1：500 的比例尺才能表示。

1.3.1.4　比例尺的使用

　　对应数字比例尺 1：M，在图纸上测得线段长度 L，可换算出实际长度 $S = L \times M$，同理，实际距离 S 与 M 的比值即为图上距离 L。为了便于从图纸上快速地读出实际线段长度或将实际线段长度缩成图纸中的线段长度，常使用一种三棱尺，如图 1.15 所示。三棱尺有六个尺面，每个尺面均按一定的比例关系刻成。选择与图纸比例尺相同的尺面，可从图上直接量出线段的实际长度。

　　使用直线比例尺时，先用分规在图上量出某两点的距离，然后将分规移至直线比例尺上，使其一端对准 0 点右边的一个分划点上，从另一端读取左边的小分划数，并估读零数。应用直线比例尺，可以省去使用数字比例尺时的计算，并可避免由于图纸的伸缩而引起的误差。在一些技术资料或书刊的插图中，一般采用直线比例尺。

　　图中的比例尺一般标注在图名附近或图纸右下角的图记中。如果图中没有注明比例尺，则可根据坐标方格网的坐标数字计算出图纸的比例尺。例如图纸中相邻两方格线间距离为 100mm，而坐标数相差 100m，则该图的比例尺为 1：1000；如两方格线间坐标数相差 20m，则该图的比例尺为 1：200。

1.3.2　矿图上点位的确定

　　绘制矿图，是从点开始的。找出图形的特征点，绘制在图纸上，按照实际的位置关系连接起来，即可得到所需要的图形。选取特征点通常有地面建筑物的拐角点，道路的交叉点，地表坡度的变化点，井下巷道中心线的转折点、交叉点等，如图 1.16 所示。

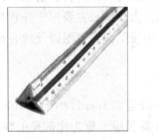

图 1.15　三棱尺图

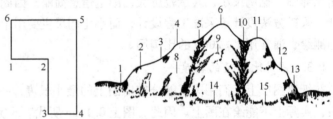

图 1.16　特征点绘图

1.3.2.1　点的平面位置

　　点的平面位置一般用点的坐标来表示。通常坐标有两种表示方式，一是地理坐标系，用于确定地物在地球上真实位置的坐标系；二是平面直角坐标系，用该点在矿区平面上的横纵坐标来表示，称为该点的平面直角坐标。

A 地理坐标系

地理坐标系有两种几何表达方式，即大地坐标系和地球直角坐标系（见图 1.17）。大地坐标系是指：地球椭球的中心与地球质心重合，椭球的短轴与地球自转轴重合。地面点 P 的位置用大地经度 L、大地纬度 B 和大地高 H 表示。当点在参考椭球面上时，仅用大地经度和大地纬度表示。大地经度是通过该点的大地子午面与起始大地子午面之间的夹角，大地纬度是通过该点的法线与赤道面的夹角，大地高是地面点沿法线到参考椭球面的距离。地球直角坐标系是指：坐标系原点 O 与地球质心重合，Z 轴指向地球北极，X 轴指向地球赤道面与格林尼治子午圈的交点，Y 轴在赤道平面里与 XOZ 构成右手坐标系。

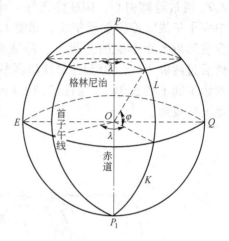

图 1.17 地理坐标系

B 平面直角坐标系

平面直角坐标系是由平面上两条相互垂直的直线所组成，如图 1.18 所示。直线 X 称为纵坐标轴，通常与地理坐标系中的经线方向一致，直线 Y 称为横坐标轴，与赤道方向一致。纵横坐标轴的交点 O，称为坐标原点。坐标轴将平面分成四个部分，称为象限。按顺时针方向排列，分别为 Ⅰ 、Ⅱ 、Ⅲ 、Ⅳ 象限。坐标数值由坐标原点算起，向上（北）、向右（东）为正数，向下（南）、向左（西）为负数。

在采矿工程图纸中，通常都画有平行于纵横坐标轴的直线所构成的方格网，称为坐标方格网（见图 1.19）。坐标网格中每个小方格的尺寸一般为 100mm × 100mm，在每一条纵横直线上注明其坐标值，此值就是这条直线距纵横坐标轴的垂直距离。根据图纸比例尺的不同，小方格所代表的实际距离也不同，一般为百米或千米的倍数。

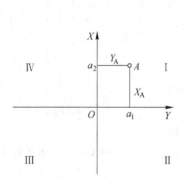

图 1.18 平面直角坐标系

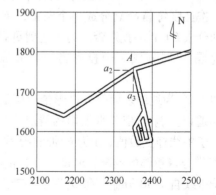

图 1.19 平面直角坐标方格网

C 平面直角坐标系的建立

建立平面直角坐标系需要解决两个问题，第一是地球为一球面，如何将其投影到平面上，以便采用平面直角坐标，第二是采用地球上的哪两条线为平面直角坐标系中的 X 轴

和 Y 轴。目前，多数国家采用高斯投影的方法来解决这两个问题。

　　将地球看做一个圆球，另取一个空心圆柱，套于球的外面，使圆柱体的轴线 Z_1Z_2 通过地球中心，圆柱体正好与球面上某子午线（POP_1）相切，这条子午线称为中央子午线，亦称轴子午线，如图 1.20（a）所示。在保持球面上任意两线所夹的角度投影后大小不变的前提下，将球面上中央子午线附近的各点投影到圆柱表面上，然后过两极 P、P_1 沿圆柱母线将圆柱面切开，并展成平面，就得到了地球上各点在投影平面上的投影了。如图 1.20（b）所示就是中央子午线附近的经线和纬线在水平面上的投影。

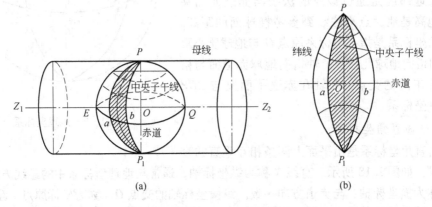

图 1.20　高斯投影示意图

　　从图 1.20（b）中可以看出，中央子午线 POP_1 的投影为一条直线，投影后无长度变形；而其余的经线投影后为曲线，有长度变形。离中央子午线越远，其投影后的长度变形愈大，这对图的精度会产生较大的影响。为了解决这一问题，将地球依次分成许多条带。如图 1.21 所示，从首子午线开始，从西向东，按经度每隔 6° 划分成一个条带，称为 6° 投影带，把地球分成 60 个 6° 投影带。为了达到更高的精度要求，也可每隔 3° 划分成一个投影带，共分成 120 个 3° 投影带。

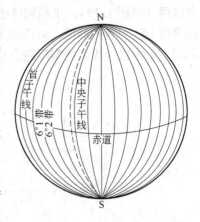

图 1.21　地球条带划分

　　图 1.22 为地球表面部分投影带投影展平后的情况。图中赤道以上为 6° 带分带投影的情况，L_0 为每个 6° 带的中央子午线经度数值，n 为 6° 带的编号。图中赤道以下是 3° 带分带投影的情况，n' 表示 3° 带的编号，3° 带的中央子午线自 1°30′ 开始，每 3° 划分一带。

　　采用分带投影后，每一带的中央子午线都与赤道构成相互垂直的两条直线，以中央子午线作为平面直角坐标系的 X 轴，以赤道作为 Y 轴，在每个投影带内便构成了一个独立的平面直角坐标系，如图 1.23 所示。

　　纵坐标从赤道算起，向北为正值，向南为负值。由于我国位于北半球，所以纵坐标均为正值。如图 1.24 所示，$X_A = 3027\text{km}$，说明 A 点距赤道的垂直距离为 3027km。横坐标

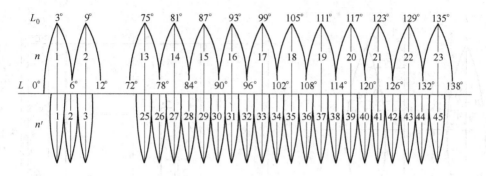

图 1.22　6°带和 3°带划分

自中央子午线算起，向东为正值，向西为负值。如图 1.24（a）所示，Y_A 为正值，Y_B 为负值。为了避免横坐标出现负值，习惯上将纵坐标轴向西移动 500km。这样，位于中央子午线以东的各点，其横坐标数值都大于 500km，位于中央子午线以西的各点，其数值都小于 500km，但都是正值。反而言之，根据 Y 坐标数值与 500 相比的情况，可判断出该点位于中央子午线的相对方向，大于 500，位于中央子午线以东，小于 500，位于中央子午线以西，如图 1.24（b）所示。为区别不同投影带内各点的横坐标值，还应在横坐标值前加注投影带的编号。

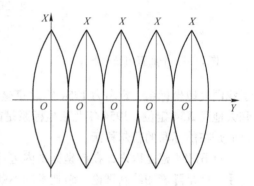

图 1.23　投影带纵横轴

在图 1.24（b）中，假设该投影带为第 21 投影带，A 点位于中央子午线以东 36km，B 点位于中央子午线以西 42km，则 A、B 两点的横坐标值分别为：$Y_A = 500 + 36 = 536km$，$Y_B = 500 - 42 = 458km$，再在各横坐标数值前加注这个带的编号，则最终 A、B 两点的横坐标值分别为：$Y_A = 21536km$；$Y_B = 21458km$。

图 1.25 是一张比例尺为 1:10000 的图纸，此图说明了坐标数值的标注方法。纵坐标数值标注在东西图廓线旁，如图中 3027 是指该坐标线上所有的点，距赤道的垂直距离为 3027km。横坐标数值标注在南北图廓线旁，如图中 19276，前面两个数字表示第 19 投影带，后面三个数字表示该坐标线上各点距起算线 276km，也就是说其在该投影带中央子午线以西 500 - 276 = 224km。经纬线的坐标数值一般标注在图的四个角上，如图中右下角注明了经度线为 108°45′，纬度线为 27°20′。例如要确定图中 M 点的位置，用比例尺分别量出 $m = 0.7km$，$n = 0.35km$，则 M 点的纵坐标为 3027.70km，横坐标为 19275.35km。

D　北京 54 坐标系（BJZ54）

新中国成立后在全国范围内开展了正规的全面的大地测量和测图工作，我国以前苏联的克拉索夫斯基椭球为基础，并与前苏联 1942 年坐标系进行联测，经局部平差后，建立

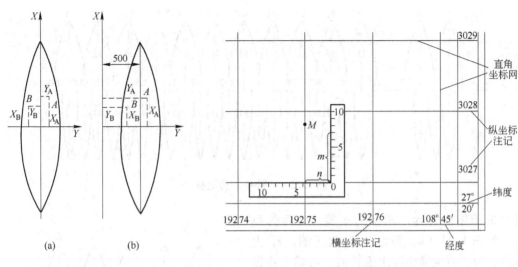

图 1.24　平面直角坐标系　　　　　图 1.25　坐标数值标记方法

了我国大地坐标系，定名为 1954 年北京坐标系。大地上的一点可用经度 $L54$、纬度 $M54$ 和大地高 $H54$ 定位。1954 年北京坐标系是前苏联 1942 年坐标系的延伸，它的原点不在北京而是在前苏联的普尔科沃。

自 BJZ54 建立以来，在该坐标系内进行了许多地区的局部平差，其成果得到了广泛的应用。但是随着测绘新理论、新技术的不断发展，人们发现该坐标系存在如下缺点：

（1）椭球参数有较大误差。

（2）大比例尺地图反映地面的精度受到影响。

（3）几何大地测量和物理大地测量应用的参考面不统一。

（4）定向不明确。

E　1980 西安坐标系

1978 年 4 月在西安召开全国天文大地网平差会议，确定重新定位，建立我国新的坐标系，为此有了 1980 年国家大地坐标系。该坐标系的大地原点设在我国中部的陕西省泾阳县永乐镇，位于西安市西北方向约 60km，故称 1980 年西安坐标系，又简称西安大地原点。基准面采用青岛大港验潮站 1952～1979 年确定的黄海平均海水面（即 1985 国家高程基准）。西安坐标系 X 坐标一般是 7 位整数，Y 方向加上带号是 8 位，不加带号是 6 位。

1.3.2.2　矿图上点的空间位置

除了用坐标表示点在平面上的位置外，还要确定点的空间位置。点的空间位置用该点的高程（或标高）表示。大地水准面是高程的起算面，高程是指地面点至大地水准面的铅垂距离。我国以青岛大港验潮站多年的观测结果所推算出的黄海平均海水面作为中国的大地水准面，即全国高程的起算面，称为 85 国家高程基准。

A　绝对标高和相对标高

地面上一点到大地水准面的垂直距离，称为该点的绝对标高，也称绝对高程或海拔标高，用 H 表示。地面上某点至假定水准面的垂直距离，称为该点的相对标高。使用相对标高时需说明其与绝对标高的关系。标高的正负值与起算面有关，在起算面之上的点其标高数值为正，之下的点其标高数值为负。两点间标高的差值称为两点间高差。

B 采矿工程图纸标高绘制的一般要求

（1）采矿标高一般应标注绝对标高，如需要标注相对标高时，应注明其与绝对标高之间的关系。

（2）标高符号标注于水平线上时，其数字表示该水平线的标高；标高符号标注于倾斜线上时，其数字表示倾斜线上该点的标高。标注平面图整个区段上的标高时，标高符号采用两侧成45°（30°）的倒三角形，标高符号空白的表示相对标高，涂黑的表示绝对标高。标高符号及标注方法见表1.3。

表1.3 标高符号及标注方法

类　别	立　面　图		平　面　图
	一　般	必要时	
相对标高	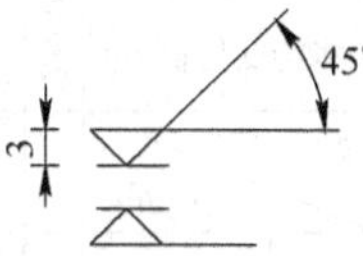	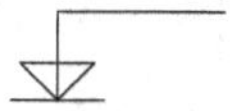	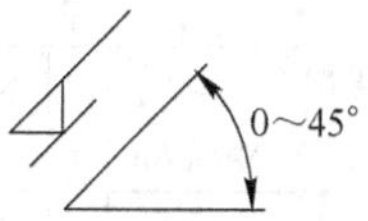
绝对标高	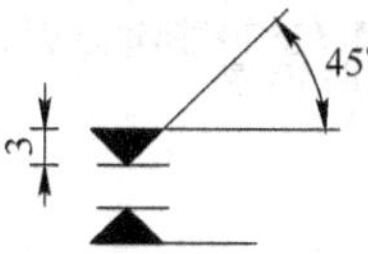		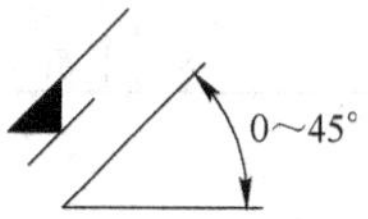

注：标高以m为单位，一般精确到小数点后第三位。正数标高数值前不必冠以"＋"号，负数标高数值前应冠以"－"号，零点处标高标注为±0.000。

（3）竖井及斜井井底车场的轨道及水沟的纵坡及变坡点标高，应以纵断面示意图画出，其纵坡度标注表如图1.26所示。

（4）露天矿铁路和公路运输，在变坡处应以坡度标示，如图1.27所示。

（5）地下工程中坐标点的编号如图1.28（a）所示，变坡点的编号如图1.28（b）所示。

1.3.3 矿图上直线定向

在采矿工程制图中，经常要确定两点间的相对位置。相对位置的确定，一要确定两点间的水平距离，二要确定两点间的方位角。

1.3.3.1 方位角

在平面直角坐标系中，由坐标纵轴方向的北端起，顺时针旋转至某一直线的水平角度，称为该直线的坐标方位，简称方位角。方位角的数值为0°～360°，如图1.29所示，NS为坐标纵线，ON为指北方向，OM、OK、OH、OP分别为通过O点的四条直线，则α_{OM}、α_{OK}、α_{OH}、α_{OP}别为四条直线的方位角。

方位角有正负之分，直线前进方向的方位角称为正方位角，其相反方向的方位角称为负方位角。如图1.30所示，直线AB，点A是起点，点B是终点，设从点A到点B为直线

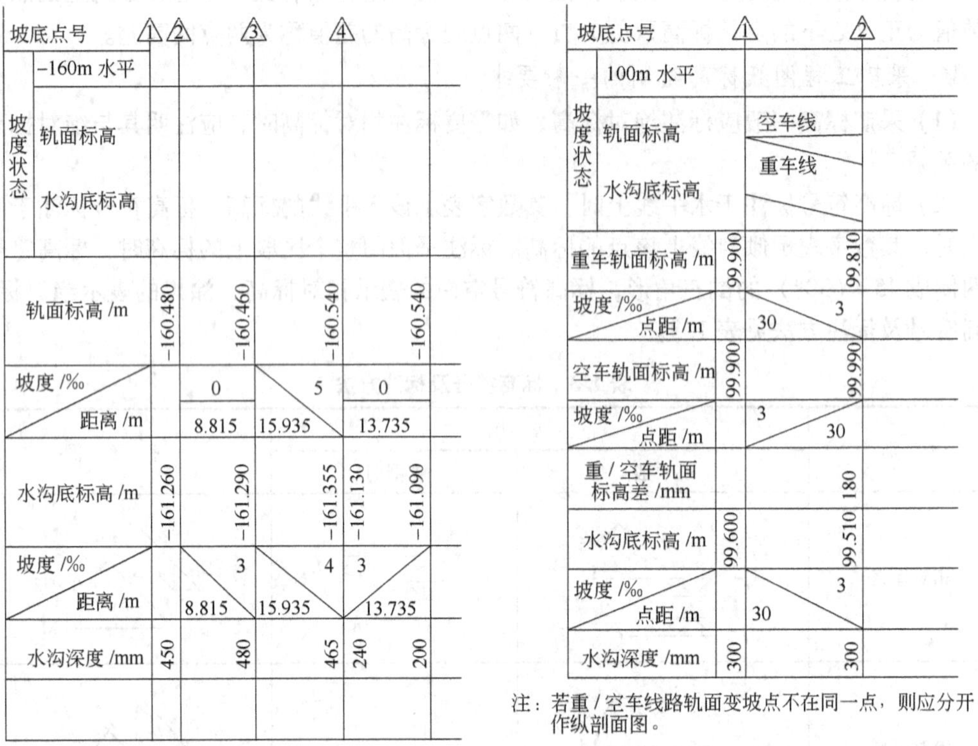

坡底点号	①	②	③	④
−160m 水平				
坡度状态　轨面标高　水沟底标高				
轨面标高 /m	−160.480	−160.460	−160.540	−160.540
坡度 /‰		0	5	0
距离 /m		8.815	15.935	13.735
水沟底标高 /m	−161.260	−161.290	−161.355 / −161.130	−161.090
坡度 /‰		3	4	3
距离 /m		8.815	15.935	13.735
水沟深度 /mm	450	480	465	240 / 200

(a)

坡底点号	①	②
100m 水平		
坡度状态　轨面标高（空车线／重车线）　水沟底标高		
重车轨面标高 /m	99.900	99.810
坡度 /‰　点距 /m	3　30	3
空车轨面标高 /m	99.900	99.990
坡度 /‰　点距 /m	3	30
重 / 空车轨面标高差 /mm		180
水沟底标高 /m	99.600	99.510
坡度 /‰　点距 /m		3　30
水沟深度 /mm	300	300

注：若重 / 空车线路轨面变坡点不在同一点，则应分开作纵剖面图。

(b)

图 1.26　单 / 双轨线路及水沟纵坡度标注表

（a）单轨；（b）双轨

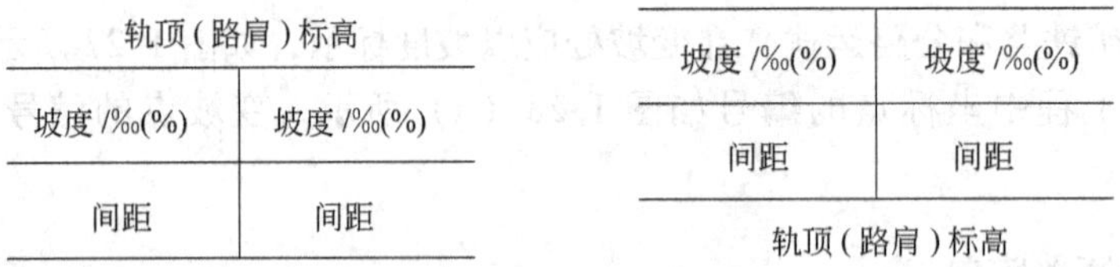

轨顶（路肩）标高	
坡度 /‰(%)	坡度 /‰(%)
间距	间距

(a)

坡度 /‰(%)	坡度 /‰(%)
间距	间距
轨顶（路肩）标高	

(b)

图 1.27　坡度标注方法

（a）坡度标注方法之一；（b）坡度标注方法之二

前进方向，通过起点 A 的指北线与直线 AB 所夹的方位角，称为直线 AB 的正方位角，用 α_{AB} 表示，通过终点 B 的指北线与直线 BA 所组成的方位角，称为直线 AB 的反方位角，用 α_{BA} 表示。同理，若将直线 BA 的 B 点看做是直线的起点，则其正方位角为 α_{BA}，反方位角为 α_{AB}。由此可知，同一条直线的正反方位角相差 180°，即

$$\alpha_{正} = \alpha_{负} \pm 180°$$

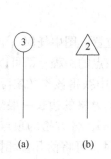

图 1.28 坐标点编号标注方法

（a）坐标点编号标注方法之一；

（b）坐标点编号标注方法之二（变坡点）

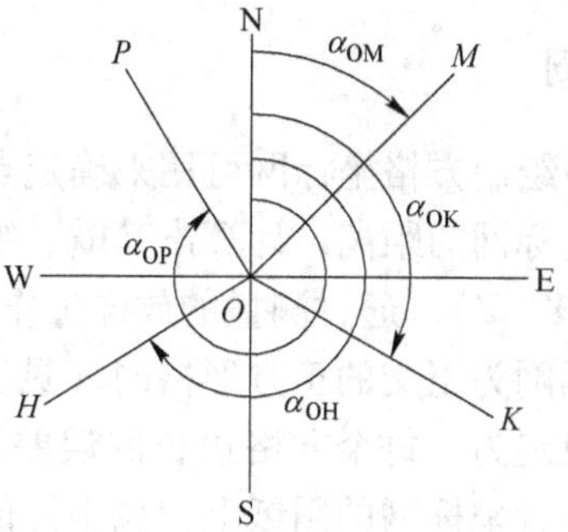

图 1.29 直线方位角

1.3.3.2 象限角

在矿山生产中有时用象限角表示直线的方向。直线的象限角是指由坐标轴的北端或南端，沿顺时针或逆时针方向旋转到该直线的锐角。象限角的数值为0°～90°，如图1.31所示，R_{OA}、R_{OB}、R_{OC}、R_{OD}就是直线 OA、OB、OC、OD 的象限角。因为象限角的数值都在0°～90°之间，所以用象限角定向时，除了数值之外，还需要知道它所在象限的名称。第Ⅰ象限为北东方向。第Ⅱ象限为南东方向，第Ⅲ象限为南西方向，第Ⅳ象限为北西方向。于是以上四条直线的象限角，应分别写作北东 R_{OA}、南东 R_{OB}、南西 R_{OC}、北西 R_{OD}。

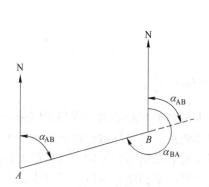

图 1.30 直线正反方位角的关系

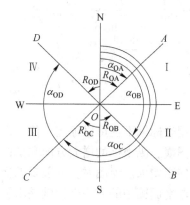

图 1.31 方位角与象限角的关系

1.3.3.3 方位角与象限角的换算

由图 1.31 可以看出直线的方位角和象限角有如表1.4 中所列的关系，按此关系可以进行两者的换算。

表 1.4 方位角与象限角的换算关系

象 限	名 称	角度区间/(°)	方位角求象限角	象限角求方位角
Ⅰ	北东（NE）	0～90	$R_{OA}=\alpha_{OA}$	$\alpha_{OA}=R_{OA}$
Ⅱ	南东（SE）	90～180	$R_{OB}=180°-\alpha_{OB}$	$\alpha_{OB}=180°-R_{OB}$
Ⅲ	南西（SW）	180～270	$R_{OC}=\alpha_{OC}-180°$	$\alpha_{OC}=180°+R_{OC}$
Ⅳ	北西（NW）	270～360	$R_{OD}=360°-\alpha_{OD}$	$\alpha_{OD}=360°-R_{OD}$

1.3.4 坐标网

在矿图中绘制方格坐标网可用来确定点在平面上的位置。图中任何一个点都可以通过与相邻方格坐标网的距离，计算出其横、纵坐标，加上该点的高程，即可以获得该点的空间坐标 (X, Y, Z)，通过测量的放样工作，即可在生产中获得该点的实际位置。平面图上的方格坐标网为正交的正方形格网（见图1.32）。每个方格的边长一般规定为100mm。其精度要求规定为：每个方格边长的误差不得超过0.2mm，各方格的顶点应在一条直线上。在一张包含坐标网的图纸上，如坐标值的位数太多时，可将前几位相同的数字省略，但其省略的数字应在附注中加以注明。方格坐标网用最细的实线或"十"字线表示，坐标代号用大写的"X、Y、Z"表示。

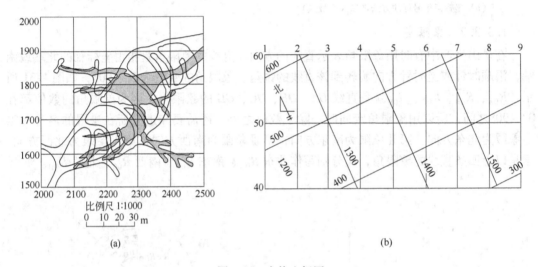

图1.32 方格坐标网

利用坐标网不仅可以确定点位，也可以根据坐标网来判断巷道布置和矿体分布的方向等。矿图横、纵坐标的增大方向和坐标线的方向相联系，纵坐标数值由南向北增大，横坐标由西向东增大。绘图时，一般要求坐标数字字头对着数值增大方向。在采矿工程的图纸中各中段平面图中的方格坐标网是水平投影面上的同一平面坐标系统，所以中段平面图中方格坐标网的位置和方向都一致。看图时，依据方格坐标网可以确定各中段巷道相互位置和解决实际问题。

矿图上一般都标有指北线，用以表示图的方向，但有时也会出现指北线缺失的情况，这时可根据坐标数值向东、向北增大的规律定出图的北方向。如图1.33所示，图中未标出指北线，为了确定此图的方向，首先应根据图中的横纵坐标值确定横纵坐标的增大方向，并用箭头在图中标出，在这两个方向中一个是北方向，一个是东方向，再根据北和东之间为顺时针旋转90°的关系，便可以得到此图的北方向。

1.3.5 图例

在矿图上，地面上的地物、地貌，井下的各种巷道、硐室，矿床埋藏状况、岩石性质及各种地质构造等，都是以与其相似的几何图形或统一规定的符号来表示。识读、绘制和

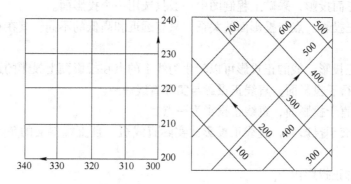

图 1.33　利用坐标网判断北方向

应用矿图，必须了解有关矿图符号的知识，熟悉那些统一规定的矿图符号。为此，在书后的附录 1 中，列举了一些常用的矿图符号及其说明，以供识读和绘制矿图时参考。

为了图纸美观和标准，应采用统一的图例。在地质图基础上进行设计时，仍采用原地质图例，除按规定绘制图例外，图纸内相关内容可涂上颜色，以示区别。

1.4　采矿工程制图的主要投影方法

各种工程图纸都是依据一定的投影原理和方法绘制的。了解矿图中应用的投影基本知识，对于绘制和阅读矿图具有重要意义。绘制矿图时广泛采用标高投影的原理和方法，但有时为了直观地表示采掘工程空间位置的立体关系，也应用轴测投影的方法。

1.4.1　正投影

所有投影线都互相平行的投影称为平行投影。根据投影线与投影面所夹的角度的不同，平行投影又分为斜投影和正投影两种。投影线倾斜于投影面时，称为斜投影（见图 1.34（a））；投影线垂直于投影面时，称为正投影（见图 1.34（b））。正投影保证了投影与被投对象的一致性。用平行投影法所得到的物体的投影，其大小与物体距投影面的远近无关；其形状随物体与投影面的倾斜位置不同而变化。

在工程制图中，为全面反映物体的形状和大小，一般采用三个相互垂直的平面作为投影面，投影物体的各主要线面，分别向

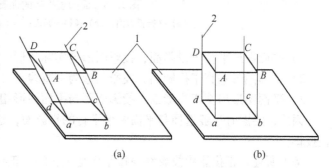

图 1.34　平行投影

（a）斜投影；（b）正投影

1—投影面；2—投影线

三个投影面上作正投影，得到物体的三个投影图形，这种投影方法称为三面投影法。需要用几个投影面进行投影，要以投影图形能否全面反映物体的真实形状和大小为原则。机械

制图经常选用三面投影，采矿工程制图中一般只选用一个投影面。

（1）点的正投影。点与投影面的关系，只有远近和高低的不同，其在投影面上的投影总是一点。

（2）线的正投影。线的正投影可以转化为线上的点在投影面上投影的连线。

1）直线平行于投影面，直线正投影与实际直线一致。

2）直线垂直于投影面，直线正投影为一点。

3）直线斜交于投影面，直线正投影比实际直线短，且直线斜交的角度越大，直线正投影越短。

（3）曲线的正投影。

1）平面曲线。

① 曲线平行于投影面，投影曲线与实际曲线一致。

② 曲线垂直于投影面，投影曲线为一直线。

③ 曲线斜交于投影面，投影曲线仍为一曲线，但是曲线长度要小于实际长度。

2）异面曲线。如果曲线为异面曲线，则投影曲线取决于曲线上各点在投影面上的投影点的连线。

（4）面的正投影。平面图形的投影可以由围成平面的线条的正投影组成。其投影取决于平面图形与投影面的关系，如图1.35所示。

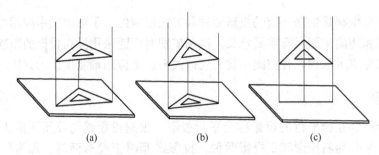

(a)　　　　　　　(b)　　　　　　　(c)

图1.35　面的正投影的性质

（a）平行投影面；（b）倾斜投影面；（c）垂直投影面

1）平面图形平行于投影面，投影图形与实际图形一致。

2）平面图形垂直于投影面，投影图形为一直线。

3）平面图形斜交于投影面，投影图形与平面图形相似，但图形尺寸较小。

因此，绘图时一般选择与平面图形平行的投影面，这样可获得与平面图形大小相同的正投影。

综上所述，正投影中投影线与投影面是垂直的，正投影结果的不同，是由于投影面与被投物体之间位置关系的不同而导致的。绘制投影图时，需要弄清楚点、线、面与投影面之间的关系。水平投影图（俯视图）是面对水平面，从上向下俯视而看到的图形。竖直投影图（主视图）是面对投影面从前向后看到的图形。

（5）体的正投影。体是由平面和曲面封闭而成的图形。为较真实地表示出物体的形状和大小，常需要从几个方向绘制出物体的平面和曲面的正投影图。通常用三视图、剖面图和剖视图来表示一个体的正投影。

1）三视图。三视图是观测者从三个不同位置观察同一个空间几何体而画出的图形。将人的视线规定为平行投影线，然后正对着物体看过去，将所见物体的轮廓用正投影法绘制出来，该图形称为视图。一个物体有六个视图：从物体的前面向后面投射所得的视图称为主视图（正视图）——能反映物体的正面形状；从物体的上面向下面投射所得的视图称为俯视图——能反映物体的顶面形状；从物体的左侧向右侧投射所得的视图称为左视图（侧视图）——能反映物体的侧面形状；还有其他三个视图，但不是很常用。三视图就是主视图（正视图）、俯视图、左视图（侧视图）的总称。

2）剖面图及剖视图。有时候为进一步说明物体内部情况及三视图不易表示的地方，需要绘制剖面图或剖视图。只绘制剖面形状和剖面所见内部构造的图称为剖面图，绘制剖面形状和附近图形的投影图称为剖视图。由此可见，剖面图是剖视图的一部分，剖视图兼有剖面图和视图的内容。

绘制和阅读剖面图和剖视图时，必须弄清楚剖面的位置和剖面的方向。通常情况下，剖面线上的箭头方向表示看剖面的方向，每一个剖面线注有和剖面图相同的名称。剖面线是绘制剖面图的基线。如果剖面图上没有标明箭头，则剖面图上通常标有剖面线的方位角，根据方位角，也可确定剖面的方向。

1.4.2 标高投影

采用水平面作为投影面，将空间物体上的各特征点垂直投影于该水平面上，以确定各点的平面位置，然后将物体各点的高程（标高）标注于各点投影的旁边，用于说明各点高程，这种投影称为标高投影。如图 1.36 中的 1、2 点所示。标高投影也是一种正投影。采矿工程图纸就是运用标高投影的方法绘制的。

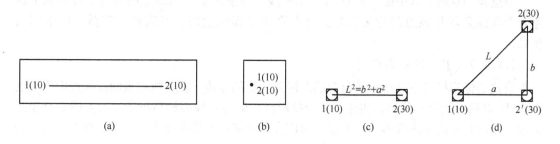

图 1.36 标高投影图

（a）直线平行于投影面；（b）直线垂直于投影面；（c）直线倾斜于投影面；（d）直线真实位置

通过投影标高，可以计算出两点之间的真实距离。由图 1.36（a）可以看出，1、2 两点的高程一致，说明线段 1—2 平行于水平投影面，则线段 1—2 的真实长度 L 即为图纸中 1、2 两点之间的距离 a 与图纸比例尺的乘积。同理图 1.36（b）显示了 1、2 两点的投影在投影面上重合为一点，说明线段 1—2 与投影面垂直，则线段 1—2 的真实长度 L 即为图纸中 1、2 两点的高差 b。图 1.36（c）显示了 1、2 两点为高程不等的两点，说明 1、2 两点的连线斜交于投影面。则根据图中 1、2 两点的水平真实距离与两点间高程之差 b，利用勾股定理，即可求得 1、2 两点的真实长度 $L^2 = a^2 + b^2$。

在采矿工程制图中各测点就是用标高投影绘制的。从各测点的高程可以了解巷道布置的情况，如图 1.37 所示为一巷道复合平面图，从图中可以看出，巷道 A 中 1 点高程 15.2m，为底板高程，高程在 15m 标高（小数部分为排水等坡度需求），巷道 B 在 -10m 标高，两条巷道高差为 25m，水平距离为 a，因此，连通两个巷道间的工程 C 为一倾斜天井。为了更好地描述 A、B 巷道以及倾斜天井 C 的空间位置，过天井 C 做 Ⅰ—Ⅰ 剖面，在剖面线上取基点 O，则在 Ⅰ—Ⅰ 剖面上，O 点变成一条基线 OO，在平面图上量得剖面线上各点到基点 O 的距离，即可在 Ⅰ—Ⅰ 剖面上的对应标高处绘出巷道 A、B 的位置，结合采矿工程的专业知识可知，天井需要在巷道 A、B 的侧面开口，且至少保留 2m 的距离。综上可得到 Ⅰ—Ⅰ 剖面图，并能够从 Ⅰ—Ⅰ 剖面图上测得天井的斜长。

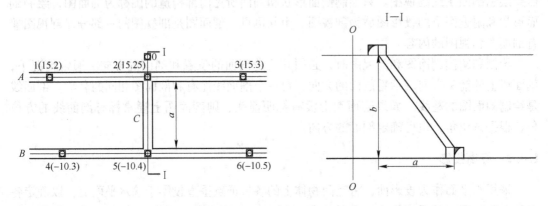

图 1.37　采矿工程巷道标高投影

1.4.2.1　点的标高投影

自空间一点向零水平面（投影面）作垂线，在垂足处注明该点的高程。投影面上的垂足及其标高就是该点的标高投影。点在零水平面以上时，其高程为正数，以下时为负数。

1.4.2.2　直线的标高投影

直线的标高投影就是该直线两个端点标高投影的连线。首先按照点的标高投影作图法绘出 A、B 两点的标高投影，再连接两个投影点，即为直线的标高投影。若直线垂直于投影面，则此直线的标高投影为一个点，即该直线两端点在投影面上的投影重合在一起。若直线平行于投影面，则此直线的标高投影的长度与直线真实长度相等。

1.4.2.3　平面的标高投影

平面的标高投影是指空间倾斜平面在水平面上的投影。平面的标高投影一般是以空间平面上的等高线在水平面上的投影来表示。如图 1.38（a）所示，P 为空间一倾斜平面，H、S、T 分别为三个高度不同的水平面，水平面与倾斜平面的交线 0—0、10—10、20—20 为三条等高线。用正投影的方法，将倾斜平面上的等高线投影到水平面上，如图 1.38（b）所示，这组等高线的投影就是空间倾斜平面 P 在水平面 H 上的标高投影。

倾斜平面的标高投影图可以表示倾斜平面在空间的状态。平面在空间的状态用平面的走向、倾向和倾角三要素表示。如图 1.38（b）所示，等高线箭头所指的方向为走向，一般用方位角表示。倾斜平面内由高向低垂直等高线的直线称为倾向，如图 1.38（a）中 NM 线为平面 P 的倾斜线。倾斜线在水平面上的投影称为倾向线，倾向线的方向称为倾斜

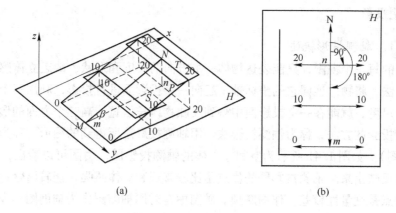

图 1.38 平面的标高投影

平面的倾向，如图 1.38（b）中 *nm* 线。倾向一般也用方位角表示，倾向线与倾斜线的夹角称为倾角，如图 1.38（a）中的 β 角。确定了平面的三要素，则平面在空间的状态就明确了。这三个要素均可从平面标高投影图中求得，如图 1.38（b）中平面 *P* 的走向方位角为 90°，倾向方位角为 180°，从 *nm* 线两端点的高差和 *nm* 线的水平长度可以求出平面 *P* 的倾角 β。

在识读和应用矿图时，有时需要在平面标高投影图上沿倾斜作剖面图，以表示平面的倾斜长和倾角，其作图方法如图 1.39（b）所示。首先按比例绘制一组相互平行的高程线，各高程线间距等于相邻两等高线的高差，然后按相同比例在图上取 *ab* = *mn*，由 *a* 点作 *ab* 线的垂线 *fa*（*fa* 等于 *n*、*m* 两点的标高差），连接 *fb*，则 *fb* 为平面的倾斜长，β' 为平面的倾角。同理图 1.38（b）中的平面 *P* 的倾斜长为 *fb'*，平面的倾角为 β。

1.4.2.4 曲面的标高投影

曲面的标高投影与平面的标高投影类似，同样是用曲面上等高线在水平面上的投影来表示。地面的地貌即是用这种方法表示的，如图 1.40 所示。

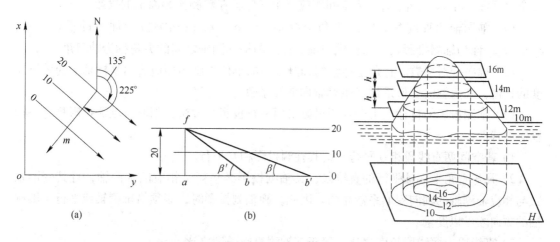

图 1.39 平面标高投影及沿倾斜的剖面图   图 1.40 曲面的标高投影

1.4.3　轴测投影

1.4.3.1　轴测投影概述

正投影的每一个视图，只能表达物体一个方向的尺度和形状，缺乏立体感。如果用平行投影的方法，将物体连同它的坐标轴一起向一个投影面进行投影，利用三个坐标轴确定物体的三个尺度，就能在一个投影面中得到反映物体长、宽、高三个方面的形状和尺度的图形。这种投影的方法，称为轴测投影法。用轴测投影法所得到的图形，称为轴测投影图（简称轴测图）。如图 1.41 所示为空间立方体的轴测投影图，由图可以看出，立方体的三个尺度全部反映出来。轴测投影图的优点是比较直观和立体感强，能较清楚地表达物体的形象，其缺点是度量性较差，作图麻烦。矿图中有时用轴测图作为辅助图，表达巷道的立体关系和位置。

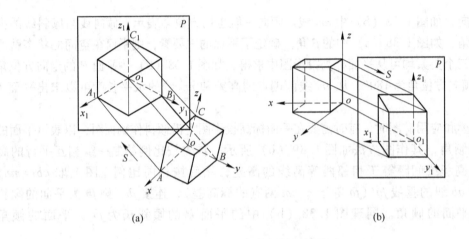

(a)　　　　　　　　　　　　　　　　　　(b)

图 1.41　立方体的轴测投影图

（a）正轴测投影；（b）斜轴测投影

图 1.41 中 P 为轴测投影面，S 为投影线方向，ox、oy、oz 为物体空间直角坐标系的三个坐标轴，o_1x_1、o_1y_1、o_1z_1 为空间相应三个坐标轴在轴测投影面上的投影。

（1）轴测轴和轴间角。空间直角坐标轴 ox、oy、oz 在轴测投影面上的投影 o_1x_1、o_1y_1、o_1z_1 称为轴测投影轴，简称轴测轴。任意两根轴测轴之间的夹角称为轴间角。

（2）轴向变形系数。直角坐标轴的轴测投影的单位长度与相应直角坐标轴上的单位长度的比值，称为轴向变形系数（也称轴向伸缩系数）。

（3）轴测投影的特性。由于轴测投影采用平行投影的方法，因此，轴测投影具有平行投影的特性：

1）若空间两直线段相互平行，则其轴测投影相互平行。

2）凡与直角坐标轴平行的直线段，其轴测投影必平行于相应的轴测轴，且其变形系数与相应轴测轴的轴向变形系数相同。因此，画轴测投影时，必须沿轴测轴或平行于轴测轴的方向才可以度量。

3）直线段上两线段长度之比，等于其轴测投影长度之比。

1.4.3.2　轴测投影的种类

根据投影线方向与投影面的关系，轴测投影可分为正轴测投影和斜轴测投影两大类。投影线与轴测投影面垂直，即采用正投影法得到的轴测投影称为正轴测投影，如图 1.41 （a）所示；投影线与轴测投影面斜交，即采用斜投影法得到的轴测投影称为斜轴测投影，如图 1.41 （b）所示。

根据轴向变形系数的不同，上述每种轴测投影又可分为三种：

（1）三个轴向变形系数均相等（$p=q=r$）的轴测投影，称为正（或斜）等测投影。

（2）两个轴向变形系数相等（$p=q \neq r$ 或 $p \neq q=r$ 或 $p=r \neq q$）的轴测投影，称为正（或斜）二测投影。

（3）三个轴向变形系数均不相等（$p \neq q \neq r$）的轴测投影，称为正（或斜）三测投影。

在实际工程上，正等测、斜二测用得较多，正（斜）三测的作图较繁琐，很少采用。

1.4.3.3　轴测图的画法

A　正等测图的画法

将形体放置成使它的三条坐标轴与轴测投影面具有相同的夹角（即使其三个轴向变形系数相等），然后向轴测投影面作正投影，用这种方法作出的轴测图称为正等测图。

绘制正等测图，首先作三根互成 120° 的轴测轴 o_1x_1、o_1y_1、o_1z_1，一般使 o_1z_1 与水平线成直角，o_1x_1、o_1y_1 与水平线成 30° 角，如图 1.42 所示。三个轴间角相等，三个轴向变形系数 p、q、r 相等，即均为 0.816，但为了绘图方便，一般把三个轴向变形系数均取为 1。

已知空间点 A（10m，15m，20m），试作其正等测图。作图步骤如下：

（1）作轴测轴 o_1x_1、o_1y_1、o_1z_1，使其轴间角互成 120° 角，矿图习惯上以 o_1x_1 的相反方向为正，如图 1.43 所示。

（2）在 o_1x_1 轴上按比例量取 $o_1a_{x1}=10m$，过 a_{x1} 点作 o_1y_1 的平行线，并在此平行线上量取 $a_{x1}a_1=15m$，得 a_1 点。

（3）过 a_1 点作 o_1z_1 的平行线，并取 $a_1A_1=20m$，得点 A_1，A_1 即为 A 点的正等测图。

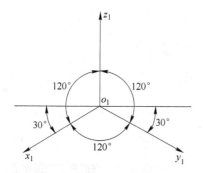

图 1.42　正等轴测轴的画法

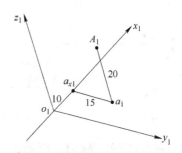

图 1.43　点的正等测投影图的画法

线的轴测投影图是该直线两端点轴测投影的连线；平面的轴测投影图是该平面内三个点（或一条直线和一个点）轴测投影的连线；平面立方体的轴测投影图是其各特征点轴

测投影的连线。因此，掌握了点的正等测投影图的画法，便可依此类推作出直线、平面和平面立方体的正等测投影图（见表 1.5）。

表 1.5　正等测图画法示例

类别	点	直 线	平 面	平面立方体
已知条件	$A\ (x_a,\ y_a,\ z_a)$	$A\ (x_a,\ y_a,\ z_a)$ $B\ (x_b,\ y_b,\ z_b)$	$A\ (x_a,\ y_a,\ z_a)$ $B\ (x_b,\ y_b,\ z_b)$ $C\ (x_c,\ y_c,\ z_c)$	$A\ (0,\ y_a,\ 0)$　　$B\ (x_b,\ y_b,\ 0)$ $C\ (x_c,\ 0,\ 0)$　　$D\ (x_d,\ y_d,\ h_2)$ $E\ (x_a,\ 0,\ h_2)$；$h_1,\ h_2$
正等测图	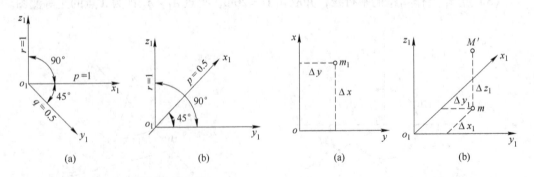			

B　斜二测图的画法

斜二测图是用斜测投影的方法，并使其两个轴向变形系数相等作出的轴测投影图。为了作图方便和作出的轴测图立体感强，一般采用 $p = r = 1$，$q = 0.5$，轴间角 $\angle x_1 o_1 z_1 = 90°$，$\angle y_1 o_1 z_1 = 135°$，$y_1$ 轴与水平线成 $45°$，或 $q = r = 1$，$p = 0.5$，$\angle z_1 o_1 y_1 = 90°$，x_1 与水平线成 $45°$，如图 1.44 所示。图 1.45（a）为 M 点的标高投影图，作该点的斜二测图，作图方法和步骤如下（见图 1.45（b））：

（1）先作 x_1、y_1、z_1 三个轴测轴，并使 x_1 与 z_1、x_1 与 y_1 的轴间角为 $45°$。

（2）选定轴向变形系数 $q = r = 1$，$p = 0.5$。

（3）在轴测投影图上取 $\Delta x_1 = 0.5\Delta x$，$\Delta y_1 = \Delta y$，定出 m 点，过 m 点作竖直线，在此竖直线上按比例截取 $\Delta z_1 \approx \Delta z$（此处为 19），得 M' 点，即为 M 点的斜二测图。

图 1.44　斜二测图轴测轴画法　　　　　　图 1.45　点的斜二测图画法

直线、平面和平面立方体的斜二测图的画法，与正等测图相似，只是作图时将轴向变形系数为 0.5 的轴测轴的轴向长度，取为物体沿相应直角坐标轴长度的一半。矿图中绘制井巷轴测图时，通常不用各点的实际坐标，而是用标高投影中选定的假定坐标。图 1.46

（a）为某矿井两个水平的巷道平面图，作其斜二测图，作图步骤如下（见图 1.46（b）、（c））：

（1）如图 1.46（a）所示，选定井筒中心（或附近某一测点）作为假定坐标原点 o，平行于主要巷道的方向作为假定 x 轴的方向，垂直于主要巷道的方向作为假定 y 轴的方向，以此绘制平面直角坐标网格。

（2）选定轴测投影图的类型，确定轴间角和轴向变形系数。如图 1.46（b）所示，令 $q = r = 1$，$p = 0.5$，$\angle y_1 o_1 z_1 = 90°$，$\angle x_1 o_1 z_1 = 45°$。如图 1.46（c）所示，令 $p = r = 1$，$q = 0.5$，$\angle z_1 o_1 x_1 = 90°$，$\angle x_1 o_1 y_1 = 45°$。

（3）根据各水平的巷道平面图，作各水平巷道的斜二测图。如先作 -30m 水平巷道的斜二测图，在绘图纸上部作轴测轴 x_1、y_1、z_1，如图 1.46（b）所示。根据平面图的网格和轴测轴的轴向变形系数，按比例绘出轴测投影坐标网格；再根据平面图中巷道特征点的坐标 x、y，在轴测投影坐标网格内作各特征点的投影，并用双线绘制出巷道轮廓。

（4）作完 -30m 水平巷道的斜二测图后，将 z_1 轴向下延长，在延长线上按比例尺截取一段长度等于（$230 - 30$）$\times 1 = 200\text{m}$ 的线段，过截点作平行于上水平的 x_1、y_1 轴，再

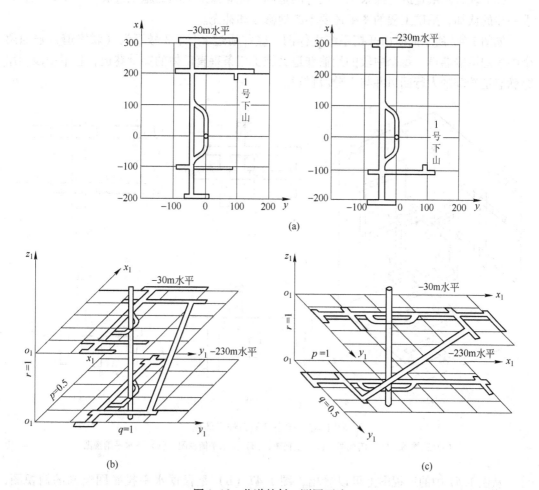

(a)

(b)   (c)

图 1.46　巷道的斜二测图画法

按照步骤（3）作出 −230m 水平的巷道轴测投影。作图时要注意：在图 1.46（b）中，x_1 方向的轴向尺寸等于其相应空间轴向实长的一半；在图 1.46（c）中，y_1 方向的轴向尺寸等于相应空间轴向实长的一半。

（5）用双线连接上下水平间的井巷。用阴影将各巷道加以修饰，即得到该地区的井巷斜二测图。

由图 1.46（b）、（c）可以看出，由于所取的轴间角和轴向变形系数的不同，绘出的两个斜二测图的图形也不一样。

1.5 采矿工程基础图纸的识读

采矿工程图纸具有不同于其他专业图纸的特点，具体表现如下：

（1）矿体和巷道都在地下，不能直接看清楚要描绘的对象的整体情况及细部结构。

（2）采矿工程图纸以井巷系统为主要研究对象，根据各类井巷工程所揭露的资料，绘制矿体边界和主要地质现象。

（3）现有图纸是进行探采工程设计的基础，随着探采工程的施工进展，对矿体又会有进一步的认知，采矿工程的图纸还要不断地修改和补充。

如图 1.47 所示的矿山开拓系统立体图，竖井通过 1 号、2 号石门（联络道）连通两个中段的运输巷道，每个中段的运输巷道又施工三条垂直矿体的穿脉巷道，且下中段利用穿脉巷道端部的人行回风井与上分段贯通。

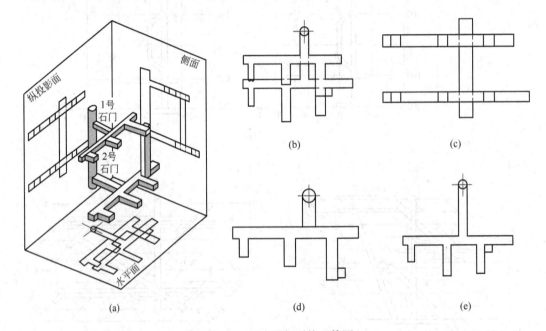

图 1.47 矿山开拓系统立体图

（a）三维图；（b）俯视图；（c）主视图；（d）上水平俯视图；（e）下水平俯视图

从图 1.47 中的三视图上可以看出，图 1.47（b）是根据水平投影图绘制的俯视图，图 1.47（c）是根据正投影图绘制的主视图。在采矿工程制图中，主视图的投影面总是位于矿体下盘并与矿体走向平行，因此正视图也称为竖直投影图，俯视图称为平面图。图1.47（b）包括两个以上中段巷道，又称作多中段复合平面图。

采矿工程图纸中一般不绘制侧视图，但是每隔一定距离会绘制一张垂直矿体走向的剖面图，以此来说明矿体形状的变化和巷道的布置。矿图中的平面图、剖面图和正视图，是从不同角度说明矿体形态变化、地质现象和巷道布置的成套图纸。

1.5.1　平面图

在矿山生产过程中，中段水平探采工程较多，其相应的实测资料也较多，因此，根据这些资料绘制的中段平面图成为矿山生产过程中的主要图纸，同时也是绘制其他采矿工程图纸的基础。测量人员通过井下测量工作，收集绘制矿图的资料，通过工程测绘，先绘制出测点，再根据测点的位置绘制出巷道轮廓。如图1.48所示，为一矿山实测的中段平面图。

在中段平面图中，给出了巷道和测点的位置，地质人员根据这些巷道中钻孔、刻槽和取样的分析结果，在图中绘制矿体的边界及主要的地质现象，如图1.48中探矿工程控制的矿体边界，用实线表示，由已知资料推断的矿体边界，用点画线或虚线表示。

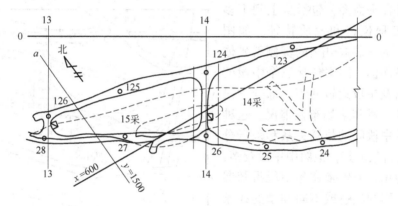

图1.48　中段平面图

在图1.48所示矿山实际生产中段平面图上，有指北线、坐标线、纵投影线、勘探线（剖面线）等基准线；有施工完毕和已设计尚未施工的井巷工程；以及矿体、岩层、地质构造线等地质边界。其中坐标线、纵投影线和勘探线是绘图和识图的基准线，基准线在每个中段水平投影图中的位置不变。根据矿体、井巷工程与基准线的相对关系，可以判断这些井巷工程位置及其之间的相互关系。如在图1.49中，上下中段的井筒距离基准线0—0的距离和位置均相同，说明该井是一条竖井，角度与水平面垂直。矿体在上中段距离基准线0—0较近，在下中段距离基准线0—0较远，说明矿体从上到下逐渐倾斜，并可以根据其水平距离之差和高差推断出矿体的倾角。

矿图上用长条双线表示沿脉平巷和穿脉平巷，用固定的图例来表示一些井下建构筑物。通常情况下，中段平面图中的巷道线表示的是巷道腰线处（底板算起高1m处）两帮的轮廓。同理，矿体边界是在这个高度上矿体被水平面所切割的轮廓线。换而言之，中段平面图相当于矿体的水平剖视图。在中段平面图中矿体的厚度称为水平厚度 h，而垂直矿

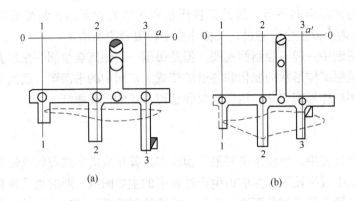

图 1.49　简化的中段平面图

(a) 上水平中段平面图；(b) 下水平中段平面图

体上下盘的厚度则称为是矿体的真厚度 B，通常情况下，$B = h\cos\alpha$，α 为矿体倾角。在绘制矿图时，矿体一般用红色线条表示。在中段平面图中实测工程用实线表示，设计工程用虚线表示。通常设计工程要用三条线来表示，即两帮和中心线，以便于施工。

中段复合平面图，包括从上到下多个中段的工程位置和地质特征。如图 1.50 所示，为一斜井开拓的缓倾斜矿体中段复合平面图，图中包括三个中段的采矿巷道以及中段运输巷道，部分中段绘制有采准工程和采场布置情况。这种图纸对上下中段间的位置关系和采场分布情况表达得很清楚，但图中中段较多，容易造成混淆，通常依靠各中段沿脉巷道的名称、不同颜色或不同类型的线条表示不同的中段巷道，或借助测点标高和交叉处的遮挡关系，来区分巷道的层次关系。

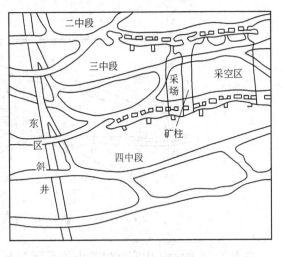

图 1.50　缓倾斜矿体中段复合平面图

1.5.2　剖面图

为了揭露矿体，在沿矿体走向方向上，每隔一定距离布置一条勘探线，在勘探线上安排探槽或钻孔等探矿工程，井下一般也要在原勘探线的位置上进行坑道探矿。根据这些探槽、钻孔及坑内巷道工程所揭露的资料绘制剖面图，以此来说明矿体形态的变化。图 1.48 所示中段平面图中 13—13、14—14 即为表示剖面位置的剖面线，有时剖面不在勘探线上，则需另画剖面线。

在工程制图中，剖面图是假想用一个剖切平面将物体剖开，移去介于观察者和剖切平面之间的部分，对于剩余的部分向投影面所作的正投影图。因此，一般情况下，剖面图只绘制剖面形状和剖面所见内部构造。但是结合矿山实际情况，矿图中的剖面图则有所不同：探、采巷道所揭露的地质资料是绘制剖面图的依据；绘制好的剖面图又是布置采准巷道的必要资料,因此,对于平面图中未被剖切平面所切,但位于剖切平面附近的探采工程也要绘制到剖面图上。如图 1.51 所示,图中剖面线并没有切到天井,但工程上须将天井投影到图中,以便绘制出所见矿体的边界。投影到剖面图上的巷道,一般都采用实线绘制。

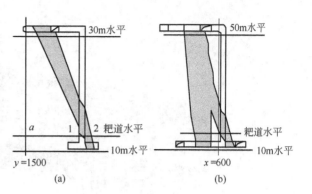

图 1.51　勘探线剖面图
(a) 13 剖面图；(b) 14 剖面图

1.5.3　平、剖面图的转换

采矿工程设计过程中,经常需要根据已知平面图生成指定位置的剖面图或根据剖面图生成指定位置的平面图。在讲述平、剖面图转化方法之前,需要首先弄清楚平、剖面图的空间对应关系。从前文平面图的学习中可知,在图 1.48 中,13、14 表示勘探线,0—0 表示基线,$x = 600$、$y = 1500$ 表示坐标线。这些线条在一个矿山中位置是固定的,在不同的高程平面图中勘探线、基线、坐标网都是一样的。因此,这些线条可以作为阅读和绘制平、剖面图的基准线。采矿工程制图时可以将这些线均看做是与 z 轴形成的平面,如图 1.52 所示。图中 13、14 勘探线对应的勘探线剖面为 13 剖面和 14 剖面,图 1.48 中 0—0 基线对应图 1.52 中纵投影面 0—0′,$x = 600$ 的坐标线对应为 $x = 600$ 坐标面,上下中段对应着两个不同高程的平面。从图 1.52 可以看出,13 勘探剖面与上下两个平面图的交线都标记为 13 勘探线,13 勘探剖面与纵投影面的交线也标记为 13 勘探线,平面图中的 0—0′基线在 13 剖面中投影为点 0,下分段中的投影基线 0_1—$0_1'$在 13 剖面中投影为点 0_1。因此,平面图中的基线 0—0′在剖面图中对应 0—0_1 基线；平面图中 $x = 600$ 的坐标线与 14 勘探线交于 b 点,下分段中 $x = 600$ 的坐标线与 14 勘探线交于 b_1 点,则 bb_1 就是 $x = 600$ 坐标线在 14 剖面中的投影,bb_1 代表 $x = 600$ 的坐标线。因此,平面图中以 $x = 600$ 坐标线为基准的所有距离,在剖面图中皆转化为以 bb_1 为参照的距离。

平、剖面图转换需要掌握如下对应关系：

(1) 剖面图表示平面图中对应编号的勘探线,勘探线在纵投影图中仍然为勘探线。

(2) 平面图中的基线在剖面图中对应为一竖向基线。平面图中的坐标线在剖面图中仍为坐标线,坐标线间距与剖面线和坐标线夹角有关。

(3) 平面图中距离基线和距离坐标线的距离,在剖面图中转化为对应基线和坐标线的距离。

(4) 剖面图中坐标线在平面图上对应为勘探线与该坐标线的交点；剖面图中距离坐标线的距离,在平面图上转化为以该交点为基点沿勘探线方向的距离。

根据以上四条规律,学习平面图转化剖面图和剖面图生成平面图的方法。

1.5.3.1　平面图生成剖面图

根据图 1.49 上下两中段平面图绘制 3—3 勘探线剖面图,绘图方法如下：

(1) 将 3—3 剖面线分别绘制在两张中段平面图上,两张图中的 3—3 剖面线与纵投影线 0—0 的交点为 a 及 a',则 0—0 在 3—3 勘探线剖面图中对应的基线为 aa'。

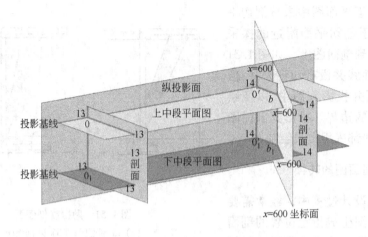

图 1.52　平、剖面位置关系图

（2）先画出表示上下中段标高的水平线，再画出垂直水平线的竖线 0—0，与水平线交于 a、a'。

（3）沿 3—3 剖面线在上下中段平面图中分别量取基点 a 和 a' 至巷道轮廓点和矿体边界点的距离，并依据所量取的距离将这些点绘制在剖面图上相应的位置上。

（4）按照沿脉巷道中测点的标高，确定沿脉巷道顶板线，绘制巷道断面。中段平面图中矿体边界是高于巷道底部 1m 处的矿体水平剖面的轮廓，矿体边界的点应该绘制在高于水平面 1m 处的位置。绘制出矿体边界点以后，根据巷道中揭露的地质资料和邻近剖面中矿体的变化，同时考虑矿体的变化规律，推断上下中段间的矿体边界。绘制结果如图 1.53 所示。

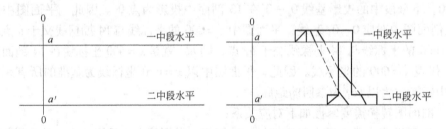

图 1.53　3—3 勘探线剖面图

1.5.3.2　剖面图生成平面图

在采矿设计中，除了上述的根据平面图绘制剖面图外，还经常需要根据剖面图反过来绘制某一水平的预想平面图。如在设计图 1.51 中 15 号采场电耙巷道时，就需要首先绘制电耙巷道水平的预想平面图。绘制过程如下：

（1）参照图 1.50 所示平面图中基准线、剖面线与坐标网，绘制预想电耙水平平面图的基准线、剖面线和坐标网。

（2）由图 1.51 剖面图可知，$y = 1500$ 的坐标线在平面图中对应 $y = 1500$ 线与 13 勘探线交点 a，$x = 600$ 的坐标线对应平面图中 $x = 600$ 线与 14 线的交点 b。

（3）13 剖面图中沿电耙水平线量取矿体、井巷到 $y = 1500$ 的距离，在平面图中以 a 为基点，沿勘探线对应标出点 1、2。同理在 14 剖面图中，以 $x = 600$ 为基线，量取矿体、井巷的距离，在平面图中以 b 点为基点，沿勘探线展布点 1、2、3、4。

（4）根据一、二中段矿体的情况推测出矿体在电耙巷道水平的分布情况，顺次连接矿体边界，描绘出矿体分布。绘制结果如图 1.54 所示。

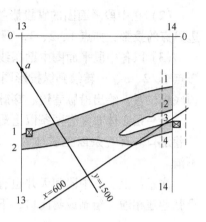

图 1.54　预想中段平面图

1.5.4　纵投影图

纵投影图的内容和缓倾斜矿体平面图上、下中段平巷间的内容相同（见图 1.55）。纵投影图主要用于补充中段平面图的不足，从垂直方向上说明上、下中段间采准巷道的布置和采场分布情况。纵投影图的上下表示不同的中段、采场布置，左右表示沿脉巷道、矿体和矿块长度。在急倾斜矿体的矿山生产中，表示采掘现状和计划开拓、采准、回采三级矿量的图纸，大都是纵投影图。

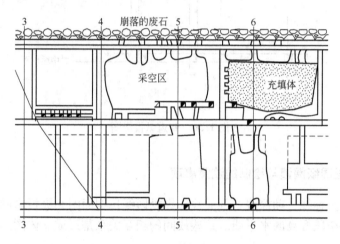

图 1.55　纵投影图

纵投影图中的剖面线和中段平面图中的剖面线一样，间距相同且都垂直于纵投影线。但这两种剖面线所代表的意义不同，前者表示在纵投影面上的剖面投影线，也是剖切面与纵投影线的交线，它是一根竖直线；后者表示在水平投影面上的剖面投影线，也是剖切面与水平投影面的交线，它是一根水平线。纵投影图中的水平线和剖面图中的水平线，同是水平线，标高也相等，但分别表示平面图中互相垂直的纵投影线和剖面线。应通过三视图的绘制过程，弄清这些基线的相互关系。

纵投影图不同于剖面图。绘图时，必须将平面图中的巷道轮廓点和矿体边界点投影到纵投影线上，然后再以纵投影线为基线，将其上各投影点，用绘制剖面图的方法转绘到纵投影图上。绘制过程如下：

（1）先按各中段标高绘出表示各中段纵投影线的水平线，再按勘探线线间距绘出表示各勘探线的竖线。这些线就是绘制纵投影图的基线，纵投影线与勘探线的交点为绘图基点。

40

（2）在中段平面图的纵投影线上画出沿脉巷道、天井、穿脉巷道等的轮廓点和矿体边界点的投影，如点 1、2、3，画法与根据平面图绘制剖面图的画法相同。

（3）以各中段平面图中勘探线与总投影线的交点为基点，以纵投影线为基线，将各投影点 1、2、3、…转绘到纵投影图中的相应水平线上，然后根据测点标高定出沿脉巷道的顶底板位置，绘出沿脉巷道、穿脉巷道和天井等工程的边界，即为纵投影图。

当一条矿体布置有两条以上沿脉巷道时，图中只画主要沿脉运输巷道和与它相通的穿脉巷道口。有一条以上矿体时，每条矿体应单独画一张纵投影图，以免图中巷道重叠不清。

注意：上、下中段间天井也有习惯画法，如图 1.56 中所示天井，上口经穿脉巷道与沿脉巷道相通，绘制成封闭口；下口直接与沿脉巷道相通，绘制成开口。

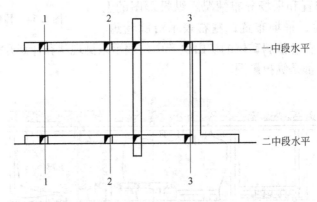

图 1.56　巷道纵投影图

1.5.5　采矿工程图纸阅读与绘制的注意事项

平面图中有坐标线、勘探线、剖面线和纵投影线；剖面图和纵投影图中，则至少有一根竖线和表示各中段标高的水平线。这些线间的相互关系是形成立体图形、理解矿图表示内容的基础。

（1）平面图是巷道或矿体切面轮廓在水平面上的投影图。需要注意的是，平面图中矿体的边界为该水平腰线位置矿体的投影，巷道的标高根据设计说明，通常为底板标高。各中段平面图中的方格坐标网、纵投影线、勘探线和剖面线的位置、方向均相同。根据这些基线可将各中段平面图重叠起来，看图时可以依据每张平面图上的巷道、矿体与这些基线间的关系，来确定它们的位置及相互关系。平面图中的纵投影线和勘探线分别是纵投影面和剖切面在水平面上的投影。看剖面图和纵投影图时，应该找到平面图中对应的勘探线和纵投影线。

（2）剖面图中的竖线在平面图中的投影可作为剖面图绘制的基点。这些点可以是平面图中同名勘探线（剖面线）与纵投影线的交点，也可以是与坐标线的交点。

看剖面图时，为了从剖面图中看出矿体的变化，首先要确定剖面的位置，即根据剖面图的图名在相应的中段平面图中寻找同名的勘探线（剖面线）。如图 1.57 所示，以中段平面图中的 P 点为基点，以 1—1 勘探线为基线，将 1—1 剖面图立在中段平面图上，依此类推，将多张剖面图立在该中段平面图上，即可以清楚地看出矿体的形状和井巷工程的位置。

（3）与剖面图不同，纵投影图是投影图，这一点必须记住。看图时，要记牢线对线、点对点、纵投影面垂直于水平面的关系。纵投影面上的水平线相当于同名中段平面图上的纵投影线，图中勘探线则为竖线；而在平面图中则是水平线。

（4）视图应按正投影法绘制，并采用第一视角画法；图纸的视图布置关系如图 1.58 所示。采矿方法图、竖井工程图、巷道交叉点图等需用三视图表示时，正视图一般放在图幅的左上方，俯视图放在正视图的下方，侧视图放在正视图的右方。

（5）有坐标网的图纸，正北方向应指向图纸的上方；特殊情况可例外，但图上需标有指

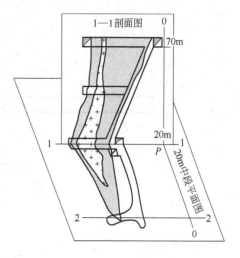

图 1.57　剖面图与平面图的关系

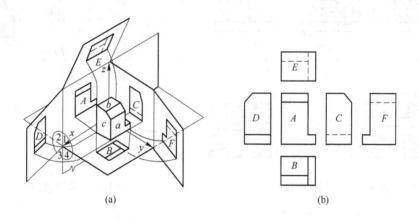

(a)　　　　　　　　　　(b)

图 1.58　正投影法的第一视角画法投影面的展开和视图布置
（a）视图布置；（b）正投影法的第一视角画法投影面的展开

北针。

（6）指示斜视或局部视图投影方向应以箭头表示，并用大写字母标注，如图 1.59 所示。

（7）剖视图在剖切面的起始处和转折处的剖切线用断开线表示，其起始处不应与图形的轮廓线相交，并不得穿过尺寸数字和标题。在剖切线的起始处必须画出箭头表示投影方向，并用罗马数字编号，如图 1.60 所示。

（8）当图形的某些部分需要详细表示时，可画局部放大图，放大部分用细实线引出并编号，如图 1.61 所示。放大图应放在原图附近，并保持原图的投影方向。

（9）采用折断线形式只绘出部分图形时，折断线应通过剖切处最外轮廓线，如图 1.62 所示。带坐标网的图样不得用折断线画法。

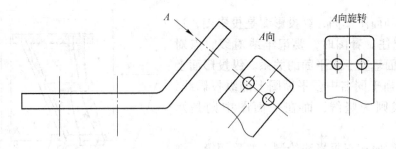

图 1.59 局部视图画法

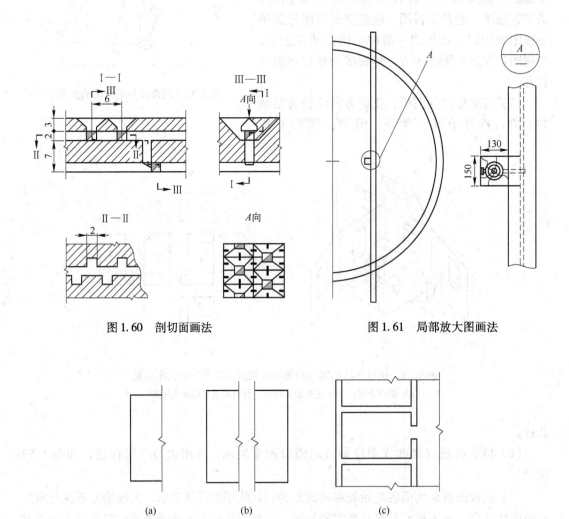

图 1.60 剖切面画法   图 1.61 局部放大图画法

图 1.62 折断线画法

（10）通风系统图、开拓系统图及复杂的采矿方法图，用正投影画法不能充分表达设计意图时，可采用轴测投影图或示意图表示，轴测投影图中绘制巷道时用两条线或三条线均可。

1.6 小 结

通过矿山企业筹建流程和生产流程分析，概述了采矿过程中涉及的工程图纸的类型和用途；详细介绍了采矿工程图纸组成的基本图元如比例尺、坐标网、图例等知识；介绍了采矿工程图纸的绘制方法和投影原理以及常用的三大类图纸（平面图、剖面图和剖视图）的阅读和绘制方法。通过本章的学习，能够掌握采矿工程图纸的基本特点和阅读方法。

习 题

1. 选择题

(1) 直线的方向通常用（　　　）表示。
  A. 倾向   B. 倾角   C. 方位角   D. 磁偏角

(2) 方位角的角度值范围是（　　　）。
  A. 0°~90°   B. 0°~180°   C. 0°~360°   D. 0°~45°

(3) 下面哪个比例尺大？（　　　）
  A. 1:1000   B. 1:500   C. 1:50   D. 1:1

(4) 下面哪个比例尺的精度高？（　　　）
  A. 1:1000   B. 1:500   C. 1:50   D. 1:1

(5) 象限角的范围是（　　　）。
  A. 0°~90°   B. 0°~180°   C. 0°~360°   D. 0°~45°

(6) 直线斜交于投影面，则直线的投影是（　　　）。
  A. 点   B. 原直线
  C. 长度小于原长度的直线   D. 长度大于原长度的直线

(7) 矿区地形地质图与综合地质图通常不包括哪些内容？（　　　）
  A. 坐标网、地形等高线、主要地物标志
  B. 地层、构造、岩浆岩等地质界线
  C. 矿体的界线、产状以及不同矿石类型的界线
  D. 设计巷道

(8) 矿床地质剖面图不包括（　　　）。
  A. 地形剖面线及方位   B. 岩层（岩相）、构造、岩体、蚀变围岩、矿体的界线
  C. 坐标线及高程   D. 设计工程

(9) 阶段平面图设计不包括（　　　）。
  A. 工业厂房布置
  B. 竖井、斜井、充填井、溜井的坐标、标高
  C. 井底车场的轮廓线及各种相应硐室的相对位置，井下火药库的位置
  D. 新旧巷道、新老采空区的范围，主要运输巷道线路工程量表及材料表，主要运输巷道道岔口处的控制点标高及坐标

(10) 正常矿山生产系统图不包括（　　　）。
  A. 提升和运输系统图   B. 排水和供水系统图
  C. 通风和压风系统图   D. 人行系统图

2. 填空题

(1) 采用＿＿＿＿＿＿＿作为投影面，将空间物体上的各特征点＿＿＿＿＿＿投影于该水平面上，以确定各点

的平面位置，然后将物体各点的_____标注于各点投影的旁边，用于说明各点高程，这种投影称为标高投影。

（2）已知直线 AB 的方位角为126°，则直线 AB 的象限角是_____。

（3）在采矿工程制图中，经常要确定两点间的相对位置。相对位置的确定，一要确定_____，二要确定_____。

（4）平面图是_____或_____在水平面上的投影图。需要注意的是，平面图中矿体的边界为该_____的投影，巷道的标高根据设计说明，通常为_____。

（5）图例名称填空。

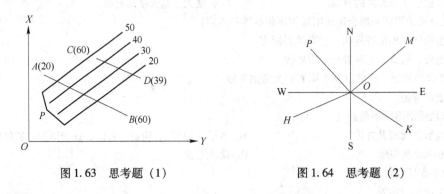

3. 思考题

（1）如图 1.63 所示为平面 P 和直线 AB、CD 的标高投影图，试判断各直线和平面 P 的关系，并求出直线和平面的交点。

（2）试在图 1.64 中标出直线 OM、OK、OH、OP 的方位角和象限角。

图 1.63   思考题（1）   图 1.64   思考题（2）

（3）某直线 AB 的方位角为120°30′，求该直线的象限角，并绘图说明。

（4）已知三点的坐标 A（9，2，80）、B（6，11，40）、C（2，1，60），求三点所定平面的标高投影图。

2 采矿工程图纸的阅读与绘制

本章要点：（1）地形等高线的概念、应用；（2）地形剖面图的制作；（3）地质构造在地质图上的表述形式；（4）中段平面图的识读；（5）采矿方法图的识读。

采矿工程常用图纸包括矿区地形地质图、勘探线剖面图、纵投影图、中段平面图和采矿方法图等，本章重点介绍矿区地形地质图、中段平面设计图和采矿方法图的识读。通过本章的学习，能够阅读这三类图纸，分析图纸所表述的内容。

2.1 矿区地形图

矿区地形地质图是一种综合性图纸，内容包括地形和地质两部分，分别由测量人员和地质人员测绘而成。在矿山企业设计、施工和生产过程中，进行总平面布置（矿井位置、厂房布置、运输线路、排土场、尾矿坝）时，都离不开地形地质图。这种图纸是按照一定比例尺绘制的水平投影图。我国金属矿山现多采用 1∶1000 或 1∶2000 的比例尺，有的矿区范围较大，也可采用 1∶5000 的比例尺。

地形是地物和地貌的总称。地物是指地面上房屋、道路、田园、河流等物体，在地形图上用图例（地物符号）来表示；地貌是指地面的高低起伏，如山脊、河谷、断崖、盆地等形态，在地形图上用等高线来表示。矿区地形图就是表示矿区范围内地物和地貌的图纸。因此，要掌握地形图，就要掌握等高线和图例的识读。

2.1.1 地形等高线

2.1.1.1 等高线的概念

等高线是地面上标高相同的各点的连线。将不同标高的这种连线用标高投影法投影到水平面上，就得到了用等高线表示的地形图，又称为等高线图。等高线旁边的数字表示该等高线的高程。同一等高线上各点的高程相同。

相邻等高线的高程差称为等高线的间距或等高距。等高距的大小是根据地貌特征和图纸比例尺的大小来确定的。山地高差较大，等高距应比平地大些；图纸比例尺越大，对图中物体表示的越精细，则等高距越小。我国金属矿山常用的等高距见表 2.1。

两条相邻等高线间的水平距离称为平距，如图 2.1 中 d 所示。平距的大小是由地面坡度的大小决定的，坡度陡的地方，等高线间的平距小，坡度缓的地方，等高线间的平距大。根据该原则，可以看出地形的陡缓。等高线平距大，则等高线稀疏，地形平缓；等高线平距小，则等高线密集，地形陡峭。

表2.1 我国金属矿山常用等高距

比例尺	等高距/m
1∶500	0.5
1∶1000	1
1∶2000	2
1∶5000	5

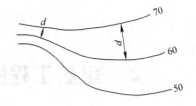

图2.1 等高线的平距

2.1.1.2 等高线的基本特点

（1）等高线是封闭的曲线。由于图幅大小的限制，有些等高线在一幅图纸内没有封闭，但在相邻的图幅中必然要闭合。

（2）等高线是不能相互交叉的曲线。两条不同高程的等高线不能相互交叉，但是却可以重叠，如存在直立的悬崖陡壁则等高线会发生重叠。同理，由等高线重叠也可以推断出该位置为悬崖陡壁。如图2.2所示，175m 与 165m 间存在一个陡崖，在 I—I 剖面图上显示为陡崖 aa'。

（3）等高线是连续封闭的曲线，不能中断。

总之，用等高线的方法来表示地貌，就是以等高线的标高数字、形态、疏密和相应的地貌符号来表示地面高低起伏的特征。

2.1.2 等高线的应用

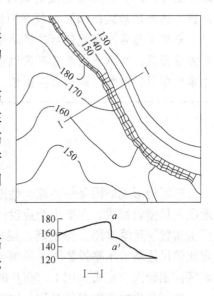

图2.2 岔河河谷西岸断崖等高线图

2.1.2.1 确定一点的标高

在等高线图上可以根据平面坐标网确定一点的位置，还可以根据等高线来计算出一点的标高。如图2.3中 P 点为设计钻孔的孔位，用作图法求出该点的标高，具体做法是：

（1）首先通过 P 点作一直线，并与其上下相邻的等高线（380m、390m）垂直交于 A、B 两点。AB 线就是这两条等高线过 P 点的平距。

（2）过 B 点作 AB 线的垂线，并在此垂线上按图纸比例尺（1∶1000）量出等高距 10m（缩小后为 10mm），得 C 点，连接 A、C 两点即为过 P 点的斜坡长，∠A 为坡度角。

（3）过 P 点作 AB 线的垂线交 AC 线于 P' 点，PP' 线的长度即为 P 点与 A 点的高差，量取 PP' 线的长度为 7mm，按 1∶1000 的比例尺进行换算得到 PP' 线的实际长度为 7m，也就是说 P 点应比 A 点高 7m，即 P 点标高为 380m + 7m = 387m。

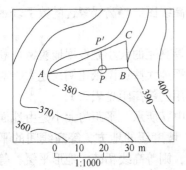

图2.3 等高线图中计算一点的标高

2.1.2.2 确定等高线间某一方向的坡度

由图 2.3 可以看出 ∠A 为斜坡 AC 的坡度角，那么 ∠A 的正切值即是 AB 段的坡度。一般还可以根据平距和等高距来求坡度，其计算公式如下：

$$坡度 = \frac{等高距}{平距} \times 100\%$$

2.1.2.3 按规定坡度在等高线图上选定最短路线

修筑公路、铁路和各种管路，都有一定的坡度限制。在规定的坡度内，如何选定最短的路线，是减少土方量、节省建设费用的重要措施。

在等高距为 2m，比例尺为 1:2000 的等高线图上，如图 2.4 所示，选定一条最短的公路线，坡度规定为 5%（即每前进 100m，上升或下降 5m）。从坡度求解的公式中可知，以规定坡度通过两相邻等高线的最短距离的计算公式为：

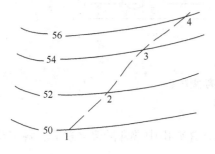

图 2.4 规定坡度选择最短线路

$$水平距离 = \frac{相邻等高线高差}{坡度}$$

即

$$L = \frac{2}{0.05} = 40$$

也就是说，以 5%的坡度修建公路，穿过一个高差为 2m 的等高线时，平面距离至少需要 40m。因此以图 2.4 中 50m 等高线上的 1 点为基点，以 40m 长为半径画圆交等高线 52m 于 2 点，依次类推，即可获得坡度为 5%的最短路径。

2.1.2.4 确定汇水面积

汇水面积是指雨水流向同一山谷地面的受雨面积。在跨越河流、山谷修筑道路、桥梁和涵洞、水坝时，需要依据等高线图计算相关区域的汇水面积。图 2.5 为某矿修筑的尾矿库，它是利用 A、B、C 三个山头环绕的山谷修筑的。尾矿坝 MN 横截山谷，它的汇水面积是各个山头（A、B、C）的山脊线的连线。山脊是天然的分水线，雨水、雪水就顺着山脊线分别向两侧流动，如图 2.5 中箭头所示。相邻山脊线的连线用虚线表示，图中 G−A−B−C−F 圈内就是该河谷 70m 标高以上的汇水面积。

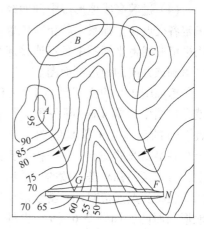

图 2.5 等高线图上圈定汇水面积

2.1.3 地形剖面图

地形剖面图是用来说明地形图上某一方向地面高低起伏的图纸，在剖面图上看地貌比在平面图上要清晰得多。如图 2.6 所示，从 Ⅰ—Ⅰ 剖面、Ⅱ—Ⅱ 剖面可以清楚地看到地形的起伏，辨别是山坡还是山谷。地形剖面图的绘制方法与矿图三视图中的剖面图相似。

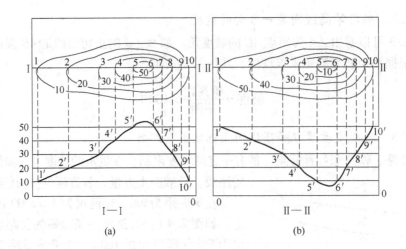

图2.6　山地和盆地的等高线图

(a) 山地；(b) 盆地

(1) 首先根据矿山工程的需要，选定剖面的方向，在矿山中常常沿架空索道、斜坡卷扬、高压线路等方向绘制剖面图。

(2) 剖面图的方向选定以后，即可在等高线图上沿剖面方向绘制剖面线，如图2.6 (a) 中的Ⅰ—Ⅰ线和图2.6 (b) 中的Ⅱ—Ⅱ线，并将剖面线与各条等高线的交点依次编号，如图中的1、2、3、…。

(3) 在等高线地形图的下方平行图中剖面线建立坐标系，横坐标与图中剖面线等长，纵坐标根据图纸比例尺及等高距确定。

(4) 过等高线地形图中剖面线与各等高线的交点分别做垂线，根据其各自的海拔高度确定各交点在坐标系中的相对位置，最后用平滑曲线将坐标系中各点连接起来，即可得到该方向的地形剖面图。

假如图2.6的比例尺为1∶2500，也就是在图中每隔4mm画一条平行线，代表10m的高差。将等高线图上Ⅰ—Ⅰ线上与各等高线的交点，一一投射到剖面图上，对应点的标高是一致的。最后用平滑的曲线将各点连接起来，就绘成所需要的地形剖面图，如图2.6 (a) 中的Ⅰ—Ⅰ剖面图和图2.6 (b) 中的Ⅱ—Ⅱ剖面图。图2.6 (a) 反映出山地的地貌。图2.6 (b) 反映出盆地的地貌。

如图2.7所示，垂直岩层走向的剖面图中，岩层倾角最大；与岩层走向斜交的剖面图中，岩层倾角逐渐变小；到与岩层走向平行的剖面图中，岩层倾角等于0°。可

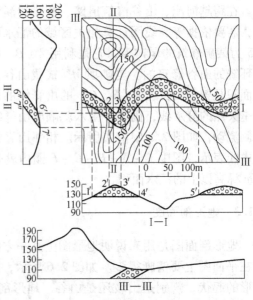

图2.7　地形剖面图的绘制

见,倾角的变化同岩层走向与剖面的方向有关。与岩层走向垂直的剖面图中,岩层倾角是真倾角,其他方向都是假倾角,地质图上称为视倾角。岩层走向与剖面方向间夹角越小,视倾角越小。

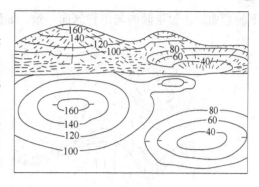

有时为了在等高线图上更清楚地识别各种地貌,常常在等高线上画一短垂线,指示下坡的方向,这种短线称为示坡线。从图2.8中可以看到,高地的示坡线指向外侧,洼地的示坡线指向内侧。

图2.8　等高线示坡线

2.2　矿区地质图

按照相应的比例尺,把地表出露的或者通过钻探、探槽等地质工程揭露出来的岩石、矿体等,绘制在地表地形图上,并经过加工整理,就形成了地形地质图。矿区地形地质图中,包括两部分内容:一是岩石、矿体、地质构造(断层、褶皱)等地壳运动的自然产物;二是为探明矿体产状、规模和质量等特点而布置的钻孔、探槽等勘探工程。弄清楚以矿体为中心的各种自然产物的相互关系以及了解勘探工程如何揭露矿体,就能初步掌握地形地质图的内容。

2.2.1　单斜岩层在地质图上的表述

2.2.1.1　倾斜岩层

水平岩层是指产状呈水平或近水平的岩层,即同一层面上的各个点大致具有相同的海拔高度,地质图上的地质界线大致平行于地形等高线。水平岩层是沉积成岩后只有整体升降而未经倾伏和褶曲的具有原始水平产状的地层,也包括经过构造变动,但仍具有近水平产状的地层,如图2.9所示。

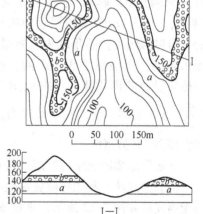

倾斜岩层是指岩层面和水平面有一定交角,且倾向基本一致的岩层。倾斜岩层绝大多数是原始水平岩层经构造变动后形成的,是各种构造变形的组成部分。根据组成倾斜岩层的岩层面向,可分为正常层序的倾斜岩层和倒转层序的倾斜岩层。

在地形地质图中水平岩层的轮廓线(露头线)与等高线完全平行,在山谷中等高线弯向上游,在山脊处等高线向山脚弯曲,岩层露头线与等高线平行,这是水平岩层的特点。对于水平岩层,一般是年代老的在下面,年代新的在上面。倾斜岩层在地形地质图

图2.9　水平岩层地形地质图

中的露头线是弯曲的,不像水平岩层那样总是与等高线平行,而是与等高线相交。当岩层在山谷处的露头线向上游弯曲时,岩层倾向与山脊倾向相反,当岩层在山谷处的露头线向

下游弯曲时，岩层倾向与山脊倾向一致，如图 2.10 所示。

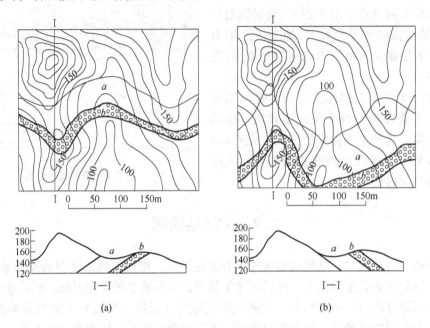

图 2.10　单斜岩层地形地质图
（a）岩层倾向与山脊倾向相反；（b）岩层倾向与山脊倾向一致

2.2.1.2　单斜岩层产状要素描述

岩层水平时没有方向性，总是在一定的高度出露。岩层倾斜时，具有方向性，包括水平延伸方向和倾斜延伸方向。水平延伸方向称为岩层的走向，即岩层倾斜面与水平面的交线（见图 2.11 中 AA'）；倾斜延伸方向称为岩层的倾向，它与岩层走向垂直（见图 2.11 中 BB'）。岩层倾向线与水平面的夹角称为倾角。倾角越大，岩层越陡峭，倾角越小，岩层越平缓。走向、倾向、倾角称为岩层的产状要素。在地图上用符号"$\frac{\theta}{\top}$"表示岩层产状，其中长线为走向，短线为倾向，θ 为倾角。

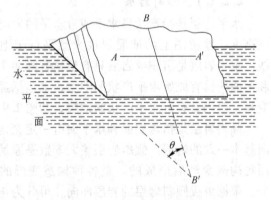

图 2.11　倾斜岩层产状要素

从地形地质图上求解岩层产状要素的方法有两种：

（1）三点法。利用岩层露头线与某一等高线（代表水平面）的交点连线，求出岩层的走向线。如图 2.12 所示，地层 a 顶面露头线与 140m 等高线交于 F、E 两点，FE 线就是岩层走向线，为南北向，用其他等高线或底面露头线来验证均为南北向，岩层倾向应为正东。利用"三点法"在地形地质图上直接求岩层倾角，做法如下：

1）在同一岩层层面露头线上找出三个点来，其中两个点（如 F、E）在同一等高线上，第三点在另一等高线上，如 A 点在 150m 等高线上，其标高为 150m。

2）自 A 点引垂线交 FE 线的延长线于 D 点，AD 线就是岩层的倾向线。

3）从 D 点在走向线 DF 上截取线段 DC，其长度等于 A 点（150m）同 F、E 两点（140m）之间的高程差（按照图纸比例尺 1∶2000 量出），连接 AC 两点，那么 ∠DAC 就是岩层的倾角。

（2）剖面图法。剖面图法就是垂直岩层走向作剖面图 I—I（见图 2.12），剖面法只适合进行倾角的求解，具体做法类似地形剖面图的做法。具体过程如下：

1）剖面线 I—I 交岩层于 1、2 两点，1 点为剖面线与岩层底面露头线交点，2 点为剖面线与岩层顶面露头线的交点，投影到剖面图上为 1′、2′两点，即岩层在地面出露点。

2）在地形图上找另外几个岩层露头线与其他等高线的交点，如岩层顶面露头线与 150m 等高线交于 3 点，与 140m 等高线交于 4 点，将它们投射到剖面图上分别得 3′、4′点，这两个点在剖面线 I—I 处没有露出地表，而是在地面以下的 150m 或 140m 标高线上，这样由 2′、3′、4′三点就得到岩层顶板线。

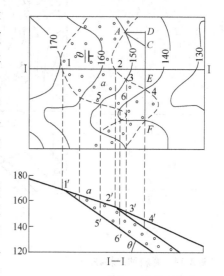

图 2.12　地形图上确定岩层产状要素

3）同样，可以由 1′、5′、6′三点得到岩层底板线，这两条线是平行的，向东倾斜，θ 为岩层倾角。

2.2.2　褶皱岩层在地质图上的表述

岩层（或矿层）在地壳运动过程中，由于被挤压扭转而产生的曲折起伏现象，称为褶曲构造。褶曲构造岩层向上隆起时称为背斜，岩层向下弯曲时称为向斜，图 2.13 是背斜和向斜构造图。图中右半部为背斜，bb′ 称背斜轴，b′bd 三点所在的平面称为背斜轴面，轴面两侧岩层称为两翼；左半部为向斜，aa′ 称向斜轴，a′ac 三点所在的平面叫向斜轴面，其两侧岩层也称为两翼。通常背斜以轴线为中心，岩层向左右两边倾斜，在地质图上用图 2.14（a）所示符号表示，中间直线代表背斜轴，箭头代表两翼岩层的倾向；向斜则两翼岩层一般向轴面倾斜，常用图 2.14（b）所示符号表示。在背斜轴部出露的岩层较老，两翼岩层则较新。向斜则恰恰相反，出露的岩层中间新两翼老。如图 2.15 所示，褶曲构造的岩层在平面图上，线条也比较平直，在地形图上由于地貌的变化，也会成为弯曲的形状。

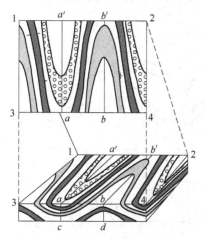

图 2.13　背斜和向斜构造立体及平面示意图

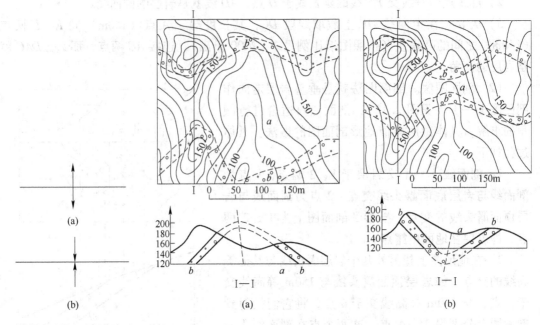

图 2.14 背斜和向斜在
矿图上的表示符号
（a）背斜符号；（b）向斜符号

图 2.15 褶曲构造地质图
（a）背斜构造；（b）向斜构造

2.2.3 断层在地质图上的表述

地壳运动不仅可以使岩层发生褶曲，而且可以使它们断裂和错动，这种岩层断裂和错动的现象，称为断层构造。发生断层时，断层面上盘岩层与下盘岩层相互错动。当上盘岩层沿断层面下滑时，称为正断层（见图 2.16），反之，称为逆断层（见图 2.17）。当断层面上下盘岩层相对水平滑动时，称为水平断层。

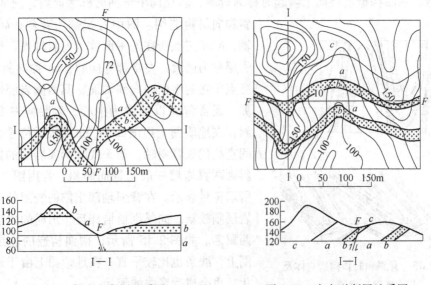

图 2.16 倾向正断层地质图

图 2.17 走向逆断层地质图

正断层常用图 2.18（a）所示符号表示，逆断层常用图 2.18（b）所示符号表示，其中长线为断层走向，箭头代表断层倾向，两个小短线代表下降的一侧。正断层下降侧与断层面倾向一致，即断层面上盘下降；逆断层正好相反，即断层面下盘下降。

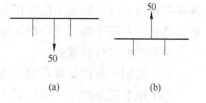

图 2.18　正、逆断层表示符号
(a) 正断层；(b) 逆断层

2.2.4　地质图例

各个矿区的地质图例常常不统一，但有些岩石和构造一般有比较一致的习惯画法。在表 2.2 中列举了一些常用的地质图例，仅供参考。在阅读矿区各种地质图件时，还应使用附录 1 中的地质图例。

表 2.2　常用地质图例

代	纪	距今年数/百万年	代表符号
新生代	第四纪	1	Q
	第三纪	60	R
中生代	白垩纪	130	K
	侏罗纪	155	J
	三叠纪	165	T
古生代	二叠纪	210	P
	石炭纪	265	C
	泥盆纪	320	D
	志留纪	360	S
	奥陶纪	440	O
	寒武纪	520	∈
	震旦纪	1400	Z
元古代	前震旦纪	2400	Pt
太古代			Ar

2.3　中段平面设计图

2.3.1　中段矿体预想平面图

中段开拓首先要作出中段开拓设计，开拓施工完毕后，进行生产探矿设计，待生产探矿达到采矿设计要求时，再进行采准、切割，进行正常采矿生产。

当矿井生产规模不大和矿体赋存比较集中时，在开拓设计中，常常包括了中段的生产探矿和矿块划分，即将中段开拓和中段生产探矿合并在一起设计。此外，在中段开拓设计中，还包括井底车场以及中段运输、通风、排水、供水、压气和供电等系统的设计。

中段开拓设计步骤是：

（1）绘制中段的矿体预想平面图；

（2）把各项生产工作和探矿工程所需开掘的巷道以及矿块的划分情况，添绘在预想平面图上。

中段矿体平面图是中段开拓设计的最重要的基础资料。这里以中段预想平面图的绘制为例，加以说明。

勘探线地质剖面图是以钻孔柱状图为原始资料绘制出来的，一般由地质勘探队提供。

预想平面图根据勘探线地质剖面图绘制，绘制的方法与第 1 章所讲的由剖面图转绘平面图的方法相同。

利用勘探线剖面图绘出矿体预想平面图，须同时参考上中段的矿体平面图进行修正。也就是说，需要依照勘探线剖面图和上中段平面图这两种图纸，最后确定出预想平面图中的矿体。修正内容不只是矿体倾角，还有矿体的厚度，走向长度，矿体的分支、复合和连续性。

绘图时一般是首先画出开拓中段的推断剖面图，再根据推断剖面图转绘预想平面图（见图2.19）。如有的矿山用铅笔描出地质勘探队提供的勘探线剖面图，随着开采工作向下推进，根据探矿和生产巷道揭露的实际情况，不断修正勘探线剖面图上的岩层和矿体边界等。有了这种图就可以比较容易地向下推断，这时可以首先作出开拓中段的推断剖面图，再根据推断剖面图画出预想平面图。

在设计中段开拓巷道时，不仅要了解中段平面上的矿体分布和变化情况，同时还要进一步了解矿体的立体形状变化情况。如主要运输巷道有时需要考虑布置在采空区崩落界线之外，而崩落界线主要是根据矿体厚度和倾角圈定的。为此，还要阅读上中段的平面图和一些横剖面图。

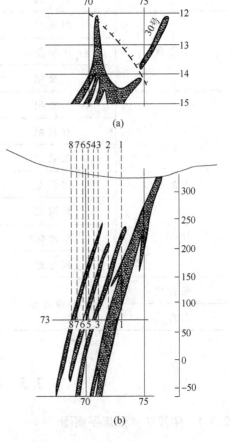

2.3.2　中段巷道设计图

绘好预想平面图之后，便可根据矿体形状、分布情况、岩层种类和地质构造等设计开拓与探矿巷道，并将这些巷道添绘在平面图上。

在布置这些巷道时，一条很重要的原则是力求"探采结合"。所谓"探采结合"，就是使开掘的巷道兼有探矿和采矿两种用途，一举两得；使探矿巷道网与采矿生产巷道紧密结合。如图2.20

图 2.19　中段预想平面图

（a）73m 中段预想平面图；

（b）15 勘探线剖面图

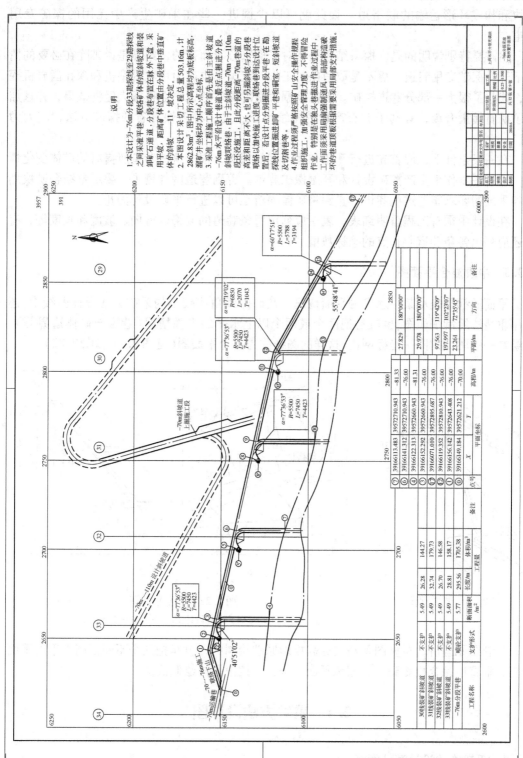

图 2.20 中段巷道设计图

中的穿脉巷道，横穿矿体既可以用做确定上、下盘边界的探矿巷道，同时也可用来划分矿块和构成环形运输的联络道。如此就可以少掘进一些在采矿生产中无用的探矿专用巷道。

但需要特别说明的是，探采结合是相对于探采分家而言的，绝不是说排除在必要的情况下开掘探矿专用巷道，更不是取消探矿工作。我国不少矿山用坑内钻机和深孔凿岩机探矿，代替了很大一部分巷道探矿。不仅少掘大量的探矿巷道，取得很大经济效果，并且加速了矿石储量升级，有利于矿石产量的持续增长，是一种多快好省的探矿方法，应大力推广。

在一般条件下，应首先进行开拓和大网度的探矿，根据这些巷道所揭露的矿体变化情况，再进一步作出生产探矿设计和开掘探矿巷道。等到巷道网加密了，要尽量结合矿块划分和采准的要求布置这些巷道，直到将矿体探清至可以进行采矿设计为止。

在设计中须有工程量明细表，表中应列出每条巷道的规格、方向、坡度和长度等，有时还应列出各条巷道起止点的坐标数值。

2.3.3　中段复合平面图

平面图都是表示某一水平的平面情况。在矿体倾角比较小的采矿方法设计图纸中，还常用重叠法绘制平面图，也就是把两个或两个以上水平的平面情况（巷道与矿体边界等），投绘在一张图纸的同一坐标网内，这样的图纸称为复合平面图（见图2.21和图2.22）。

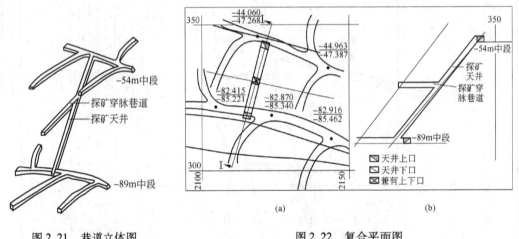

图2.21　巷道立体图   图2.22　复合平面图
(a) 5号探矿天井设计图；(b) Ⅰ—Ⅰ剖面图

从制图原理讲，重叠图是利用标高投影原理绘制的，就是把几个不同标高水平的平面情况，垂直地综合投影到一个假想平面上来，并按投影法绘制成图。

2.4　采矿方法设计图

2.4.1　采矿方法设计基础图纸

在采矿方法设计中，需要设计部位地质图纸一般有平面图、横剖面图和纵投影图等，它们是进行采矿设计的基础资料。根据探矿和采矿工程（巷道和钻孔）对地质情况的揭露以及对矿体变化规律的了解，圈定出矿体的边界并绘制成地质图纸，在图中还要有上、下盘岩层和断层位置等。

采矿方法设计图的图纸比例应根据矿体大小、矿体变化情况和采矿方法的结构参数来确定，一般用1:200的比例尺，在矿体比较大、产状要素比较稳定的条件下，也可用1:500的比例尺。

（1）平面图。需要绘制上、下中段平面图，若有中间水平探矿工程时，还应有中间水平的平面图。一般在上、下中段水平进行的探矿、采矿工程比较多，对矿体揭露的比较充分，所以，圈定出的矿体边界也就比较可靠。在绘制横剖面图和中间水平的预想平面图时，上、下中段平面图是主要的基础材料。

（2）横剖面图。至少有2~3张，它可说明矿体在垂直方向上的变化情况（如厚度、上下盘接触面及其倾角等）。在采矿方法设计中横剖面图一般是根据平面图绘制的，如果有天井和钻孔通过上、下盘边界时，其同样也是圈定矿体边界的根据。所以，横剖面图的准确程度主要取决于控制平面之间的距离。

（3）纵投影图。应有1~2张，它可表明矿体沿走向方向的变化情况。

（4）中间水平平面图。根据采矿方法设计的需要，有时要绘出中间水平（如把矿水平）的平面图。一般根据横剖面图绘制。

2.4.2 采矿方法设计图纸绘制

在采矿方法设计中，把各种采准、切割工程添绘在地质图上便是采矿方法设计图。因此，在绘制地质图纸时，除了要考虑能充分表明矿体形状等之外，也要考虑采矿方法设计的需要。采矿方法设计是由图纸和文字说明两部分内容组成的设计文件，图纸占主要部分，对不能用图纸表示的内容再采用文字说明。

采矿方法设计一般包括下列内容：

（1）矿体的开采技术条件简述；

（2）选用的采矿方案的主要根据；

（3）采矿方法结构尺寸及主要生产过程；

（4）施工和生产中的注意事项和安全措施；

（5）主要技术经济指标；

（6）工程量表。

如图2.23所示为一浅孔留矿采矿方法示意图，其采切工程量和矿块采出矿石量见表2.3和表2.4。

表2.3　采切工程量计算表

项目名称	规格/m×m	断面积/m²	长度/m	数量	总长/m	掘进量/m³
阶段运输巷道	2×2.2	4.4	50	1	50	220
人行通风天井	2×2	4	40	2	80	320
联络道	2×2	4	2	10	20	80

续表2.3

项目名称	规格/m×m	断面积/m²	长度/m	数量	总长/m	掘进量/m³
拉底巷道	2.2×2	4.4	44	1	44	193.6
漏斗	2×2	4	4	6	24	96
合计	—	—	—	—	218	909.6

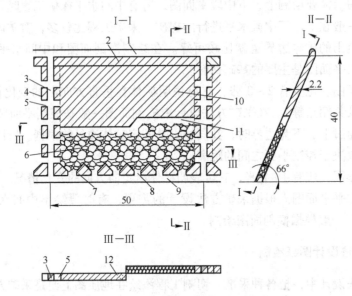

图2.23 浅孔留矿采矿方法示意图

1—回风巷道；2—顶柱；3—天井；4—间柱；5—联络道；6—存留矿石；7—底柱；
8—漏斗；9—阶段运输巷道；10—未采矿石；11—回采空间；12—炮孔

表2.4 矿块采出矿石量计算表

项目名称		矿石储量/t	回收率/%	废石混入率/%	采出储量/t	采出矿石量/t	采出矿量比值/%
采准工作	阶段运输巷道	594	100	5	594	625.26	3.89
	人行通风天井	864	100	5	864	909.47	5.66
	联络道	216	100	5	216	227.37	1.42
	采准工作小计	1674	100	5	1674	1762.1	10.97
切割工作	拉底巷道	522.72	100	5	522.72	550.23	3.42
	漏斗	259.2	100	5	259.2	272.84	1.7
	切割工作小计	781.92	100	5	781.92	823.07	5.12
矿房回采		7489.42	90	50	6740.48	13480.96	83.91
矿柱回采		1934.66	0	—	0	0	—
矿块合计		11880	77.41	42.76	9196.4	16066.13	100

浅孔留矿采矿方法主要技术经济指标计算见表2.5~表2.7。

表2.5 采矿工班效率计算表

项目名称	单 位	工程量	工班效率	工 班 消 耗	
				含掘进	不含掘进
采切工程掘进	m	218	—	224.4	—
回采凿岩	m	4224	40	105.6	105.6
装药爆破	—	—	—	13.95	13.95
采场通风	工班			16	16
采场出矿	t	13480.96	20	674.05	674.05
小 计	—	—	—	1034	809.6
施工管理	—	—	—	206.8	161.92
合 计	—	—	—	1240.8	971.52
采矿工班效率	t/工班	—	—	12.95	16.54

表2.6 采矿直接成本计算表

项 目 名 称	单位	单价	单耗	吨矿成本/元·t^{-1}
炸 药	kg	7.96	0.45	3.582
起爆弹	发	0.4	0.174	0.07
雷管（含导爆管）	个	4.16	0.179	0.745
钢 材	kg	4.8	0.21	1.008
木 材	m^3	800	0.002	1.6
锚 杆	根	40	0.048	1.92
工人工资及附加工资	元	—	—	16.2
采矿直接成本	元	—	—	25.125

表2.7 主要技术经济指标汇总表

项 目 名 称	采场尺寸			体积/m^3	矿量/t
	矿块长/m	矿体厚/m	矿块高/m		
矿块储量	50	平均2.2	40	4400	11880
矿柱矿量	—	—	—	716.54	1934.66
贫化率/%	—	—	—	—	42.76
损失率/%	—	—	—	—	22.59
采出矿量/t	—	—	—	—	16066.13
采切比/m·kt^{-1}	—	—	—	—	13.57
采矿工班效率/t·工班$^{-1}$	—	—	—	—	16.54
采矿直接成本/元·t^{-1}	—	—	—	—	25.125

2.4.3 采矿方法设计图纸的阅读

阅读采矿方法设计图纸，可分为两个步骤：首先，读懂图纸所表示的内容；其次，对设计内容作出技术分析。

　　初学读图，可以先把一个整体的图纸分解成若干个单元，然后一个单元一个单元地进行阅读，搞清每个单元表示的内容之后，再综合起来阅读，分析各单元之间的联系，以此达到理解图纸全部内容的目的。

　　无论何种采矿方法设计图，都必须要表示出开采对象——矿体的形状和有关地质构造（断层和褶皱）等矿床的自然条件；还有是表示开采方法，其中主要是巷道。因此，在阅读图纸时，可以先读矿体，后读巷道。在读巷道时，可以按它在采矿生产中的作用和所在空间位置分别阅读，最后再综合起来阅读。

　　在阅读矿体部分时，首先应看一下表示矿体形状的图纸共有几幅，按平面图、剖面图和纵投影图分开，再按它们的上下左右关系和顺次，一幅一幅地阅读。一般至少要有上、下中段平面图各一幅，从这些图上可以看出矿体水平厚度，走向长度及上、下盘变化。横剖面图最少要有 2~3 幅，从其中可以看出矿体倾角，厚度及上、下盘（在垂直走向方向上）的变化等。分幅读完之后，找出它们之间的相互关系，如按坐标网线将上、下中段平面图重叠起来，了解矿体上、下中段的水平厚度变化情况和矿体倾向、偏斜等。同时，配合横剖面图，综合上述图纸，便可想象出矿体的立体形状。

　　读完矿体形状之后，进一步读巷道部分。在图中用实线画出的是表示现在已经开掘的巷道，用虚线画出的是设计中新提出的巷道。若无中间水平探矿，一般只有在中段水平才有实线巷道。

　　阅读巷道时，可以从下向上分段阅读，先读运输水平的巷道布置，再读二次破碎水平的巷道（电耙巷道或二次破碎巷道），然后继续向上为矿房（或矿块）的拉底巷道。在阅读设有分段水平的采矿方法设计图纸时，应依次向上读，最后读到上中段的运输水平巷道。分水平（即分段）读完之后，再读连接各水平巷道的垂直（或倾斜）巷道（如行人、通风天井和溜矿井等）。

2.5　小　　结

　　本章介绍了矿区地形图中地形等高线的基本知识，利用等高线在工程实际中的四个应用，根据地形图生成地形剖面图的方法；介绍了矿区地质图中单斜、褶皱、断层的表示方法；还介绍了中段平面图、采矿方法设计图的识读原则与方法。

习　　题

1. 选择题

(1) 在同一条等高线上的各点其（　　）必定相等。

　　A. 地面高程　　　　　B. 水平距离　　　　　C. 水平角度　　　　　D. 方位角

(2) 在矿图中，方向箭头指的是（　　）。

　　A. 坐标北方向　　　B. 真北方向　　　　　C. 磁北方向　　　　　D. 真东方向

(3) 等高线的特点不包括（　　）。

　　A. 等高线是闭合的　　B. 等高线不能互相交叉　C. 等高线是连续的　　D. 等高线是平行的

(4) 等高线的应用不包括（　　）。

　　A. 确定一点的标高　　B. 确定一点的坡度　　C. 计算一点的坐标　　D. 圈定汇水面积

(5) 一张矿图中 "$\frac{60}{\top}$" 的 60 表示（　　）。

　A. 走向方位角 60°　　B. 倾角 60°　　C. 倾向方位角 60°　　D. 与北方向的夹角 60°

(6) 在采矿方法设计中，需要设计部位地质图纸不包括（　　）。

　A. 平面图　　　　B. 横剖面图　　　　C. 纵投影图　　　　D. 矿区地形图

(7) 采矿方法设计不包括的内容是（　　）。

　A. 矿体的开采技术条件简述及选用的采矿方案的主要根据

　B. 采矿方法结构尺寸及主要生产过程、施工和生产中的注意事项和安全措施

　C. 主要技术经济指标和工程量表　　　　D. 开采方法的优缺点论述

2. 填空题

(1) 相邻等高线的高程差称为_____或等高距。等高距的大小是根据地貌特征和图纸比例尺的大小来确定的。山地高差较大，等高距应比平地_____些，图纸比例尺越大，对图中物体表示的_____，则等高距越_____。两条相邻等高线间的水平距离称为_____，它的大小是由地面坡度的大小决定的，坡度陡的地方，等高线间的_____，坡度缓的地方，等高线间的_____。

(2) 按照相应的比例尺，把地表出露的或者通过钻探、探槽等地质工程揭露出来的岩石、矿体等，绘制在地表地形图上，并经过加工整理，就形成了_____。矿区地形地质图中，包括两部分内容，一是岩石、矿体、地质构造（断层、褶皱）等地壳运动的_____，二是为探明矿体产状、规模和质量等特点而布置的钻孔、探槽等_____。

(3) _____、_____、_____称为岩层的产状三要素。

(4) 在图中一般都用箭头标出坐标线的指北方向，有时矿图中没有标出指北方向，则可根据坐标数值向北、向东逐渐_____的规律识别图的方向。

(5) 在采矿方法设计中，把各种采矿工作，主要是把_____添绘在地质图纸上，便是采矿方法设计图。

3. 思考题

(1) 地形剖面图的作图步骤是什么？

(2) 生产矿山条件下，采矿方法设计一般包括哪些内容？

(3) 什么是地形等高线、等高距、平距？在同一张地形图上，等高线的等高距相同时，平距反应的地形各有何特点？

(4) 试在图 2.24 所示地形图中标出山顶、鞍部、山脊、山脊线、山谷、山谷线、陡崖等各类地形、地貌。

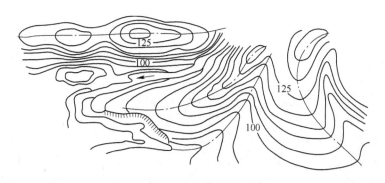

图 2.24　思考题（4）

第 2 篇

基于AutoCAD的采矿工程辅助设计基础

3 采矿工程计算机辅助设计

本章要点：（1）计算机辅助设计的概念；（2）计算机辅助设计系统组成；（3）采矿辅助设计的发展概况；（4）采矿 CAD 绘图支撑软件 AutoCAD 的概况。

计算机辅助设计（CAD）技术广泛应用于各行各业，很多初学者虽然之前没有接触到 CAD 技术，但是也有所耳闻，对 CAD 有初步的了解。本章详细介绍了计算机辅助设计的概念、发展和 CAD 系统的组成以及采矿 CAD 技术的应用情况，同时也介绍了采矿工程制图中普遍采用的 AutoCAD 软件的发展概况。通过本章学习，可以使学习者正确掌握 CAD 的概念、组成、框架和具体应用。

3.1 计算机辅助设计的概念

人具有图形识别、学习、思考、推理、决策和创造的能力，而计算机具有强大的计算功能和高效率的图形处理能力。将人和计算机的最佳特性结合起来，辅助进行设计与分析即为计算机辅助设计（computer aided design，CAD）。计算机辅助设计技术综合了计算机与工程设计方法的最新发展，成为一门新兴的学科。

设计过程包括需求分析、概念设计、设计建模、设计分析、设计评价和设计表达。计算机辅助设计的功能就是在工程设计的过程中起到相应的作用，如图 3.1 所示。

（1）信息提供。CAD 系统一般都有图形库和数据库，并且可以通过网络与其他大型信息库相连，因此，在需求分析阶段，设计者可以借助 CAD 数据库系统查询所需的信息，从而对产品的功能、经济性和制造要求等

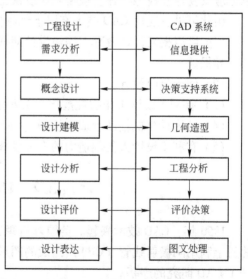

图 3.1 CAD 功能系统图

方面的可行性做出科学的估计。

（2）决策支持系统。在概念设计过程中，需要用到专家的知识、经验及创造性思维，通过应用人工智能中的专家系统技术建立的决策支持系统，可以很好地解决结构方案选择等概念设计问题。

（3）几何造型。几何造型是用计算机及其图形系统描述物体形状，模拟物体动态处理过程的一种技术。通过几何造型，人与计算机之间可以实现图形信息的双向交流，设计师可面对屏幕上逼真的三维图形，探索各种解决问题的方案。利用这种技术，可以把图形显示与结构分析、仿真模拟、评价等组合成一个有机的系统，设计者可对模型进行反复而又快速的分析、评价和修改，直至达到满意的结果。

（4）工程分析。工程分析技术是 CAD 的基础技术，它包括有限元分析、优化设计方法、可靠性设计方法、物理特性计算、机械系统运动学和动力学分析、计算机模拟仿真等。

（5）评价决策。对设计的结果进行分析评价，判断设计是否满足要求，若不满足要求，则须进行相应的修改或进行再设计，直到满足设计要求为止。人类对设计结果的评价，一方面依赖分析计算，如利用有限元分析得到的应力应变图来评价结构设计是否合理；另一方面还依赖知识推理，如利用专家系统技术对设计结果进行评判。

（6）图形和文字处理。利用图形支撑软件绘制工程图，将图形文件通过绘图机输出。利用文字编辑排版软件进行设计文档制作，如工艺指导文件、设计说明书和产品说明书等。

从计算机辅助设计系统的功能对设计进程的作用可见，计算机辅助设计的主要任务可概括为以下四个方面：

（1）完成设计信息的计算机存储和管理。

（2）开发工程设计的应用程序。

（3）建立一个专用图形系统或利用一个通用图形系统，完成产品造型和工程图绘制等任务。

（4）将工程数据库、应用程序以及图形系统等部分有机地组成一个完整的 CAD 系统，以适应反复建立模型、评价模型和修改模型这种设计过程的需要。

由此可见，应用 CAD 技术有以下优越性：

（1）可以提高设计效率，缩短设计周期，减少设计费用，为最优设计提供了有效途径和可靠保证。

（2）便于修改设计。

（3）有利于设计工作的规范化、系列化和标准化。

（4）可为计算机辅助制造和检测（CAM、CAT）提供数据准备。

（5）有利于设计人员创造力的充分发挥。

3.2　CAD 的发展

1950 年，CAD 技术兴起。美国麻省理工学院（MIT）在其研制的名为旋风 1 号的计算机上利用阴极射线管（CRT）组成的图形显示器，实现了一些简单图形的显示，由此拉开了 CAD 研究的序幕。

20 世纪 60 年代，是 CAD 发展的起步时期。1962 年美国学者 Ivan Sutherland 研制出名为 Sketch pad 的系统，该系统是一个交互式图形系统，能在屏幕上进行图形设计与修改，从此掀起了大规模研究计算机图形学的热潮，并开始出现 CAD 这一术语。其后，在 1964 年美国通用汽车公司开发出用于汽车前窗玻璃型线设计的 DAC - 1 系统。1965 年，美国洛克希德飞机制造公司与 IBM 公司联合开发出基于大型机的 CAD/CAM 系统，该系统具有三维线框建模、数控编程和三维结构分析等功能，从此使 CAD 在飞机工业领域进入了实用阶段。1968 ~ 1969 年，美国 CALMA 公司和 Application 公司等一批厂商将硬、软件放在一起推出了成套系统，即所谓的 Turnkey Systems（译为交钥匙系统），并很快形成 CAD/CAM 产业。

20 世纪 70 年代，CAD 技术进入广泛使用时期。计算机硬件从集成电路发展到大规模集成电路，出现了能产生逼真图形的光栅扫描显示器、光笔和图形输入板等；同时，以中小型机为核心的 CAD 系统飞速发展，出现了面向中小企业的 CAD/CAM 商品化系统。到 20 世纪 70 年代后期 CAD 技术在许多工业领域都得到了实际应用。

20 世纪 80 年代，CAD 技术进入突飞猛进时期。由于小型机特别是微型机的性价比提高，极大地促进了 CAD 的发展，同时计算机外围设备（如彩色高分辨率图形显示器、大型数字化仪、自动绘图机）已逐步形成质量可靠的系列产品，为推动 CAD 技术向更高水平发展提供了必要条件。在此期间，大量的商品化的适用于小型机及微型机的 CAD 软件不断涌现，极大地促进了 CAD 技术的应用和发展。

20 世纪 90 年代，CAD 技术的发展更趋成熟。它以开放性、标准化、集成化和智能化发展为自己的特色。现在开发应用软件，一般都是在某个支撑平台上进行二次开发，因此 CAD 系统必须具有良好的开放性，以满足各行各业 CAD 应用的需要。为了实现并行工程和协同工作，技术人员又将 CAD、CAM、CAPP（计算机辅助工艺编程）、NCP（数控编程）、CAT 集成为一体，这为 CAD 技术的发展和应用提供了更广阔的空间。随着人工智能和专家系统技术的不断发展及在 CAD 中的应用，智能 CAD 系统也得到了重视和发展，智能 CAD 大大提高了设计水平和设计效率。

进入 21 世纪，CAD 的发展更加的迅猛，从二维制图、三维建模、参数化建模到如今最新的三维打印技术，CAD 技术越来越智能化和集成化，CAD 的发展和应用也进入了一个更高、更快的阶段。

3.3 CAD 系统的组成

由一定的硬件和软件组成的供辅助设计使用的系统称为 CAD 系统，其中，计算机及其外围设备组成 CAD 硬件系统，程序及相关文档组成 CAD 软件系统。CAD 系统的特点是它的快速响应和图形的交互设计与显示输出的能力。CAD 系统可以采用多种多样的配置，不同的配置具有不同的特点，从而满足不同层次作业的需要。

3.3.1 CAD 的硬件系统

CAD 的硬件系统如图 3.2 所示。

（1）主机。主机是控制及指挥整个 CAD 系统并执行实际计算的逻辑推理装置，是 CAD 系统的核心部分。主机由中央处理器（CPU）和内存储器组成。

（2）外存储器。外存储器又称为辅助存储器，简称外存。外存是指除计算机内存及 CPU 缓存以外的储存器，用来存放需要永久保存的或相对来说暂时不用的程序、数据等信息。当需要使用这些信息时，由操作系统根据命令调入内存，此类储存器一般断电后仍然能保存数据。常见的外储存器有硬盘、软盘、光盘、U 盘等。

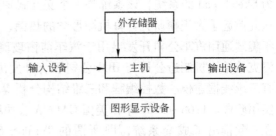

图 3.2　CAD 的硬件系统

（3）输入设备。输入设备是人或外部与计算机进行交互的一种装置，用于把原始数据和处理这些数据的程序输入到计算机中。计算机能够接收各种各样的数据，既可以是数值型的数据，也可以是各种非数值型的数据，如图形、图像、声音等都可以通过不同类型的输入设备输入到计算机中，进行存储、处理和输出。键盘、鼠标、摄像头、数字化仪、扫描仪、数码相机、光笔、手写输入板、游戏杆、语音输入装置等都属于输入设备。

1）键盘。键盘是最通用的数据和字符输入装置，在 CAD 系统中也可作为图形的输入装置。当作为图形输入装置时，它可以用来输入文字、坐标值、命令，选择菜单等。

2）鼠标。鼠标是一种定位输入设备，可以很方便地完成定位、拾取和选择等功能。在 CAD 制图中，可用它来选择绘图位置，拾取图形上的目标，选择菜单中的选项等。

3）数字化仪。数字化仪是将图像（胶片或相片）和图形（包括各种地图）的连续模拟量转换为离散的数字量的装置，是在专业应用领域中一种用途非常广泛的图形输入设备。数字化仪是由电磁感应板、游标和相应的电子电路组成，当使用者在电磁感应板上移动游标到指定位置，并将十字叉的交点对准数字化的点位时，按动按钮，数字化仪便会将此时对应的命令符号和该点的位置坐标值排列成有序的一组信息，然后通过接口传送到计算机。数字化仪分为跟踪数字化仪和扫描数字化仪。目前生产中仍以手扶跟踪数字化仪为主要设备，如图 3.3 所示。

4）扫描仪。扫描仪是一种能将图纸及文件快速输入到计算机的高速输入设备。台式扫描仪能扫描 A4 幅面的图纸及文件，大扫描仪能扫描 A0 幅面的图纸，如图 3.4 所示。

图 3.3　数字化仪　　　　　　图 3.4　平板式扫描仪和滚筒式扫描仪

5）数码相机。数码相机是一种利用电子传感器把光学影像转换成电子数据的照相机。数码相机可以将拍摄图像存储在软盘、Flash 卡等存储装置中，用户可以根据需要进行二次处理。

（4）输出设备。

1）打印机。打印机是计算机的输出设备之一，用于将计算机处理结果打印在相关介质上，如图3.5（a）所示。

2）绘图仪。绘图仪是一种高速、高精度的图形输出设备（见图3.5（b）、（c）），可将已输入到 CAD 系统中的工程图样或在图形显示屏上已完成的设计图形绘制到图纸上。随着喷墨和激光打印技术的发展，近年来喷墨和激光绘图机已渐渐取代笔式绘图机而占据主流市场。目前常用的是非笔式绘图机，如静电绘图机、喷墨绘图机、激光绘图机等，它们绘图速度快、图面质量好、使用方便。

(a)   (b)   (c)

图3.5 常用输出设备
（a）打印机；（b）滚筒式绘图机；（c）激光绘图机

（5）图形显示设备。图形显示设备是 CAD 系统中的重要组成部分，不仅能实时显示所设计的图形，而且还能让设计者根据自己的意图对几何造型和工程图形进行增、删、改、移动等编辑操作。当前的图形显示设备主要有 CRT 显示器、LED 显示器、LCD 液晶显示屏等。这些图形显示设备利用像素来显示数字、字符和图像。

3.3.2 CAD 的软件系统

软件一般是指计算机运行所需的各种程序、数据以及相关的文档，通常分为系统软件和支撑软件。系统软件指操作系统和系统实用程序等，主要用于计算机的管理、控制和维护。支撑软件指运行在系统软件之上，由软件公司开发人员开发，目的在于帮助人们高效、优质、低成本地建立并运行相关专业系统的软件。支撑软件均属于应用程序。CAD 软件系统中常用的支撑软件有：

（1）图形处理软件。图形处理软件负责 CAD 的绘图。计算机辅助绘图软件是开发最早的支撑软件之一，最有代表性的绘图软件当首推美国 Autodesk 公司的 AutoCAD 系列产品。

（2）几何建模软件。几何建模软件可为用户提供完整、准确地描述和显示三维几何形状的方法和工具，具有消隐、着色、浓淡处理、实体参数计算、质量特性计算等功能。几何建模软件有 AutoCAD、SolidWorks、UG 等。

（3）数据库管理系统。数据库管理系统（database management system）是一种操纵和管理数据库的大型软件，用于建立、使用和维护数据库，简称 DBMS。它对数据库进行统一的管理和控制，以保证数据库的安全性和完整性。如 DBASE、Oracle、SQL Server、Access 等均属于数据库管理系统。

（4）工程分析及计算软件。工程分析及计算软件用来解决工程设计中的各类分析和数值计算问题，针对工程设计的需要，一般包括计算软件、优化软件和有限元分析软件。

3.4　采矿工程辅助设计

从上面分析可知，CAD 是利用计算机的计算功能和高效的图形处理能力，对工程进行辅助设计、分析、修改和优化。矿图是矿井设计、施工和生产过程中的重要工程资料，矿山生产中越来越多的矿图使用 CAD 技术来绘制，其已被广泛应用于矿床开采设计的各个工艺环节，如绘制开拓系统图、井巷断面图、采矿方法图、爆破回采设计图、露天地下采区平面布置图、提升运输系统图、地质剖面图、地质地形图等。采矿辅助绘图技术已逐渐成为矿山工程技术人员的必备技能。

3.4.1　采矿 CAD 的发展历史

CAD 技术在采矿行业的应用起步较早，几乎与计算机图形处理技术同步发展，早在 20 世纪 80 年代初，就出现了一些功能较齐全的采矿 CAD 软件系统，如 D. Hartly 等人研制的地下矿设计软件，建立了一个采矿工程图形库，根据需要可以组合这些图形，完成采矿的设计工作，并可给出设计结果的立体图和投影图。

国外从 20 世纪 80 年代初起以矿床模型为代表的矿用软件发展迅速，涉及地质资料处理、矿床建模、开采辅助设计、管理信息系统等各个方面。其中部分软件如 DataMine、SurPac、MicroMine、MineSight 已实现了真三维集成图形环境。进入 90 年代，可视化和集成化技术在 CAD/CAM、GIS、流体力学、有限元计算等领域得到广泛的应用，在地质和矿山 CAD 方面亦已起步，如 DataMine、VULCAN、Earthworks 等。

国内采矿 CAD 技术的研究和应用始于 20 世纪 80 年代初期，煤炭、石油系统要多一些，冶金、有色系统次之。就矿山而言，露天矿的研究和应用较多，地下矿的研究和应用较少。从 20 世纪 80 年代中期开始，我国已在地质、测量、采矿等专业，开发了一些以解决具体专业问题为主的 CAD 应用软件，并投入到实际应用中，收到了较好的效果。

3.4.2　采矿 CAD 存在的问题

采矿 CAD 技术基础研究薄弱，对 CAD 技术在开采设计中的应用很少从理论、技术和方法上展开研究，如对数据采集、图元描述、图形运算和处理以及图形化数据结构、存取结构、算法研究不够，尤其对图形数据的标准化及其表示方法研究不够，目前还没有相应的标准可以遵循，这些都是采矿 CAD 技术深入研究和应用的严重障碍。从目前文献调研和实际应用情况来看，采矿 CAD 软件的开发和应用存在以下问题：

（1）对适合于计算机图形处理特点的采矿专业基本图元集和基本图形集研究不够，其重要性未受到应有的重视。

（2）系统性和集成性不强。目前采矿 CAD 技术的应用还停留在较低层次上，研制和开发的软件只针对某个侧面的具体问题而开发的，一般只解决局部问题，还很少出现以地质、测量、采矿、选矿为大系统来开发的辅助设计软件。

（3）采矿辅助设计的专业特点不明显。对计算机辅助开采设计理解片面，常只用它来进行一些采矿专业方面的图纸绘制工作，没有真正发挥它的作用和潜力。

（4）对软件的商品化不够重视。要将计算机应用研究成果最终转化为生产力，则软件商品化是其唯一形式，但目前可以直接用于进行矿床开采辅助设计的商品软件却不多。

（5）国内采矿 CAD 软件的自主知识产权意识不够。目前国内开发的绝大多数开采辅助设计方面的应用软件，其图形与数据处理都建立在通用应用软件之上，如 AutoCAD，由此使基于此开发的应用软件的维护和发展比较困难。许多软件往往因通用平台软件的升级而无法适应用户的需求。

3.4.3 采矿 CAD 的应用

从 1985 年至今的文献资料来看，CAD 技术在矿山开采设计中的应用日益广泛和深入。它作为一种高速、精确的新型设计手段和工具，已广泛地为工程技术人员所接受，并逐渐取代了传统的设计手段和方法。目前，它已广泛应用于采矿生产中，具体如下：

（1）开采过程中信息处理。包括生产信息管理系统、物资信息管理系统、财务信息管理系统等。

（2）开采过程辅助设计。包括井巷工程设计及绘图、巷道交叉点设计、提升系统设计、采矿方法设计、爆破设计、通风系统和开拓系统等辅助设计。

（3）开采过程优化。包括生产计划优化、回采参数优化、回采顺序优化、工程稳定性分析等。

3.5 AutoCAD 图形处理软件

3.5.1 AutoCAD 简介

AutoCAD 是美国 Autodesk 公司首次于 1982 年编制的自动计算机辅助设计软件，主要用于二维绘图、文档设计和基本三维设计，现已经成为国际上广为流行的绘图工具。该软件生成的 ∗.dwg 文件格式已成为二维图形文件标准格式。

AutoCAD 具有良好的用户界面，通过交互菜单或命令行方式便可以进行各种操作。它的多文档设计环境，可以让非计算机专业人员也能很快地学会使用，并在不断实践的过程中更好地掌握它的各种应用和开发技巧，从而不断提高工作效率。

AutoCAD 具有广泛的适应性，可以在各种操作系统支持的微型计算机和工作站上运行，并支持多种图形显示设备以及输入、输出设备，为 AutoCAD 的普及创造了条件。

3.5.2 AutoCAD 的特点

AutoCAD 软件具有如下特点：
（1）具有完善的图形绘制功能；
（2）具有强大的图形编辑功能；
（3）可以采用多种方式进行二次开发或用户定制；
（4）可以进行多种图形格式的转换，具有较强的数据交换能力；

（5）支持多种硬件设备；

（6）支持多种操作平台；

（7）具有通用性、易用性，适用于各类用户。

3.5.3　AutoCAD 的发展

AutoCAD 的发展历程可分为初级阶段、发展阶段、高级发展阶段、完善阶段和进一步完善阶段等几个阶段，如图 3.6 所示。

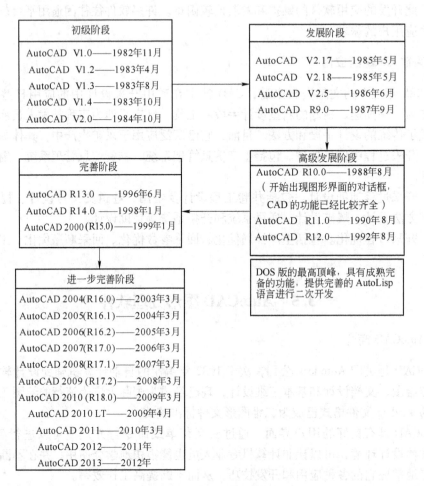

初级阶段

AutoCAD　V1.0——1982年11月
AutoCAD　V1.2——1983年4月
AutoCAD　V1.3——1983年8月
AutoCAD　V1.4——1983年10月
AutoCAD　V2.0——1984年10月

发展阶段

AutoCAD　V2.17——1985年5月
AutoCAD　V2.18——1985年5月
AutoCAD　V2.5——1986年6月
AutoCAD　R9.0——1987年9月

高级发展阶段

AutoCAD R10.0——1988年8月
（开始出现图形界面的对话框，
CAD 的功能已经比较齐全）
AutoCAD　R11.0——1990年8月
AutoCAD　R12.0——1992年8月

完善阶段

AutoCAD R13.0 ——1996年6月
AutoCAD R14.0 ——1998年1月
AutoCAD 2000（R15.0）——1999年1月

DOS 版的最高顶峰，具有成熟完备的功能，提供完善的 AutoLisp 语言进行二次开发

进一步完善阶段

AutoCAD 2004(R16.0)——2003年3月
AutoCAD 2005(R16.1)——2004年3月
AutoCAD 2006(R16.2)——2005年3月
AutoCAD 2007(R17.0)——2006年3月
AutoCAD 2008(R17.1)——2007年3月
AutoCAD 2009 (R17.2)——2008年3月
AutoCAD 2010 (R18.0)——2009年3月
AutoCAD 2010 LT——2009年4月
AutoCAD 2011——2010年3月
AutoCAD 2012——2011年
AutoCAD 2013——2012年

图 3.6　AutoCAD 的发展历程

3.5.4　AutoCAD 的基本功能

（1）平面绘图。AutoCAD 能以多种方式创建直线、圆、椭圆、多边形、样条曲线等基本图形对象，提供了正交、对象捕捉、极轴追踪、捕捉追踪等绘图辅助工具。正交功能使用户可以很方便地绘制水平、竖直直线；对象捕捉可帮助拾取几何对象上的特殊点；追踪功能使画斜线及沿不同方向定位变得更加容易。

（2）编辑图形。AutoCAD 具有强大的编辑功能，可以移动、复制、旋转、阵列、拉伸、延长、修剪、缩放对象等。

1）标注尺寸。可以创建多种类型尺寸，标注外观可以自行设定。

2）书写文字。能轻易在图形的任何位置、沿任何方向书写文字，可设定文字字体、倾斜角度及宽度缩放比例等属性。

3）图层管理功能。图形对象都位于某一图层上，可设定图层颜色、线型、线宽等特性。

（3）三维绘图。AutoCAD 可创建 3D 实体及表面模型，能对实体本身进行编辑。

（4）网络功能。AutoCAD 可将图形在网络上发布，或是通过网络访问 AutoCAD 资源。

（5）数据交换。AutoCAD 提供了多种图形图像数据交换格式及相应命令。

（6）二次开发。AutoCAD 允许用户定制菜单和工具栏，并能利用内嵌语言 AutoLisp、Visual Lisp、VBA、ADS、ARX 等进行二次开发。

3.6 小 结

本章介绍了计算机辅助设计（CAD）的概念、CAD 系统的组成和发展概况；了解到 CAD 技术是一门充分利用计算机计算功能和高效图形处理能力来帮助人们提高识别、学习、思考、推理、决策和创造能力的综合性新兴学科。因此，CAD 技术不仅能帮助用户进行图纸绘制、文档编辑，同时也能完成很多其他工作。在采矿工程领域，CAD 技术除了辅助制图外，还能进行有限元力学分析、设计方案可视化仿真模拟、方案优化等多项工作。AutoCAD 软件仅仅是 CAD 技术应用于工程领域中比较普遍的一款绘图支撑软件。后续章节通过对 AutoCAD 软件的学习，可以掌握基于 AutoCAD 开展采矿工程辅助设计的绘图能力。

习 题

1. 选择题

（1）CAD 系统中的信息提供指（ ）。

A. 借助 CAD 数据库系统查询所需的信息　　B. 在 CAD 数据库中比较各种信息

C. 将检索的支撑数据存入 CAD 系统　　D. 将 CAD 中存储的专家数据用来进行决策分析

（2）CAD 系统中的工程分析不包括（ ）。

A. 有限元分析　　B. 优化设计　　C. 计算机仿真　　D. 三维建模

（3）CAD 系统中的图形和文字处理不包括（ ）。

A. 文字编辑　　B. 文字排版　　C. 图形输出　　D. 设计分析

（4）AutoCAD 的英文全称是（ ）。

A. Automatic Computer Aided Design　　B. Autodesk Computer Aided Design

C. CAD 2000　　D. CAD 2002

（5）在 AutoCAD 中以下哪个设备属于图形输出设备？（ ）

A. 扫描仪　　B. 打印机　　C. 数字化仪　　D. 数码相机

（6）AutoCAD 软件的设计特点是（ ）。

A. 参数化强　　B. 可视化强　　C. 界面友好　　D. 精确

（7）AuotCAD 不支持下面哪种语言进行二次开发？（ ）

　　　A. VBA　　　　　　　B. ARX　　　　　　　C. Lisp　　　　　　　D. Fish

(8) AuotCAD 的功能有（　　）。

　　　A. 二维绘图　　　　　B. 三维建模　　　　　C. 文字编辑　　　　　D. 动画制作

(9) AutoCAD 软件不具有的特点是（　　）。

　　　A. 具有完善的图形绘制和强大的动画编辑功能

　　　B. 可以采用多种方式进行二次开发或用户定制

　　　C. 可以进行多种图形格式的转换，具有较强的数据交换能力

　　　D. 支持多种硬件设备和多种平台

(10) 数字化仪是 CAD 系统的（　　）设备。

　　　A. 输入设备　　　　　B. 输出设备　　　　　C. 存储设备　　　　　D. 绘图设备

2. 填空题

(1) CAD 系统可完成＿＿＿＿＿、＿＿＿＿＿、＿＿＿＿＿、＿＿＿＿＿、＿＿＿＿＿、＿＿＿＿＿等
功能。

(2) CAD 的硬件系统包括＿＿＿＿＿、＿＿＿＿＿、＿＿＿＿＿、＿＿＿＿＿和＿＿＿＿＿。

(3) CAD 的输入系统包括＿＿＿＿＿、＿＿＿＿＿、＿＿＿＿＿、＿＿＿＿＿等。

(4) 采矿 CAD 主要应用在＿＿＿＿＿、＿＿＿＿＿、＿＿＿＿＿三个方面。

(5) AutoCAD 默认图形文件后缀名为＿＿＿＿＿，其已经成为二维图形文件的标准格式。

3. 思考题

(1) 简述 AutoCAD 的基本功能。

(2) 简述计算机辅助设计的主要任务。

4 AutoCAD 绘图环境

本章要点：（1）AutoCAD 用户界面；（2）AutoCAD 坐标系统；（3）AutoCAD 绘图环境；（4）AutoCAD 视图和视口。

AutoCAD 是计算机辅助设计软件，主要用于二维绘图、详细绘制、设计文档和基本三维设计。本章介绍 AutoCAD 的入门知识，主要包括 AutoCAD 用户界面、坐标系统、绘图环境、视图与视口等。通过本章的学习，读者可以了解 AutoCAD 的基本知识及掌握绘图前需要进行的各种环境配置。

4.1 AutoCAD 用户界面

AutoCAD 2007 用户界面如图 4.1 所示。

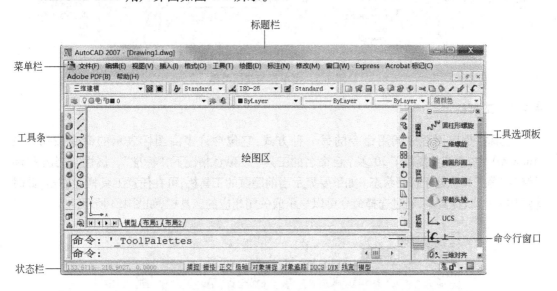

图 4.1 AutoCAD 2007 用户界面

4.1.1 标题栏

标题栏位于应用程序窗口的最上面，用于显示当前正在运行的程序名及文件名等信息，AutoCAD 默认的图形文件名称为 Drawing N. dwg（其中 N 代表数字）。单击标题栏右端的按钮，可以最小化、最大化或关闭应用程序窗口。标题栏最左边是应用程序的小图标，单击它将会弹出一个 AutoCAD 窗口控制下拉菜单，可以执行最小化或最大化窗口、恢复窗口、移动窗口、关闭 AutoCAD 等操作。

4.1.2　菜单栏与快捷菜单

如图4.2 所示，AutoCAD 的菜单栏由"文件"、"编辑"、"视图"等 10 个菜单组成，几乎包括了 AutoCAD 中全部的功能和命令。快捷菜单又称为上下文相关菜单，在绘图区、工具栏、状态栏、模型与布局选项卡以及一些对话框上右击时，将弹出一个快捷菜单，该菜单中的命令与 AutoCAD 当前状态相关，使用它们可以在不启动菜单栏的情况下快速、高效地完成某些操作。

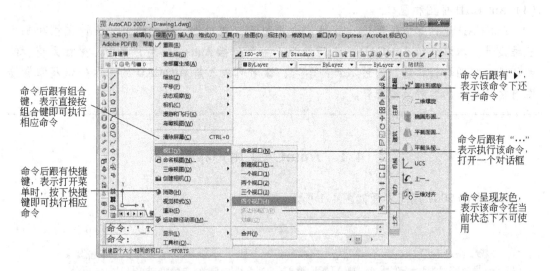

图 4.2　菜单栏与快捷菜单

4.1.3　工具栏

工具栏是应用程序调用命令的另一种方式，它包含许多由图标表示的命令按钮。在 AutoCAD 中，系统共提供了 20 多个已命名的工具栏。默认情况下，"标准"、"属性"、"绘图"和"修改"等工具栏处于打开状态。如果要显示当前隐藏的工具栏，可在任意工具栏上右击，此时将弹出一个快捷菜单，通过选择命令可以显示或关闭相应的工具栏，如图 4.3 所示。

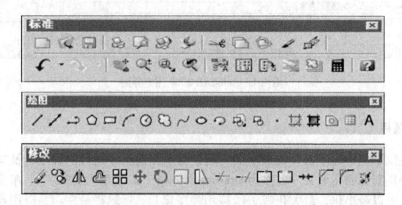

图 4.3　工具栏

4.1.4　绘图窗口

在 AutoCAD 中，绘图窗口是用户绘图的工作区域，所有的绘图结果都显示在该窗口中。根据需要关闭其周围各个工具栏，可以增大绘图空间。通过窗口右边与下边滚动条上的箭头或滚动条上的滑块来移动图纸。绘图窗口左下角显示了当前使用的坐标系类型以及坐标原点、*X* 轴、*Y* 轴、*Z* 轴的方向等。绘图窗口的下方有"模型"和"布局"选项卡，单击其标签可以在模型空间或图纸空间之间来回切换。

4.1.5　命令行与文本窗口

命令行窗口位于绘图窗口的底部，用于接收用户输入的命令，并显示 AutoCAD 的提示信息。在 AutoCAD 中，命令行窗口可以拖放为浮动窗口。AutoCAD 文本窗口是记录 AutoCAD 命令的窗口，是放大的命令行窗口，它记录了已执行的命令，也可以用来输入新命令。在 AutoCAD 中，可以选择"视图"→"显示"→"文本窗口"命令、执行 textscr 命令或按 F2 键来打开 AutoCAD 文本窗口，如图 4.4 所示。

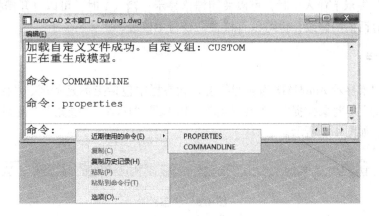

图 4.4　AutoCAD 文本窗口

在 AutoCAD 中，菜单、工具条、命令和系统变量大都是相互对应的，可以通过选择菜单项，或单击某个工具按钮，或在命令行中输入命令和系统变量来执行相应操作。

（1）使用鼠标操作执行命令。在绘图窗口，光标通常显示为"十"字线形式。当光标移至菜单、工具条或对话框内时，它会变成一个箭头。在 AutoCAD 中，鼠标键是按照下述规则定义的。

拾取键：指鼠标左键，用于指定或拾取屏幕上的点，也可以用来选择 AutoCAD 对象、工具栏按钮和菜单命令等。

回车键（空格键）：指鼠标右键，相当于 Enter 键，用于结束当前使用的命令，此时系统将根据当前的绘图状态而弹出不同的快捷菜单。

弹出菜单：当使用 Shift 键和鼠标右键的组合时，系统将弹出一个快捷菜单，用于设置捕捉点的方法。对于三键鼠标，弹出按钮通常是鼠标的中间键。

（2）使用命令行。在 AutoCAD 中，默认情况下命令行是一个固定的窗口，可以在当前命令行提示下输入命令、对象参数等内容。在命令行窗口中右击，AutoCAD 将显示一个快捷菜单，如图 4.4 所示。通过它可以选择最近使用过的 6 个命令、复制选定的文字或全部命令历史记录、粘贴文字，以及打开"选项"对话框。在命令行中，还可以使用 Backspace 或 Delete 键删除命令行中的文字，也可以选中命令历史记录，并执行"粘贴到命令行"命令，将其粘贴到命令行中。

（3）使用透明命令。在 AutoCAD 中，透明命令是指在执行其他命令的过程中可以执行的命令。常使用的透明命令多为修改图形设置的命令、绘图辅助工具命令，例如 snap、grid、zoom 等。要以透明方式使用命令，应在输入命令之前输入单引号"'"。命令行中，透明命令的提示前有一个双折号（>>）。完成透明命令后，将继续执行原命令。

（4）使用系统变量。

在 AutoCAD 中，系统变量通常是 6~10 个字符长的缩写名称，用于控制某些功能和设计环境、命令的工作方式，如它可以打开或关闭捕捉、栅格或正交等绘图模式，设置默认的填充图案，或存储当前图形和 AutoCAD 配置的有关信息。许多系统变量有简单的开关设置，如 GRIDMODE 系统变量用来显示或关闭栅格，当在命令行"输入 GRIDMODE 的新值 <1>："提示下输入 0 时，可以关闭栅格显示；输入 1 时，可以打开栅格显示。系统变量可以在对话框中修改，也可以直接在命令行中修改。

4.1.6　状态栏

状态栏用来显示 AutoCAD 当前的状态，状态栏中包括坐标显示区、"捕捉""栅格""正交""极轴""对象捕捉""对象追踪""DUCS""DYN""线宽""模型（图纸）"11 个功能按钮，如图 4.5 所示。

| 767.2480, | −641.4001, 0.0000 | 捕捉 栅格 正交 极轴 对象捕捉 对象追踪 DUCS DYN 线宽 模型 |

图 4.5　状态栏

（1）坐标显示区。该区域显示当前光标所在位置的坐标，在绘图窗口中移动光标时，状态栏的坐标显示区将动态地显示当前坐标值。坐标显示取决于所选择的模式和程序中运行的命令，共有"相对""绝对"和"无"3 种模式。

（2）捕捉。捕捉仅用来捕获栅格点，通过打开和关闭栅格显示，打开栅格时会捕捉栅格点。

（3）栅格。栅格是点的矩阵，延伸到指定为图形界限的整个区域。使用栅格类似于在图形下放置一张坐标纸。利用栅格可以对齐对象并直观显示对象之间的距离，如果放大或缩小图形，可能需要调整栅格间距，以便其更适合新的比例。通过快捷键 F7 也可以打开或关闭栅格。

（4）正交。正交是一种将定点设备的输入限制为水平或垂直（与当前捕捉角度和用户坐标系有关）的设置，类似于丁字尺的功能。正交中的水平和垂直与当前的坐标轴平行。

（5）极轴。使用"极轴追踪"，光标将按指定角度进行移动。使用"极轴捕捉"，光标将沿极轴角度按指定增量进行移动，如图 4.6 所示。

（6）对象捕捉。对象捕捉是用来捕捉对象上的特征点的，如端点、中点、交点、垂足等，通过"对象捕捉模式"可以设置捕捉类型。打开或关闭"对象捕捉"的快捷键为 F3。对象捕捉的类型如图 4.7 所示。通过对捕捉类型的勾选，可以捕捉对应的特征点。同时，可以使用捕捉字符命令来进行具体对象的捕捉。如在绘图时，当系统要求用户指定一个点时，可以输入所需的捕捉命令的字符，在光标移动到对象的特征点附近时，即可显示出所需的点。各种命令如表 4.1 所示。

图 4.6　极轴

图 4.7　对象捕捉

表 4.1　捕捉命令表

序号	捕捉类型	对应命令	序号	捕捉类型	对应命令
1	临时追踪点	tt	8	捕捉自	from
2	端点捕捉	end	9	中点捕捉	mid
3	交点捕捉	int	10	外观交点捕捉	appint
4	延长线捕捉	ext	11	圆心捕捉	cen
5	象限点捕捉	qua	12	切点捕捉	tan
6	垂足捕捉	per	13	平行线捕捉	par
7	插入点捕捉	ins	14	最近点捕捉	nea

（7）对象追踪。对象追踪有助于按指定角度或与其他对象的指定关系绘制对象。当"对象追踪"打开时，将有助于以精确的位置和角度创建对象。"对象追踪"包括两种追踪选项："极轴追踪"和"对象捕捉追踪"。可以通过状态栏上的"极轴"或"对象追踪"按钮打开或关闭"自动追踪"。与对象捕捉一起使用对象捕捉追踪。必须设置对象捕捉，才能从对象的捕捉点进行追踪。

（8）DUCS。DUCS 指动态坐标系，是指在创建对象时使 UCS 的 XOY 平面自动与实体模型上的平面临时对齐。结束该命令后，UCS 将恢复到其上一个位置和方向。通过打开动态 UCS 功能，使用 UCS 命令定位实体模型上某个平面的原点，可将 UCS 与该平面对齐。如果打开了栅格模式和捕捉模式，它们将与动态 UCS 临时对齐。栅格显示的界限自动设置。在面的上方移动指针时，通过按 F6 键或 Shift + Z 组合键可以临时关闭动态 UCS。

（9）DYN。DYN 是指动态输入。"动态输入"在光标附近提供了一个命令界面，可以帮助用户专注于绘图区域。启用 DYN 时，工具栏提示将在光标附近显示信息，且该信息会随着光标移动而动态更新。当某条命令为活动时，工具栏提示将为用户提供输入的位置，如图 4.8 所示。

图 4.8　DYN 窗口

单击状态栏上的"DYN"来打开和关闭"动态输入"。按住 F12 键也可以临时将其打开或关闭。"动态输入"有三个组件：指针输入、标注输入和动态提示。在"DYN"上单击鼠标右键，然后单击"设置"，便可以控制启用"动态输入"时每个组件所显示的内容，如图 4.9 所示。

动态输入框的大小可以通过"设计工具栏提示外观"按钮进行修改，如图 4.10 所示。

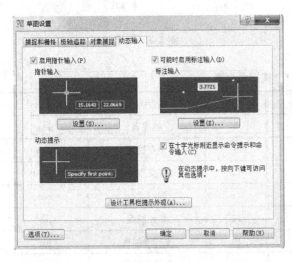

图 4.9　"动态输入"设置

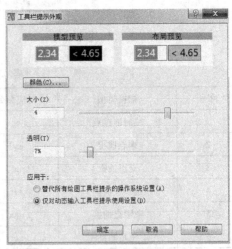

图 4.10　"工具栏提示外观"对话框

（10）线宽。"线宽"按钮可以控制绘图区域中是否显示设置的真实线宽。

（11）模型（布局）。在模型空间中，可以按 1∶1 的比例绘制模型，并可通过"格式"→"单位"设置绘图单位是表示 1mm、1dm、1in、1ft，还是表示其他在工作中使用最方便或最常用的单位。在"模型"选项卡上，可以查看并编辑模型空间对象，十字光标在整个绘图区域都处于激活状态。

4.2　AutoCAD 坐标系统

在绘图过程中必需使用某个坐标系作为参照，来拾取点的位置，以精确定位某个对象。在 AutoCAD 中，坐标系分为固定坐标系——世界坐标系（WCS）和可移动坐标系——用户坐标系（UCS）。在这两种坐标系下都可以通过坐标（X，Y）来精确定位点，点的坐标可以使用绝对直角坐标、绝对极坐标、相对直角坐标和相对极坐标 4 种方法表示。

4.2.1　坐标系分类

世界坐标系统（WCS）是 AutoCAD 的基本坐标系，绘图期间原点和坐标轴保持不变。世界坐标系由三个互相垂直并相交的坐标轴 X、Y、Z 组成。默认情况下，X 轴正向为屏幕水平向右，Y 轴正向为垂直向上，Z 轴正向为垂直屏幕平面指向使用者。坐标原点在屏幕左下角。最大尺寸是 2^{32} 单位高和 2^{32} 单位宽。AutoCAD 坐标系分两种，一种是数学上的坐标系，即笛卡儿坐标系，也称直角坐标系；另一种是辅助绘图的坐标系，称为极坐标系。

（1）直角坐标系（笛卡儿坐标系）。三维空间任意点（X，Y，Z）都对应一个直角坐标，在直角坐标系中输入的时候，需要输入该点相对于坐标系原点的增量。直角坐标系投影在二维空间上，如图 4.11（a）所示。输入的时候，输入 X、Y 方向的增量。X、Y 坐标用英文的"，"分隔。

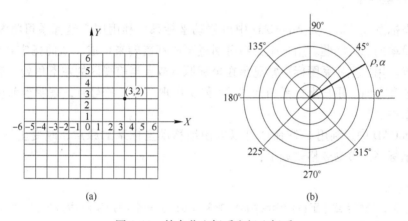

图 4.11　笛卡儿坐标系和极坐标系

（2）极坐标系。极坐标系以原点为起点，以与 x 轴逆时针方向夹角 α 表示。原点为基准点，向该点画直线，直线长度 ρ，直线与 $0°$ 方向夹角 α 以 $\rho\angle\alpha$ 来表示，如图 4.11（b）所示。

4.2.2　坐标分类

（1）绝对坐标。绝对坐标以原点为基准点。例如 $P_0(3,4)$、$P_1(12,-5)$，表示 P_0 点位相对于坐标原点（0，0）的 X 方向向右增量为 3，Y 方向向上增量为 4；P_1 点位相对于坐标原点（0，0）的 X 方向向右增量为 12，Y 方向向下增量为 5。

（2）相对坐标。相对坐标以输入的上一个点为基准点，坐标前用符号"@"表示。例如 $P_0(3,4)$、$P_1(@12,-5)$，表示 P_0 点位相对于坐标原点 X 方向向右增量为 3，Y 方向向上增量为 4；P_1 点位相对于 P_0 点 X 方向向右增量为 12，Y 方向向下增量为 5，实际上 P_1 的绝对坐标是（15，-1）。再如 $P_0(3,4)$、$P_1(@12,\angle30)$，则 P_1 的绝对坐标为（13.392，10）。

4.2.3　坐标输入

（1）直接输入。在 AutoCAD 的命令窗口，输入点的绝对坐标或相对坐标。

（2）直接拾取。在 AutoCAD 的绘图区域，用鼠标直接在屏幕上点击，拾取屏幕上的点。

（3）输入偏移量。输入一个点后，通过鼠标指定方向，以极坐标形式，输入该方向上的偏移量。

4.2.4　坐标的显示控制

在绘图窗口中移动光标的"十"字指针时，AutoCAD 窗口底部状态栏中会显示当前光标的位置坐标。坐标显示的作用是追踪作图时的光标位置。

模式 0："关"，不显示坐标的变化；

模式 1："绝对"，显示绝对坐标；

模式 2："相对"，显示相对坐标。

4.2.5　用户坐标系

用户坐标系（UCS）为 AutoCAD 中可移动坐标系。利用用户坐标系可将复杂的三维问题变成简单的二维问题。用户坐标系可通过平移和旋转来生成，从而指定新的 XY 平面和新的原点。用户坐标系图标通常显示在坐标原点或者当前视区的左下角处，表示用户坐标系的位置和方向。用户坐标系图标"Y"箭头出现"W"符号时，表明当前视图正处于世界坐标系中。

在 AutoCAD 中，利用 UCS 命令可以方便地移动坐标系的原点，改变坐标轴的方向，建立用户坐标系。该命令格式如下：

命令：UCS
指定 UCS 的原点或［面(F)/命名(NA)/对象(OB)/上一个(P)/视图(V)/世界(W)/X/Y/Z/Z 轴 (ZA)]<世界>：

各选项的含义如下：

（1）UCS 的原点：定义新用户坐标系（UCS）的坐标原点，X、Y、Z 轴的方向保持不变。

（2）面（F）：通过选择一个实体的平面作为新坐标系的 XOY 面。

（3）命名（NA）：选择该选项，命令行窗口出现如下提示："输入选项［恢复(R)/保存(S)/删除(D)/?]："。

1）恢复（R）：用于调用一个已存入系统文件中的 UCS。

2）保存（S）：用于把当前的 UCS 按指定的名称保存，以后可以根据名称调用。

3）删除（D）：用于从已保存的 UCS 列表中删除指定的 UCS。如果要删除多个 UCS 名称，可在命令行中输入通配符，或在名称之间用逗号隔开。

4）?：用于列表显示所有用户坐标系的名称、原点坐标及坐标轴的方向矢量等。

（4）对象（OB）：通过选定图形实体来定义新的用户坐标系，该坐标系的 Z 轴方向同实体所在平面的外法线方向。选择的对象及确定用户坐标系的规则如表 4.2 所示。

表 4.2　通过选择对象来定义 UCS 的规则

对　象	确定 UCS 的规则
圆弧	圆弧的圆心成为新 UCS 的原点，X 轴通过距离选择点最近的圆弧端点
圆	圆的圆心成为新 UCS 的原点，X 轴通过选择点
标注	标注文字的中点成为新 UCS 的原点，新 X 轴的方向平行于当绘制该标注时生效的 UCS 的 X 轴
直线	离选择点最近的端点成为新 UCS 的原点，AutoCAD 选择新的 X 轴使该直线位于新 UCS 的 XZ 平面中，该直线的第二个端点在新坐标系中 Y 坐标为零
点	该点成为新 UCS 的原点
二维多段线	多段线的起点成为新 UCS 的原点，X 轴沿从起点到下一顶点的线段延伸
对象	二维填充的第一个点确定新 UCS 的原点，新 X 轴沿前两点之间的连线方向
宽线	宽线的"起点"成为新 UCS 的原点，X 轴沿宽线的中心线方向
三维面	取第一点作为新 UCS 的原点，X 轴沿前两点的连线方向，Y 轴的正方向取自第一点和第四点，Z 轴由右手定则确定
图形、文字、块参照、属性定义	该对象的插入点成为新 UCS 的原点，新 X 轴由对象绕其拉伸方向旋转定义，用于建立新 UCS 的对象在新 UCS 中的旋转角度为零

（5）上一个（P）：用于恢复上一个 UCS，AutoCAD 可保存创建的最后 10 个坐标系。

（6）视图（V）：以垂直观察方向（平行于屏幕）的平面为 XY 平面，建立新的坐标系，UCS 的原点保持不变。

（7）世界（W）：用于将当前用户坐标系设置为世界坐标系。

（8）X/Y/Z：用于将原坐标系坐标平面分别绕 X、Y、Z 轴旋转而形成新的坐标系。

（9）Z 轴（ZA）：用于定义 Z 轴的正方向来设置当前的 XY 平面。

4.3　AutoCAD 绘图设置

4.3.1　单位

在 AutoCAD 中，选择"格式"→"单位"命令，在打开的"图形单位"对话框中设置绘图时使用的长度单位、角度单位，以及单位的显示格式和精度等参数，如图 4.12 所示。

绘图单位选定后，绘制图形时，一个图形单位代表的距离就确定了。采矿工程制图中，绘制井巷工程断面图时，一般选择 mm 作为单位；中段平面布置、总图设计时，则多选择 m 作为绘图单位。数值精度应按表 4.3 规定执行。

表 4.3　数值精度表

序号	量的名称	单　位	计算数值到小数点后位数
1	巷道长度	m；mm	2；0
2	掘进体积	m^3	2

续表 4.3

序号	量的名称	单　位	计算数值到小数点后位数
3	矿石量	t; 10kt	2; 2
4	金属	kg; t; ct	2; 2; 2
5	一般金属品位	%	2
6	贵金属、稀有金属品位	g/t	4
7	废石量	m^3; $10^4 m^3$	2; 2
8	木材	m^3	单耗2，总量0
9	钢材	kg/t	单耗2，总量0
10	混凝土	m^3	单耗2，总量0
11	支架	架	0
12	锚杆	根或套	0
13	水沟盖板	块	0
14	掘采比	m/kt	1
		m^3/kt; t/t	1
15	剥采比	m^3/m^3	1
		m^3/t	1

注：计算的中间过程数值，精确到小数点后的位数比结果数值多 1 位，其尾数采用四舍五入得到计算结果数值。

图 4.12　"图形单位"设置

4.3.2　图形界限

图形界限是 AutoCAD 绘图空间中一个假想的矩形绘图区域，相当于选择的图纸大小。图形界限确定了栅格和缩放的显示区域。世界坐标系下，图形界限由一对二维点确定，即左下角点和右上角点。

在 AutoCAD 中，设置绘图单位后，选择"格式"→"图形界限"命令（limits）来设置图形界限。命令行将提示指定左下角点或选择开、关选择，其中"开"表示打开图形界限检查。当界限检查打开时，AutoCAD 将会拒绝输入位于图形界限外部的点。但是需注意，因为界限检查只检测输入点，所以对象的某些部分仍可能延伸出界限之外；"关"表示关闭图形界限检查，此时可以在界限之外绘图，这是缺省设置。"指定左下角点"表示要给出界限左下角坐标值。输入坐标值后，系统将提示指定右上角坐标值。

在发出 limits 命令时，命令提示行将显示如下提示信息：

命令:limits
重新设置模型空间界限：
指定左下角点或[开(ON)/关(OFF)] <0.0000,0.0000 >：
指定右上角点 <420.0000,297.0000 >:297,210

说明：

（1）指定左下角点时，<0.0000，0.0000 >表示默认左下角为（0，0）点。AutoCAD 命令行中出现< >符号，代表其为默认值，若接受默认值，直接按回车键执行下一步；若不接受，也可输入新参数后执行下一步。

（2）指定右上角点时，默认值为 420，297，表明 AutoCAD 图幅界限默认值为 A3 图纸。命令行中输入：297，210，表明将图幅改为 A4 图纸。

4.3.3   选项

如果对当前的绘图环境并不是很满意，可打开"工具"→"选项"命令来定制 AutoCAD，以使其符合自己的要求。

4.3.3.1   文件

在"选项"对话框中，可通过"文件"选项卡查看或调整各种文件的路径如图 4.13 所示。在"搜索路径、文件名和文件位置"列表中找到要修改的分类，单击其左侧的加号以显示路径。选择要修改的路径，单击"浏览"按钮，在"浏览文件夹"对话框中选择目标路径或文件，单击"确定"按钮即完成了路径的修改。选择要修改的路径，单击"添加"按钮就可以为该项目增加备用的搜索路径，以后系统将按照路径的先后次序进行搜索。若选择了多个搜索路径，则可通过单击"上移"或"下移"按钮来更改路径的搜索优先级别。

4.3.3.2   显示

"显示"选项卡用于设置：是否显示 AutoCAD 屏幕菜单，是否显示滚动条，是否在启动时最小化 AutoCAD 窗口，AutoCAD 图形窗口和文本窗口的颜色和字体等，如图 4.14 所示。

（1）背景元素颜色的修改。单击"颜色"按钮，在对话框上部的"背景"图例中单击要修改颜色的元素，在"界面元素"框中将显示该元素的名称，"颜色"框中将显示该元素的当前颜色。然后在"颜色"下拉列表中选择一种新颜色，单击"应用并关闭"按钮退出，如图 4.15 所示。

（2）命令行窗口字体样式的修改。单击"字体"按钮将显示"命令行窗口字体"对话框，可以在其中设置命令行文字的字体、字号和样式，如图 4.16 所示。

通过修改"十字光标大小"框中光标与屏幕大小的百分比，可调整十字光标的尺寸。

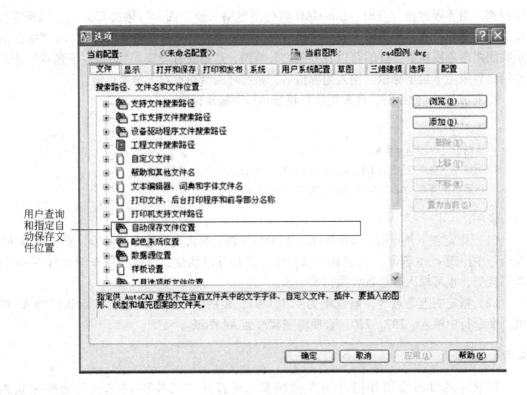

用户查询
和指定自
动保存文
件位置

图 4.13　文件配置

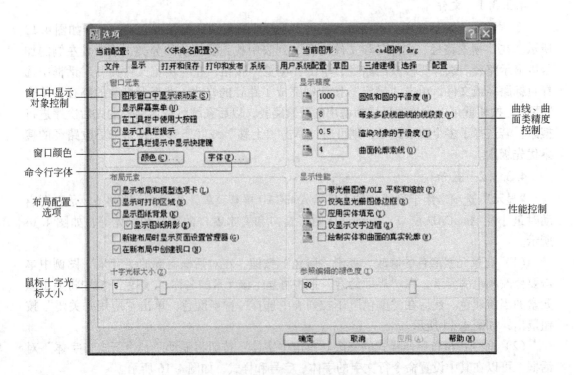

窗口中显示
对象控制

窗口颜色
命令行字体

布局配置
选项

鼠标十字光
标大小

曲线、曲
面类精度
控制

性能控制

图 4.14　"显示"对话框

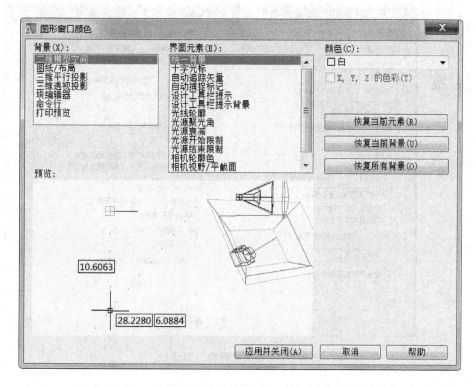

图 4.15 "图形窗口颜色"对话框

图 4.16 "命令行窗口字体"对话框

"显示精度"和"显示性能"区域用于设置着色对象的平滑度、每个曲面轮廓线数等。所有这些设置均会影响系统的刷新时间与速度，进而影响操作的流畅性。

4.3.3.3 打开和保存

"打开和保存"选项卡用于控制打开和保存相关的设置。AutoCAD 2007 对文件的存储类型、安全性、新技术的应用作了重大的改进，如图 4.17 所示。

4.3.3.4 系统

"系统"选项卡用来控制 AutoCAD 的系统设置，如图 4.18 所示。

"允许长符号名"复选框被选中时，可以在图标、标注样式、块、线型、文本样式、

文件保存默
认类型和版
本号

自动保存时
间设置

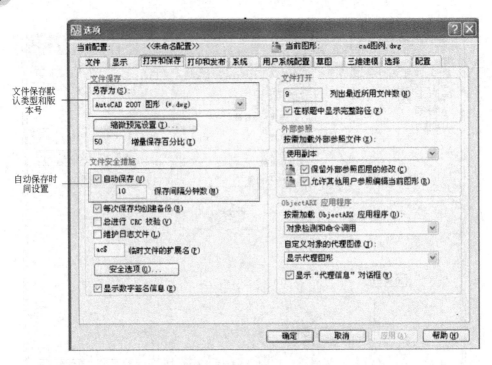

图 4.17　"打开和保存" 对话框

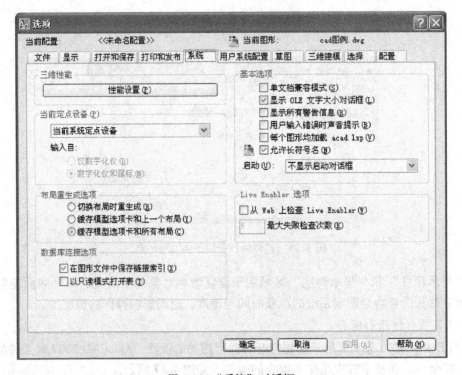

图 4.18　"系统" 对话框

布局、用户坐标系、视图和视口配置中使用长符号名来命名，名称最多可以包含 255 个字符。"数据库连接选项" 用于设置 AutoCAD 与外部数据库连接的相关选项。

4.3.3.5 用户系统配置

"用户系统配置"选项卡用于设置优化 AutoCAD 工作方式的一些选项。其中"插入比例"中的"源内容单位"用于设置被插入到图形中的对象的默认单位,"目标图形单位"用于设置目标图形中对象的单位,如图 4.19 所示。

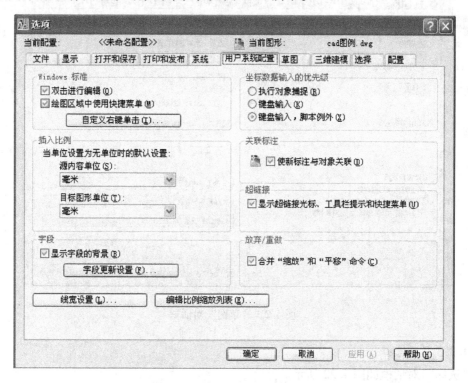

图 4.19 "用户系统配置"对话框

单击"线宽设置"按钮将弹出"线宽设置"对话框。用此对话框可以设置线宽的显示特性和默认选项,同时还可以设置当前线宽,如图 4.20 所示。

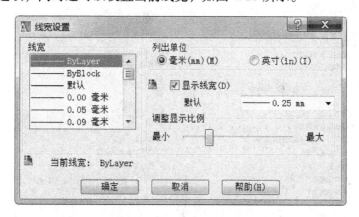

图 4.20 "线宽设置"对话框

4.3.3.6 草图

"选项"对话框的"草图"选项卡中包含了多个设置 AutoCAD 辅助绘图工具的选项。

"自动追踪设置"用于控制自动追踪的相关设置，有"显示极轴追踪矢量"、"显示全屏追踪矢量"、"显示自动追踪工具栏提示"三个选项，如图 4.21 所示。

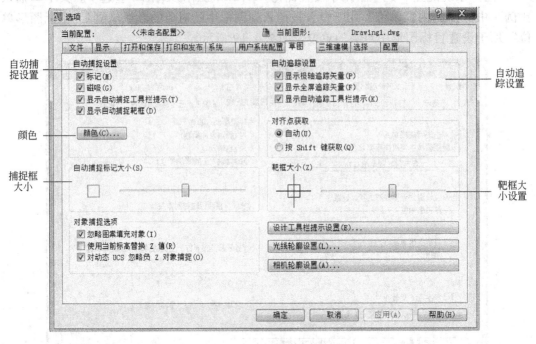

图 4.21　"草图"对话框

4.3.3.7　选择

"选择"对话框如图 4.22 所示。

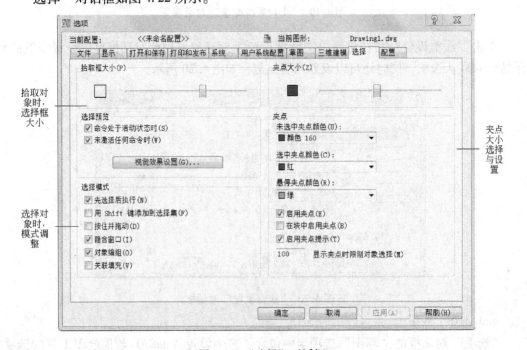

图 4.22　"选择"对话框

4.4 AutoCAD 视图及视口

4.4.1 视图

4.4.1.1 三维视图

物体按正投影法向投影面投射时所得到的投影称为"视图"。如图 4.23 所示，光线自物体的前面向后投影所得到的投影称为"前视图"，自后向前的称为"后视图"，自上向下的称为"俯视图"，自下向上的称为"仰视图"，自左向右的称为"左视图"，自右向左的称为"右视图"。为完整地表示一个物体的形状，常需要采用两个或两个以上的视图。

选择预置三维视图的命令调用方式和执行过程为：

（1）菜单："视图"→"三维视图"→"俯视"、"仰视"、"左视"、"右视"、"主视"、"后视"、"西南等轴测"、"东南等轴测"、"东北等轴测"、"西北等轴测"；

（2）工具栏："视图"→

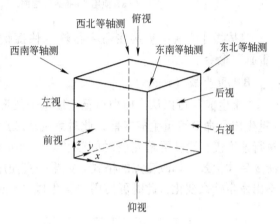

图 4.23　视图

；

（3）命令行：- view。

命令：- view
输入选项 [? /删除(D)/正交(O)/恢复(R)/保存(S)/设置(E)/窗口(W)]：

用户可以在"- view"命令中调用以下各种命令选项来使用相应的标准视图：

1）输入"top"命令，可以生成俯视图；
2）输入"bottom"命令，可以生成仰视图；
3）输入"left"命令，可以生成左视图；
4）输入"right"命令，可以生成右视图；
5）输入"front"命令，可以生成主视图（前视图）；
6）输入"back"命令，可以生成后视图；
7）输入"swiso"命令，可以生成西南等轴测视图。

4.4.1.2 视图的操作

A 重画（redraw）

"重画"可以刷新当前视口中的显示。在绘图和编辑过程中，屏幕上常常留下对象的拾取标记，这些临时标记并不是图形中的对象，其会导致当前图形画面混乱。因此在需要清除轨迹点或者快速刷新屏幕的时候，可以使用"redraw"命令对所有视口中的图形进行重画。如图 4.24 所示为"redraw"命令使用效果图。

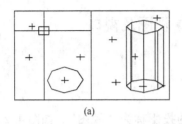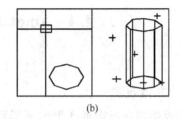

(a)　　　　　　　　　　　　　　　(b)

图 4.24　重画
(a) 使用"redraw"之前；(b) 使用"redraw"之后

具体操作方法：直接在命令行输入快捷键 R（redraw），或选择"视图"菜单项的"重画"命令。

B　重生成（regen）

"重生成"可以从当前视口重生成整个图形。重生成与重画在本质上是不同的，利用"重生成"命令可重生成屏幕，此时系统从磁盘中调用当前图形的数据，比"重画"命令执行速度慢，更新屏幕花费时间较长。在 AutoCAD 中，某些操作只有在使用"重生成"命令后才生效，如改变点的格式。如果一直使用某个命令修改编辑图形，但该图形似乎看不出发生什么变化，此时可使用"重生成（regen）"命令更新屏幕显示，如图 4.25 所示。

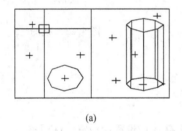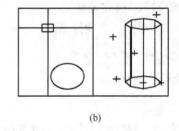

(a)　　　　　　　　　　　　　　　(b)

图 4.25　重生成
(a) 使用"regen"之前；(b) 使用"regen"之后

具体操作方法：在命令行直接输入"regen"命令，或选择"视图"菜单下的"重生成"命令。

C　平移视图

平移视图是在不改变图形当前显示比例的情况下，移动显示区域中的图形到合适位置，以按照需要更好地观察图形。平移功能有"实时"和"定点"两种模式。使用平移命令的方法有两种：单击标准工具栏中的实时平移工具和选择工具栏中"视图"→"平移"，如图 4.26 所示。

（1）实时平移。实时平移是直接控制鼠标移动来平移图形。按住鼠标左键移动光标，窗口中的图形将按光标移动的方向移动。松开左键，则平移停止。用户可根据需要平移图形，直到屏幕中显示图形处于所需位置。单击鼠标右键显示快捷菜单，可切换成其他视图操作。如果用户使用的是三键鼠标，那么按住鼠标中间键或中间滑轮，也可以启动此项功能。

（2）定点平移。定点平移指按指定的距离平移图形。启动方法为：选择"视图"→"平移"→"定点"命令，命令行提示："指定基点或位移：（指定一个基点）；指定第二点：（指定第二点）"。如果用户指定基点和第二个点，则视图根据两点之间距离和方向移动图形。

（3）滚动条平移。直接拖动绘图区右边和下边的滚动条可以上下左右平移图形。也可通过打开"视图"→"平移"菜单，找到相应命令，包括"左"、"右"、"上"、"下"。每执行一次其中一个命令，则滚动条向对应方向移动一格。

D 缩放视图

缩放视图可以增加或减少图形对象的屏幕显示尺寸，但对象的真实尺寸保持不变。通过改变显示区域和图形对象的大小，用户可以更准确和更详细地绘图。使用缩放命令的方法有两种：选择工具栏中"视图"→"缩放"命令和右键自定义菜单勾选"缩放"子命令（见图 4.27）。

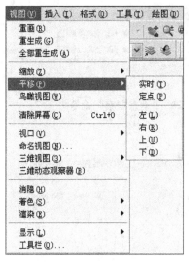

图 4.26 "平移"命令

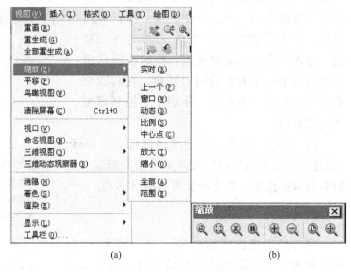

(a) (b)

图 4.27 "缩放"启动按钮
（a）缩放菜单；（b）缩放工具条

缩放工具有 8 个选项，每个选项的功能和意义如下：

（1）"窗口"缩放：通过在屏幕上拾取两个对角点来确定一个矩形窗口，之后，系统将矩形范围内的图形放大至整个屏幕。对应的命令：Z↓，W↓；

（2）"动态"缩放：可以动态缩放视图。进入动态缩放模式时，在屏幕中将显示一个带"×"的矩形方框，单击选择窗口"×"将消失，而后显示一个位于右框的方向箭头，拖动光标可改变选择窗口的大小，最后，按下 Enter 键即可缩放图形。

（3）"比例"缩放：可以以一定的比例来缩放视图。在命令行提示"输入比例因子（nX 或 nXP）："时，若输入的数字大于 1 则放大视图；若等于 1 则显示整个视图；若小于 1 则（必须大于 0，如 0.7）缩小视图。

（4）"中心点"缩放：在图形中指定一点，在命令行提示"指定中心点和输入比例或高度"时，输入数值，而选择的点将作为该视图的中心点。

（5）"放大"：选择该模式一次，系统将整个视图放大 1 倍。

（6）"缩小"：选择该模式一次，系统将整个视图缩小一半。

（7）"全部"缩放：可以显示整个图形中的所有对象。

（8）"范围"缩放：可以在屏幕上尽可能大地、居中地显示所有图形对象。

E　动态观察（3dorbit）

动态观察的基本作用是使用光标实时地、交互地控制模型的显示，以便动态、全方位地显示目标模型。调用命令方式："工具栏"→"视图"→"动态观察"，如图 4.28 所示。

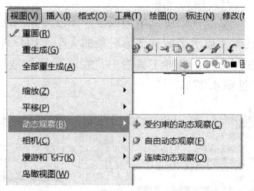

（1）受约束的动态观察：沿 XY 平面或 Z 轴约束三维动态观察。

（2）自由动态观察：不参照平面，在任意方向上进行动态观察。沿 XY 平面和 Z 轴进行动态观察时，视点不受约束。执行该命令后，将在当前视口中激活三维动态观察器，进入三维动态观察模式。此时在图形窗口中将显示一个黄色的圆形转盘，在其四个象限点处各有一个小圆，分别用于控制模型的动态显示。

图 4.28　"动态观察"命令

（3）连续动态观察：连续地进行动态观察。在连续动态观察移动的方向上单击并拖动，然后释放鼠标按钮，轨道沿该方向继续移动。

4.4.2　视口

视口是指把绘图窗口分成多个矩形区域，从而创建多个不同的绘图区域，其中每个区域都可用来显示不同的视图。视口包含在视图里面，是视图的一个子菜单，视图的命令对整个视口都是有效的，视口一般命令就是分割当前屏幕，左右平分，上下平分。在 AutoCAD 中，可以同时打开多达 32000 个视口，屏幕上还可保留菜单栏和命令提示窗口。

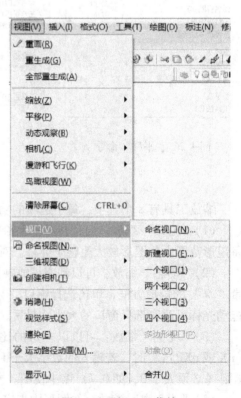

4.4.2.1　视口的创建

在 AutoCAD 中，使用"视图"→"视口"子菜单中的命令或"视口"工具栏，可以在模型空间创建和管理视口，利用"vports"命令同样可调用创建视口，如图 4.29 所示。

在"视口"对话框的"新建视口"选项卡中，可以设置新的视口配置，如图 4.30 所示。

图 4.29　"视口"菜单

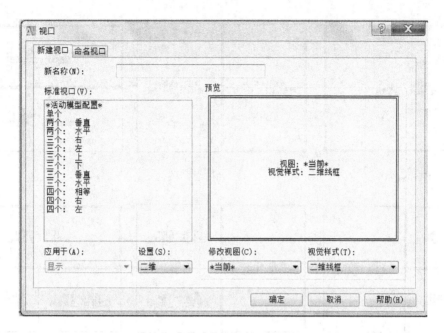

图 4.30 "视口"对话框

（1）在"新名称"文本框中，可以为新建的模型视口配置指定名称。也可以不指定名称，此时仍然可以使用新建的视口配置，但不能将其保存在图形中。

（2）在"标准视口"列表中，显示了当前的模型视口配置和各种标准视口配置，可以选择其中的标准视口配置并应用到当前图形窗口中。各种标准视口配置的布局如图 4.31 所示。

（3）在"设置"下拉列表中，如果选择"二维"列表项，则新的视口配置中均使用当前的视图，如果选择"三维"列表项，则根据选中的标准视口配置，使用一组相应的标准正交三维视图。

（4）在"预览"组框中，图像控件中显示了当前视口配置的预览图像，并在每个视口中给出了该视口所显示的视图名称。或者直接在图像控件中单击某个视口，将其设为当前视口。

（5）在"修改视图"下拉列表中，可以指定当前视口所使用的视图。例如，在具有四个视口的视口配置中，使用三维视图设置，可以分别在各个视口中使用指定的三维视图，如图 4.32 所示。

在设置新的视口配置时，如果用户为其指定了名称，则该视口配置会将名称保存在图形中。对于图形中已保存的所有命名视口，可以使用"vports"命令进行管理。管理命名视口的命令调用方式和执行过程为：选择菜单或工具栏中"视图"→"视口"→"命名视口"；命令行输入"vports"命令。调用该命令后将显示如图 4.33 所示的对话框。

在"视口"对话框的"命名视口"选项卡中，可以对图形中所有命名视口配置进行管理。

（1）在"当前名称"文本中，显示当前视口配置的名称。

（2）在"命名视口"列表中，显示当前图形中命名保存的所有视口配置。

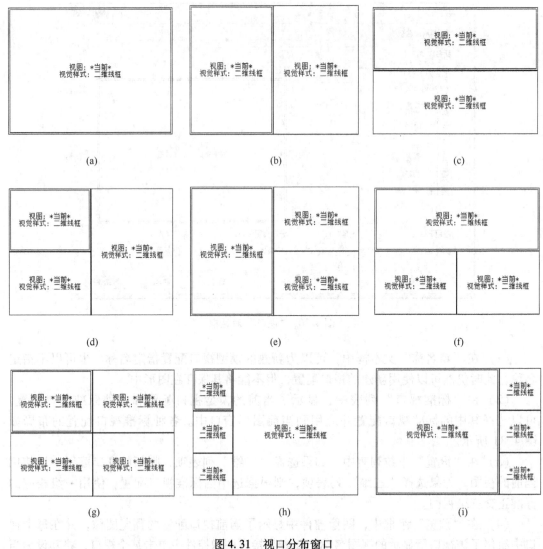

图 4.31 视口分布窗口

(a) 单个；(b) 垂直两个；(c) 水平两个；(d) 右三个；(e) 左三个；
(f) 上三个；(g) 相等四个；(h) 左四个；(i) 右四个

（3）在"命名视口"列表中选择某一命名视口，然后单击右键弹出快捷菜单，并选择"重命名"菜单项，可以改变该视口配置的名称。

（4）在"命名视口"列表中选择某一命名视口，然后单击右键弹出快捷菜单，并选择"删除"菜单项，可以删除该视口配置。

（5）在"预览"组框的图像控件中，可以显示"命名视口"列表中指定视口配置的预览图像。

4.4.2.2 视图和视口的关系

视口是显示用户模型的不同视图区域。在大型或复杂的图形中,显示不同的视口可以缩短在单一视图中缩放或平移的时间,而且在一个视图中出现的错误可能会在其他视图中表现

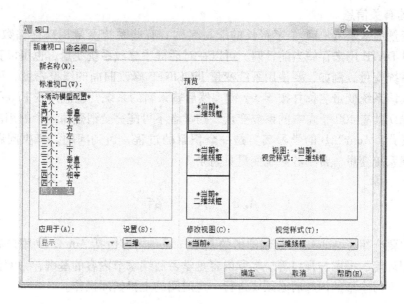

图 4.32　"新建视口"对话框

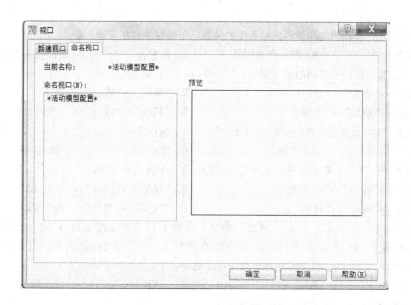

图 4.33　"命名视口"对话框

出来。在"模型"选项上创建的视口充满整个绘图区域并且相互之间不重叠。视口是为了便于观察绘图区域而拆分成的一个或多个相邻的矩形视图。"视口"是"视图"的一个子菜单。

4.5　系　统　变　量

在 AutoCAD 中，系统变量是控制某些命令工作方式的设置。它可以打开或关闭"捕捉"、"栅格"或"正交"等绘图模式，设置默认的填充图案，或存储当前图形和 Auto-

CAD 配置的有关信息。

　　系统变量通常是 6～10 个字符长的缩写名称。有些系统变量用来存储数值或文字，如系统变量 DATE 用来存储当前日期。可以在对话框中修改系统变量，也可以直接在命令行中修改系统变量。例如，要使用系统变量 ISOLINES 修改曲面的线框密度，可在命令行提示下输入该系统变量名称并按 Enter 键，然后输入新的系统变量值并按 Enter 键即可。

　　AutoCAD 共有 400 个左右的系统变量，初学者不可能完全清楚每一个的用法，更没必要去死记硬背。AutoCAD 的学习其实是一个积累的过程，遇到问题，解决问题，才能更有效地掌握系统变量。常用的系统变量见附录 2。

4.6　小　　结

　　本章主要介绍了 AutoCAD 绘制图形的基础知识，内容包括 AutoCAD 用户界面、坐标系统、绘图环境、视图与视口等。本章内容是学习后续章节内容的基础，为使读者能真正打好基础，学习本章的内容后必须要进行一定时间的上机实际操作。

习　　题

1. 单选题

(1) 默认情况下用户坐标系统与世界坐标系统的关系，下面哪个说法正确。(　　)
　　A. 不相重合　　　　B. 同一个坐标系　　　C. 相重合　　　D. 有时重合有时不重合

(2) 要快速显示整个图限范围内的所有图形，可使用 (　　) 命令。
　　A. "视图"→"缩放"→"窗口"　　　　　B. "视图"→"缩放"→"动态"
　　C. "视图"→"缩放"→"范围"　　　　　D. "视图"→"缩放"→"全部"

(3) 设置"夹点"大小及颜色是在"选项"对话框中的(　　)选项卡中。
　　A. 打开和保存　　　B. 系统　　　　　C. 显示　　　　　D. 选择

(4) 在 AutoCAD 中,要将左右两个视口改为左上、左下、右三个视口可选择(　　)命令。
　　A. "视图"→"视口"→"一个视口"　　　B. "视图"→"视口"→"三个视口"
　　C. "视图"→"视口"→"合并"　　　　　D. "视图"→"视口"→"两个视口"

(5) 在命令行中输入"zoom",执行"缩放"命令。在命令行"指定窗口角点,输入比例因子(nX 或 nXP),或[全部(A)/中心点(C)/动态(D)/范围(E)/上一个(P)/比例(S)/窗口(W)] <实时>:"提示下，输入(　　)，该图形相对于当前视图缩小一半。
　　A. -0.5nXP　　　B. 0.5X　　　　　C. 2nXP　　　　　D. 2X

(6) "缩放"命令 (zoom) 在执行过程中改变了 (　　)。
　　A. 图形的界限范围大小　　　　　　　B. 图形的绝对坐标
　　C. 图形在视图中的位置　　　　　　　D. 图形在视图中显示的大小

(7) 用相对直角坐标绘图时以 (　　) 为参照点。
　　A. 上一指定点或位置　B. 坐标原点　　　C. 屏幕左下角点　　D. 任意一点

(8) 在 AutoCAD 中单位设置的快捷键是 (　　)。
　　A. UM　　　　　B. UN　　　　　C. Ctrl + U　　　　D. Alt + U

(9) 在 AutoCAD 中图形界限的命令是 (　　)。
　　A. Alt + O + A　B. Ctrl + 0　　　C. Alt + 1　　　D. Alt + 2

(10) 在 AutoCAD 中图形编辑窗口与文本窗口的快速切换用 (　　) 功能键。

A. F6　　　　　　　B. F7　　　　　　　C. F8　　　　　　　D. F2

（11）在 AutoCAD 中如果执行了"缩放"命令的"全部"选项后，图形在屏幕上变成很小的一个部分，则可能出现的问题是（　　）。

A. 溢出计算机内存　　　　　　　　　B. 将图形对象放置在错误的位置上

C. 栅格和捕捉设置错误　　　　　　　D. 图形界限比当前图形对象范围大

（12）图形窗口"颜色"对话框的用途是（　　）。

A. 设置图形的线条的颜色　　　　　　B. 设置图形窗口的颜色

C. 设置操作窗口中各元素的颜色　　　D. 设置模型空间窗口的颜色

（13）视图与视口的关系是（　　）。

A. 配置多个视口方可使用多个视图　　B. 视口即为视图

C. 没有视口就没有视图　　　　　　　D. 没有视图就没有视口

（14）在 AutoCAD 中，下列坐标中使用相对极坐标的是（　　）。

A. （@32，18）　　　B. （@32<18）　　　C. （32，18）　　　D. （32<18）

（15）如图 4.34 所示，绘制拱形巷道时，在不添加辅助线的情况下，半圆拱与直墙交点 M 可以通过（　　）方法直接捕捉到。

A. 使用"对象捕捉"

B. 使用"捕捉到最近点"

C. 使用"临时追踪点"

D. 使用"极轴追踪"

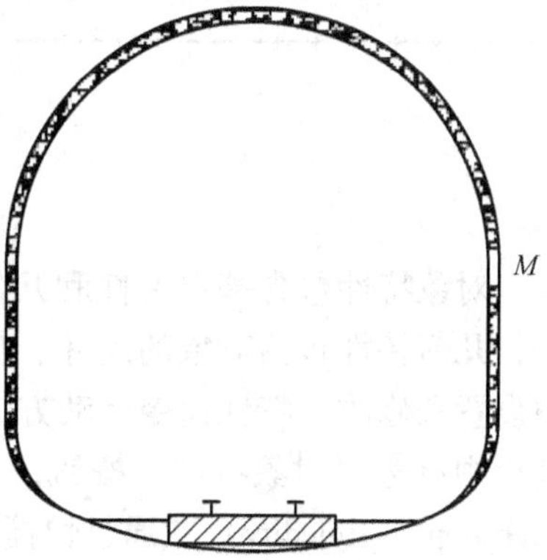

图 4.34　选择题（15）

2. 填空题

（1）如果起点为（5，5），要画出与 X 轴正方向成30°夹角、长度为50的直线段，应输入：＿＿＿＿＿＿。

（2）＿＿＿＿＿＿命令既刷新视图，又刷新计算机图形数据库。

（3）在 AutoCAD 中＿＿＿＿＿＿用于移动视图。

（4）在 AutoCAD 中，用于打开和关闭"动态输入"的功能键是＿＿＿＿＿＿。

（5）AutoCAD 默认绘图环境采用的是＿＿＿＿＿＿单位：测量长度单位为＿＿＿＿＿＿，角度单位为＿＿＿＿＿＿，角度的正方向为逆时针方向，测量的零度方向为＿＿＿＿＿＿。

3. 思考题

（1）改变屏幕上的图形对象显示比例的命令是什么？

（2）输入文字时，为什么不能用键盘上的空格键来做空回答？

（3）怎样设置绘图区的背景为白色？请给出操作过程并附图进行说明。

（4）什么是系统变量？

（5）在 AutoCAD 中，执行重复和撤销命令的方法有哪些？

4. 点的输入练习

（1）用直线命令绘制如下图形：

$A(260,230)$、$B(230,190)$、$C(260,150)$、$D(290,190)$

（2）用直线命令绘制如下图形：

$A(0,0)$、$B(100,0)$、$C(100,150)$、$D(50,150)$、$E(0,100)$

（3）用直线命令以极坐标的形式绘制如下图形：

$A(0,0)$、$B(@100,60)$、$C(@100,-60)$

5　AutoCAD 对象特性

本章要点： (1) 对象特性；(2) 对象特性编辑；(3) 对象特性查询。

AutoCAD 软件创建的每个几何图形都属于一定的对象，对象特性则是用来描绘对象属性的。本章主要内容包括对象特性、对象特性编辑、对象特性查询等。通过本章的学习，读者可以了解 AutoCAD 绘制图形对象的基本特性和几何特性，并且能够掌握编辑和查询对象特性的方法。

5.1　对 象 特 性

对象特性包含基本特性和几何特性。基本特性包括对象的颜色、线型、图层及线宽等，几何特性包括对象的尺寸、控制点和位置等。对象特性可以直接在"特性"选项板中设置和修改。特性命令启动方法：(1) 菜单栏中选择"修改"→"特性"命令；(2) 工具栏中单击"对象特性"按钮；(3) 命令行输入"properties"命令（或 ch、mo、props、ddchprop、ddmodify）或通过快捷键 Ctrl +1。"特性"选项板如图 5.1 所示。"特性"选项板默认处于浮动状态。在"特性"选项板的标题栏上右击，将弹出一个快捷菜单，可通过该快捷菜单确定是否隐藏选项板、是否在选项板内显示特性的说明部分以及是否将选项板锁定在主窗口中。

"特性"选项板中显示了当前选择集中对象的所有特性和特性值，当选中多个对象时，将显示它们的共有特性。

5.1.1　颜色

AutoCAD 中可用颜色有 255 种，"选择颜色"对话框如图 5.2 所示。颜色主要包括两类。

ByLayer（随层）：表示对象与其所在图层颜色一致。

ByBlock（随块）：表示对象与其所在块颜色一致。

颜色设置命令启动方法：(1) 工具栏中选择"特性"→"颜色"；(2) 菜单栏中选择"格式"→"颜色"；(3) 命令行输入"color"命令；(4) 菜单中选择"格式"→"图层"，在弹出的"图层特性管理器"对话框中进行颜色设置。

RGB 颜色模式源于有色光的三原色原理，其中 R 代表红色，G 代表绿色，B 代表蓝色。RGB 模式中的所有其他颜色都是通过红、绿、蓝 3 种颜色组合而成的。

"AutoCAD 颜色索引"调色板：包含 240 种颜色，当选择某一种颜色时，在颜色列表的下面将显示该颜色的序号，以及该颜色对应的 RGB 值。

标准颜色选项组 � ：标准颜色名称仅适应于 1 ~ 7 号颜色。

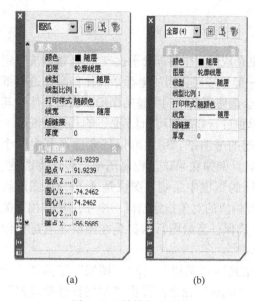

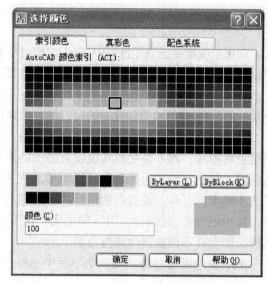

(a)　　　　　　　(b)

图 5.1　"特性"选项板
(a) 单个对象；(b) 多个对象

图 5.2　"选择颜色"对话框

灰度颜色选项组 ■■■■■■■ ：包含 6 种灰度级，使用该颜色组的颜色可以将图形设置为灰度色。

"颜色"文本框：显示或编辑所选颜色的名称或编号。

真彩色采用 24 位颜色定义显示 1600 万种颜色，指定真彩色时，可以使用 TGB 或 HSL 颜色模式。HSL 是以人类对颜色的主观感觉为前提，描述了颜色的 3 种基本特性。U 代表色调，S 代表饱和度，L 代表亮度，如图 5.3 所示。

"配色系统"提供了为输入用户自定义的配色系统，用户可以根据实际需要选择不同的颜色来构成配色系统，如图 5.4 所示。

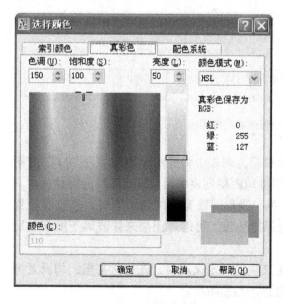

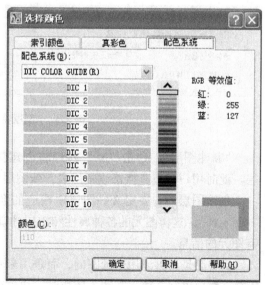

图 5.3　"真彩色"面板

图 5.4　"配色系统"面板

5.1.2　图层

　　利用透明纸手工制图过程中,当一幅图过于复杂或图形中各部分干扰较大时,常常按一定的原则将一幅图分解为几个部分,然后分别将每一部分按着相同的坐标系和比例画在透明纸上,完成后将所有透明纸按同样的坐标重叠在一起,最终得到一副完整的图形。当需要修改其中某一部分时,只需将要修改的透明纸抽取出来单独进行修改即可,而不必影响其他图纸。

　　AutoCAD 中的图层就相当于完全重合在一起的透明纸,用户可以任意选择其中一个图层绘制图形,而不会受到其他层上图形的影响。例如在采矿工程制图中,可以将图框、坐标网、巷道、地质边界和设计说明等放在不同的图层中绘制。图层是 AutoCAD 图形绘制的主要组织工具,通过创建图层,可以将类型相似的对象指定给同一个图层使其相互关联。每个图形都包括名为"0"的图层,这可以确保任意绘图行为都是在图层之上进行绘制的。图层 0 不能被删除或重命名。

　　图层命令启动方法:（1）菜单栏中选择"格式"→"图层";（2）"图层"工具栏中选择"图层特性管理器"按钮;（3）命令行输入"layer"命令。弹出"图层特性管理器",如图 5.5 所示。

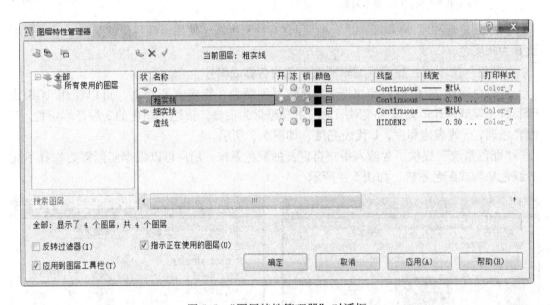

图 5.5　"图层特性管理器"对话框

　　"新建图层":单击"√"按钮将创建新图层,列表中将显示名称为"图层 1"的图层。此时用户可以直接修改图层名,新图层将继承图层列表中当前选定图层的特性。

　　创建图层时,要定义好图层中相应的颜色、线形、线宽。绘制图形时,一般要设置"ByLayer",这样图元的各种属性和图层才能保持一致。可通过图层来修改属于图层的所有图元的信息。

　　0 层上是不可以用来画图的,而是用来定义块的。定义块时,先将所有图元均设置为 0 层,然后再定义块。在插入图块时,块就会进入当前图层。

　　"删除图层":单击"×"按钮只能删除未参照的图层,而不能删除"0"及"Defpoints"图层、包含对象的图层、当前图层和依赖外部参照的图层。

图层的删除和清理："0"和"Defpoint"两个图层不能删掉，一些依赖外部参照的图层也删不掉。所以需要采用"purge"命令，清理掉所有不需要的块和外部参照，进而删除依赖外部参照的图层。

"置为当前"：可以将选定图层置为当前图层，并且在当前图层上绘制所创建的对象。

"新特性过滤器"按钮：单击该按钮可以打开"图层过滤器特性"对话框，从中可以基于一个或多个图层特性创建图层过滤器，如图 5.6 所示。

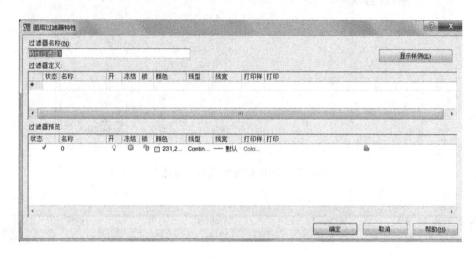

图 5.6　"图层过滤器特性"对话框

"新组过滤器"按钮：用户可以通过单击该按钮创建一个图层过滤器，其中包含用户选定并添加到该过滤器的图层。

"图层状态管理器"按钮：通过单击该按钮可以显示"图层状态管理器"对话框，从中可以将图层的当前特性设置保存到命名图层状态中，以后可以再恢复这些设置，如图 5.7 所示。

"搜索图层"：输入字符时，按名称快速过滤图层列表；但不能搜索已经关闭的图层。

"反转过滤器"：显示所有不满足选定的图层过滤器条件的图层。

"图层特性管理器"对话框的右边窗格列表框中显示了满足图层过滤器条件的所有图层及其特性和说明，如图 5.8 所示。

状态：指示项目类型，如图层过滤器所使用的图层、空图层或当前图层。

名称：显示图层或过滤器的名称，按 F2 键可以输入新名称。图层命名的原则：简洁清楚；图层不需要过多，够用即可。

开关：打开和关闭选定的图层。当图层打开时，它是可见的，并且可以打印；当图层关闭时，它是不可见的，并且不能打印。

冻结：在所有视口中冻结选定的图层。冻结图层可以加快"zoom"、"pan"命令和许多其他操作的运行速度，增强对象选择的性能并减少复杂图形的重生成时间。AutoCAD不能在冻结图层上显示、打印、隐藏、渲染或重生成对象。

锁定：锁定和解锁选定图层，锁定图层上的对象无法修改。

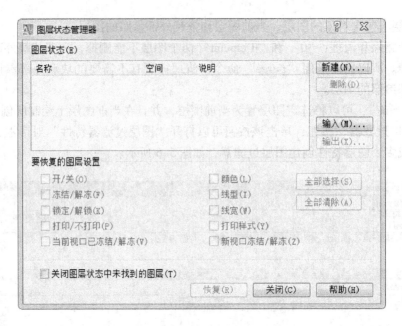

图5.7　"图层状态管理器"对话框

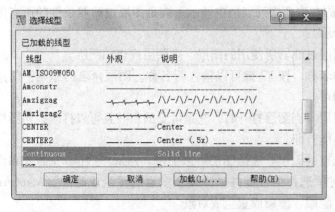

图5.8　图层特性管理设置

颜色：改变与选定图层相关联的颜色。该"选择颜色"对话框与前文图5.2"选择颜色"对话框是一样的。

线型：修改和选定与图层相关联的线型。单击该图层的线型名称，会显示如图5.9所示的"选择线型"对话框，使用该对话框可以加载需要的线型和为该图层指定需要的线型。

线宽：修改和选定与图层相关联的线宽。单击该图层的线宽名称，会显示如图5.10所示的"选择线宽"对话框，使用该对话框可以加载需要的线宽和为该图层指定需要的线宽。

图5.9　图层线型选择　　　　　　　　　　图5.10　图层线宽选择

打印样式：修改和选定与图层相关联的打印样式。如果正在使用颜色相关打印样式，则不能修改与图层关联的打印样式。

打印：用以设置选定图层是否打印。

要新建图层，可以采用以下方法：

（1）菜单栏中选择"格式"→"图层"命令，在打开的对话框中选择"新建图层"按钮；（2）在"图层"工具栏中单击"图层特性管理器"按钮，在打开的对话框中选择"新建图层"按钮。

5.1.3　线型

5.1.3.1　线型的概念

线型是点、横线和空格等按一定规律重复出现而形成的图案，复杂线型还包括多种符号。一个新的图形通常包括 3 种线型。

ByLayer（随层）：逻辑线型，表示对象与其所在图层线型一致。

ByBlock（随块）：逻辑线型，表示对象与其所在块线型一致。

Continuous（连续）：表示连续的实线。

实际绘图中可使用的线型远不止这 3 种，可通过"线型"命令进行线型设置。线型命令启动方法：（1）菜单栏中选择"格式"→"线型"；（2）命令行输入"linetype"命令。"线型管理器"对话框如图 5.11 所示。

图 5.11　"线型管理器"对话框

"线型过滤器"文本框：确定哪些线型可以在线型列表中显示，具体内容如图 5.11 所示。

"反向过滤器"复选框：选择该复选框后，将在线型列表中显示不满足过滤器要求的全部线型。

"加载"按钮：单击该按钮，可以显示如图5.12所示系统中自带的各种线型对话框，可以根据实际需求选择要使用到的线型。

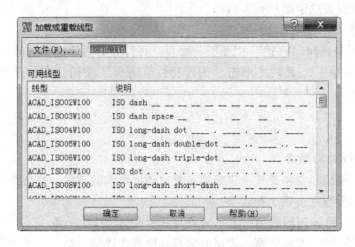

图5.12 "加载或重载线型"对话框

"删除"按钮：选取不用的线型进行删除。

"当前"按钮：选取线型并设为当前线型。

"显示细节"按钮：单击该按钮，可以将选中的图层详细信息显示出来，如图5.13所示。单击后该图标转变为"隐藏细节"按钮。

图5.13 图层线型详细信息

"名称"：显示并修改选定线型的名称，"随层""随块""连续"线型以及依赖外部参照的线型的名称不能被修改。

"说明"：显示并修改选定线型的描述。

"ISO笔宽"：该项只有在某个ISO线型被设置为当前线型时才被激活，用于显示和设置ISO线型的笔宽。

选择"缩放时使用图纸空间单位"激活图纸空间线型缩放比例后，就可以使用两种方法来设置线型比例，一是按创建对象时所在空间的图形单位比例缩放，二是基于图纸空间单位比例缩放。它使用系统变量PSLTSCALE控制，其值有两种选择："0"或"1"。默认值为0，表示无特殊线型比例，此时线型的点划线长度基于创建对象空间（图纸或模型的绘图单位），按LTSCALE设置的"全局比例因子"进行缩放。"1"表示视窗比例将控制线型比例，如果变量TILEMODE设置为0，即使对于模型空间中的对象，其点划线长度也是基于图纸空间的图形单位。在这种模式下，视窗可以有多种缩放比例，但显示的线型相同。

5.1.3.2　线型比例

在 AutoCAD 中每个图元对象都有线型比例这个属性，它的作用是控制虚线、点划线等不连续线型的比例。如果线型比例数值太小，虚线会显得很碎，而太大，虚线就会显示成实线，影响读图。AutoCAD 中涉及以下几个线型比例。

A　全局线型比例

全局线型比例对应系统变量 LTSCALE，值为正实数。通过修改 LTSCALE，可全局修改新建和现有对象的线型比例，默认值是 1。LTSCALE 用于控制图形中的全局线型比例因子。如果更改该比例因子，图形中线型的外观也会改变。如图 5.14 所示为全局比例不同时的线型效果。"全局比例因子"控制着所有线型的比例因子，通常值越小，每个绘图单位中画出的重复图案就越多。

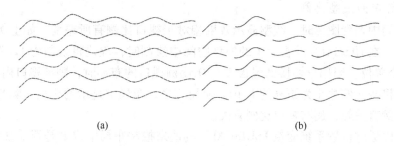

(a)　　　　　　　　　　　　　　　　　(b)

图 5.14　全局线性比例设置

(a) LTSCALE = 1；(b) LTSCALE = 10

通过下例来说明全局线型比例的调整原理。

LTSCALE 设置为 1，表示线型定义中指定的虚线长度直接读取为 1 倍图形单位。例如，虚线线型在 acadiso. lin 文件中定义如下：

```
* DASHED,Dashed _ _ _ _ _ _ _ _ _ _ _ _ _ _ _ _ _ _ _
A,12.7, -6.35
```

在绘制该线型时，它的虚线段长度将为 12.7 个单位，间隔为 6.35 个单位。如果将系统变量 LTSCALE 更改为 10，则该线将以 10 倍比例绘制，即长 127 个单位，间隔 63.5 个单位。在"线型管理器"中"详细信息"下，可以直接输入"全局比例因子"的数值，也可以在命令行中设置系统变量 LTSCALE 的值：

```
命令:LTSCALE
输入新线型比例因子〈当前值〉:
```

输入正实数或按 Enter 键修改线型的"全局比例因子"将导致系统重新刷新图形。

B　当前线型比例

当前线型比例对应系统变量 CELTSCALE。该系统变量可设置新建对象的线型比例，通过属性对话框可修改指定对象的线型比例。设置当前线型比例因子后，影响线型的最终比例是全局比例因子与该对象比例因子的乘积（见图 5.15）。如在 CELTSCALE = 2 的图形中绘制的点划线，将 LTSCALE 设为 0.5，其效果与在 CELTSCALE = 1 的图形中绘制的点划线的效果相同。

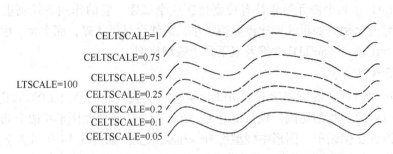

图 5.15　LTSCALE 固定时不同的 CELTSCALE 设置结果

C　布局中的线型比例

当在布局中查看图形时，线型显示效果相对于视口比例有所差别。如上例中的虚线，默认情况下，在 LTSCALE 设置为 1 的模型空间中绘制时，虚线将绘制为 12.7 个单位长，间隔 6.35 个单位。当用户切换到包含 1：10 比例视口的布局时，则该视口内的一切内容包括线型都将按比例缩小为原来的 1/10。换而言之，布局中显示的线型，除与全局比例、当前线型比例有关外，还与视口比例有关。

用户可以通过设置系统变量 PSLTSCALE 的值来控制布局中线型是否受视口比例的影响。当 PSLTSCALE = 0 时，布局中的线型比例受视口比例的影响。当 PSLTSCALE = 1 时，布局中的线型比例不受视口比例的影响，如图 5.16 所示。需要注意的是，设置 PSLTSCALE 后需重新生成视图才能看到更新后的对象。

建议当布局中只有一个视口或有多个比例相同的视口时，可设置 PSLTSCALE = 0，此时使用全局线型比例即可。如果有多个比例不同的视口，则设置 PSLTSCALE = 1，由视口比例决定线型比例。

对于特殊线型，视口中的点划线长度与图纸空间中直线的点划线长度相同，此时，仍可以使用 LTSCALE 控制点划线长度。但需要注意的是，改变 PSLTSCALE 的设置或在 PSLTSCALE 设置为 1 时使用诸如"zoom"这样的缩放命令，视窗中的对象并不能按照新的线型比例自动重新生成，而需要使用 regen 或 regen all 命令更新每一个视窗中的线型比例。

5.1.3.3　自定义线型

A　自定义简单线型

在 AutoCAD 安装文件夹下的 Support 文件夹下，有 acad. lin 和 acadiso. lin 两个文件，它们保存着 cad 常用的系统自带的线型文件。用 NotePad + + 、写字板或记事本等文本工具打开后如图 5.17 所示。

线型文件分析如下：文件中";;"代表注释行，以增强文件的可读性。每种线型定义为两行，第一行定义线型的名称和线型说明，行首必须是以"＊"开始，其后是线型名称。线型的描述起一个直观的注释作用，最好加上，不过这种描述不能超过 47 个字符。第二行才是真正描述线型的代码，行首的"A"代表对齐方式，在这种对齐方式下，第一个参数的值应该大于或等于 0，第二个参数的值应该小于 0。简单地说：正值表示落笔，AutoCAD 会画出一条相应长度的实线；0 表示画一个点；负值则表示提笔，AutoCAD 会提

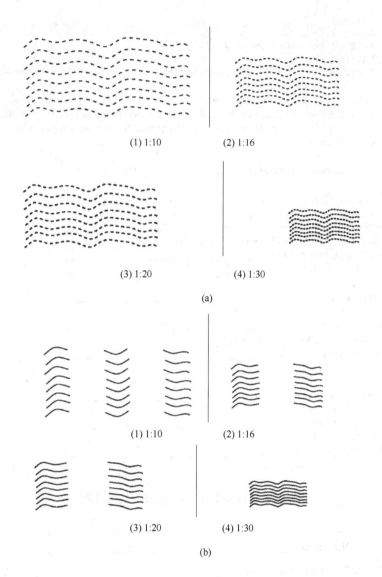

图 5.16 不同视口下 PSLTSCALE 取值对线型的影响

（a）PSLTSCALE = 0；（b）PSLTSCALE = 1

笔空出相应长度。字符之间以半角的逗号隔开，每一行结束必须按回车键，最后一行也不例外。另外，在 ＊.lin 文件中，每个线型文件最多可容纳 280 个字符。例如，Border 线型的定义如下（见图 5.18）：

分析线型 Border，首先"12.7"为正值 12.7，代表画一条 12.7 个单位长的线；"－6.35"是负值，代表留一段 6.35 个单位长的空白；紧接着画 12.7 个单位长的线，再留6.35 个单位长的空白，0 表示画一个点，然后又是 6.35 个单位长的空白，如图 5.18 所示。

新建一个双点划线的线型，用于轮廓线的绘制。线型命名为 outline，那么这个双点划线的线型便可以做如下定义：

```
;;
;; AutoCAD ISO Linetype Definition file
;; Version 2.0
;; Copyright (C) 1996-2006 by Autodesk, Inc.  All Rights Reserved.
;;
;; Note: in order to ease migration of this file when upgrading
;; to a future version of AutoCAD, it is recommended that you add
;; your customizations to the User Defined Linetypes section at the
;; end of this file.
;;
;; customized for ISO scaling
;;
*BORDER,Border __ __ . __ __ . __ __ . __ __ . __ __ .
A, 12.7, -6.35, 12.7, -6.35, 0, -6.35
*BORDER2,Border (.5x) __._.__._.__._.__._.__._.__._.__._.
A, 6.35, -3.175, 6.35, -3.175, 0, -3.175
*BORDERX2,Border (2x) ____  ____  .  ____  ____  .
A, 25.4, -12.7, 25.4, -12.7, 0, -12.7


*CENTER,Center ____ _ ____ _ ____ _ ____ _ ____ _
A, 31.75, -6.35, 6.35, -6.35
*CENTER2,Center (.5x) __ _ __ _ __ _ __ _ __ _
A, 19.05, -3.175, 3.175, -3.175
*CENTERX2,Center (2x) _____ __ _____ __ _____
A, 63.5, -12.7, 12.7, -12.7


*DASHDOT,Dash dot __ . __ . __ . __ . __ . __ .
A, 12.7, -6.35, 0, -6.35
*DASHDOT2,Dash dot (.5x) _.__.__.__.__.__.__.__.__.__.__.
A, 6.35, -3.175, 0, -3.175
*DASHDOTX2,Dash dot (2x) ____  .  ____  .  ____  .
A, 25.4, -12.7, 0, -12.7
```

图 5.17　线型存储面板文件部分线型示例

*BORDER,Border __ __ . __ __ . __ __ . __ __ .

A，12.7，-6.35，12.7，-6.35，0，-6.35

—— —— — —— — —— — —— — —— — —— — —— —— —

图 5.18　Border 线型示例

* OUTLINE,outline _____ .. _____ .. _____

A,1.0,-.1,0,-.1,0,-.1

将这两行添加到 acad. lin 文件中，存盘并退出文本编辑器。

注意：如果用写字板或记事本打开时，一定要注意"，"是英文的（用这两个软件打开该文件，中英文显示差别较小），否则极易出现加载错误。

B　定义带有字符的线型

AutoCAD 不仅能定义由短线、间隔和点组成的简单线型，还可以开发出较为复杂的线型，以满足特殊的需要。复合线型功能是从 AutoCAD R13 版本起新增的功能，可以在定义的线型中嵌入文本和形文件（.shx）中的形，如下所示：

```
* LB_LINE, ---- X ---- X ---- X ----
A,1.0, -.25,["X",STANDARD,S=.2,R=0,X=-.1,Y=-.1], -.25
```

第一行跟简单线型定义一样，是线型名称和线型的简单描述。第二行的"A"表示对齐符号，数字的意义仍然与前面一样，重点看文本的嵌入。

（1）"X"是嵌入的文本，注意必须加上双引号。"STANDARD"是文本式样的名字，如果当前图形中没有该样式，则 AutoCAD 不允许使用该线型。

（2）"S=.2"表示确定文本的比例系数为0.2。如果使用固定高度文本，AutoCAD 会将此高度乘以比例系数；如果使用的是可变高度的文本，则 AutoCAD 会把比例系数看成绝对高度。

（3）"R=0"表示文本相对于当前线段方向的转角。0 表示文本与所给线段方向一致，这也是缺省值。

（4）"X=-.1，Y=-.1"为可选项，它们确定相对于当前点的偏移量。缺省时 AutoCAD 将文本字符串的左下角点放在此当前点。X 就是当前线段的方向，Y 则是垂直于线段向上的方向。这两个偏移量将使文本的定位更精确。

复合线型的使用同简单线型的使用一样，先装入再调用。

C　定义带形文件的线型文件

在简单线型的定义中，插入形单元，则组成带形定义的线型。如坡面线线型定义为：

```
* pmx,坡面线 A,0.5,[cx,C:\Users\xushuai\Desktop\书附图\15.shx,S=1,R=0.0],1,
[dx,C:\Users\xushuai\Desktop\书附图\16.shx,S=1,R=0.0],0.5
```

（1）方括号内为形定义部分，引用了两个形单元，cx 为形文件的名字，15.shx 为形文件，并要指定形文件的路径。

（2）[cx,C:\Users\xushuai\Desktop\书附图\15.shx,S=1,R=0.0] 对应的含义是：cx 为形文件的名字，对应一条长的坡面线，该线型的描述文件在 C：\ Users \ xushuai \ Desktop \ 书附图 \ 15.shx 中；定义线型时，S（即 scale factor，比例缩放因子）为 1，R（即 Rotation angle，旋转角度）为 0。

通过以上分析可知，形单元的完整定义如下：

```
[Shape_name,Shape_file_name,S=scale_factor,R=rotation_angle,X=x_offset,Y
=y_offset]
```

x_ offset 和 y_ offset 是形插入点在 x 和 y 方向上的偏移量，在定义线型时一般缺省不用，按 0 处理。此外 R 的缺省值为 0，S 为 1，只有 Shape_ name 和 Shape_ file_ name 是不能缺省的。绘制结果如图 5.19 所示。

从带有字符的线型和带有形文件的线型自定义的创建过程来看,定义复杂线型时,需要能够自定义形文件(.shx 文件)。AutoCAD 提供了一个自定义形文件的工具 Express tools。安装 Express tools 之后,在 AutoCAD 的菜单中会多一个"Express"的菜单项,这时可通过如图 5.20 所示的路径("Express"→"Tools"→"Make shape"),打开如下形文件制作命令。

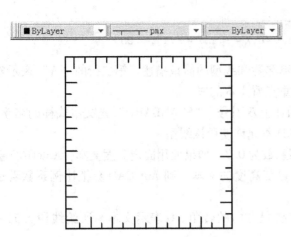

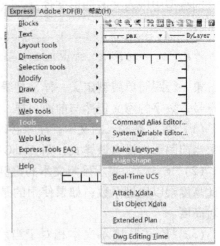

图 5.19　坡面线线型使用成果　　　　　图 5.20　自定义形文件路径

命令: mkshape

Enter the name of the shape: cx　　　　//输入形的名字 cx 表示长线

Enter resolution <128 >:　　　　　　//形文件的分辨率,回车默认即可

Specify insertion base point:　　　　//对象的插入基点,回车默认即可

选择对象: 指定对角点: 找到 1 个　　　　//屏幕对象选择

选择对象:　　　　　　　　　　　　　//选择结束,回车

Determining geometry extents...Done.　// 系统提示

Building coord lists...Done.

Formating coords... - Done.

Writing new shape...Done.

编译形/字体说明文件

编译成功。输出文件 C:\Users\xushuai\Desktop\书附图\15.shx 包含 82 字节。

Shape "cx" created.

Use the SHAPE command to place shapes in your drawing.

D　自定义线型文件的使用

　　使用"格式"菜单中的"线型"命令打开"线型管理器"对话框,单击"加载"按钮,打开"加载或重载线型"对话框,单击"文件"按钮,然后选择 acad. lin 文件,单击"打开"按钮。从可用线型列表中选择自定义的线型,单击"确定"按钮将其加载。在"线型管理器"对话框中选择坡面线线型,然后单击"当前"按钮,将该线型置为当前线型,单击"确定"按钮,加载完成,如图 5.21 所示。

5.1.4　线宽

　　线宽即图形对象的宽度。用不同线宽的图元表现不同图形对象的大小,可以更好地表达图形,增强观赏性。除了 TrueType 字体、光栅图像、点和实体填充以外的所有对象都可以显示线宽。线宽在模型空间中以像素显示,并且在缩放时不发生变化。

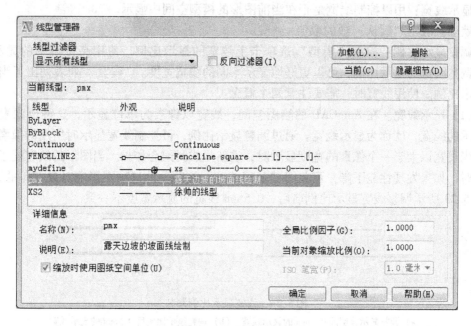

图 5.21 自定义线型加载

线宽基础定义值包括 0.00mm、0.05mm 等，此外还包括如下 3 种线宽样式：

ByLayer（随层）：逻辑线宽，表示对象与其所在图层线宽一致。

ByBlock（随块）：逻辑线宽，表示对象与其所在块线宽一致。

默认：表示创建新图层时默认线宽设置（一般为 0.25mm）。

线宽命令启动方法：（1）菜单栏中选择"格式"→"线宽"；（2）命令行输入"lweight"命令。"线宽设置"对话框如图 5.22 所示。

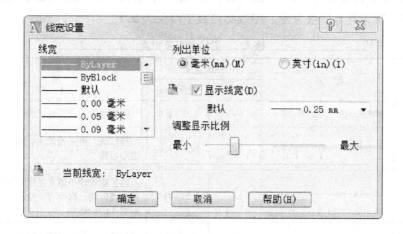

图 5.22 "线宽设置"对话框

线宽：供用户选择的线宽列表。

当前线宽：用以显示当前线宽。

列出单位：用以控制线宽以"毫米"或"英寸"进行显示。

显示线宽：用以控制线宽是否在当前图形的模型空间中显示。

默认：确定"默认"项的取值。

调整显示比例：控制"模型"选项卡上线宽的显示比例。使用高分辨率的显示器，通过调整线宽的显示比例，可以更好地显示不同的线宽宽度。"线宽"列表列出了当前线宽显示比例。使用线宽时，需要注意两个概念：

（1）显示线宽。在 AutoCAD 的绘图空间，线宽以像素为单位显示，这种以像素为单位显示的线宽，就称为显示线宽。通过调整显示比例，可控制线宽显示时所用的像素的多少。当线宽以大于一个像素的宽度显示时，重新生成时间会加长。当图形的线宽处于打开状态时，如果发现性能下降，可关闭"显示线宽"选项。此选项不影响对象打印的方式。如图 5.23 所示调整线宽显示比例前后，0.5mm 线宽的显示宽度不一致。

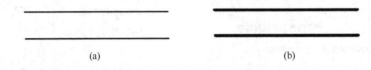

(a)　　　　　　　　　　　　　　　(b)

图 5.23　线宽显示比例调整

（a）调整显示比例前 0.5mm 的显示线宽；（b）调整显示比例后 0.5mm 的显示线宽

（2）打印线宽。使用线宽设置时，应该注意到线宽选择列表中线宽是有单位的，如图 5.22 所示，设置线宽的单位为毫米（mm）和英寸（in）。在线宽设置的时候，为对象所指定的线宽即为打印对象在图纸中的最终线宽。因此，该线宽不受打印比例限制，选择的宽度是多少，最终打印出来的就是多少。

进行采矿工程制图时，图线宽度系列通常为 0.18mm、0.25mm、0.35mm、0.5mm、0.7mm、1.0mm、1.4mm 和 2.0mm。绘图时应先根据图纸的复杂程度和比例大小确定基本图线宽度 b，b 宜采用 0.35mm、0.5mm、0.7mm、1.0mm、1.4mm 和 2.0mm，再根据基本图线宽度 b 确定其他图线宽度。图线类型及宽度见表 5.1。

表 5.1　图线类型及宽度

类　型	形　式	图线宽度		用　途
		相对关系	宽度/mm	
粗实线		b	1.0～2.0	图框线、标题栏外框线
中实线		$b/2$	0.5～1.0	勘探线、可见轮廓线、粗地形线、平面轨道中心线
细实线		$b/4$	0.25～0.7	改扩建设计中原有工程轮廓线，局部放大部分范围线，次要可见轮廓线，轴测投影及示意图的轮廓线
最细实线		$b/5$	0.18～0.25	尺寸线、尺寸界线、引出线、地形线、坐标线、细地形线
粗虚线		b	1.0～2.0	不可见轮廓线、预留的临时或永久的矿柱界限
中虚线		$b/2$	0.5～1.0	不可见轮廓线

续表 5.1

类 型	形 式	图线宽度		用 途
		相对关系	宽度/mm	
细虚线	▪ ▪ ▪ ▪ ▪ ▪ ▪ ▪ ▪	$b/3$	0.35 ~ 1.0	次要不可见轮廓线、拟建井巷轮廓线
粗点划线	▬ ▪ ▬ ▪ ▬ ▪ ▬	b	1.0 ~ 2.0	初期开采境界线
中点划线	▬ ▪ ▬ ▪ ▬ ▪ ▬	$b/2$	0.5 ~ 1.0	
细点划线	─ ▪ ─ ▪ ─ ▪ ─	$b/3$	0.35 ~ 1.0	轴线、中心线
粗双点划线	▬ ▪ ▪ ▬ ▪ ▪ ▬	b	1.0 ~ 2.0	末期开采境界线
中双点划线	▬ ▪ ▪ ▬ ▪ ▪ ▬	$b/2$	0.5 ~ 1.0	
细双点划线	─ ▪ ▪ ─ ▪ ▪ ─	$b/3$	0.35 ~ 1.0	假想轮廓线，中断线
折断线	⌇	$b/3$	0.35 ~ 1.0	较长的断裂线
波浪线	∿∿∿∿∿	$b/3$	0.35	短的断裂线，视图与剖视的分界线，局部剖视图或局部放大图的边界线
断开线	▬ ▬		1.0 ~ 1.4	剖切线

图线绘制时，必须遵守下列规定：

（1）行线间隔不应小于粗线宽度的 2 倍，且不小于 0.7mm。

（2）虚线、点划线及双点划线的线段长短和间隔应大致相等。虚线每段线长 3 ~ 5mm，间隔 1mm。点划线每段线长 10 ~ 20mm，间隔 3mm，双点划线每段线长 10 ~ 20mm，间隔 5mm。

（3）绘制圆的中心线时，圆心应为线段的交点。

（4）点划线和双点划线的首末两端，应是线段而不是点。

（5）点划线与点划线或尺寸线相交时，应交于线段处。

（6）当图形比较小，用最细点划线绘制有困难时，可用细实线代替。

（7）采用直线折断的折断线，必须全部通过被折断的图面。当图形要素相同，有规律分布时，可采用中断的画法，中断处以两条平行的最细双点划线表示。

（8）对需要标注名称的设备、部件、设施和井巷工程以及局部放大图和轨道曲线要素等，应采用细实线作为引出线引出标注（号），需要时应进行有规律的编号。同一张图上标号和指引线宜保持一致，并符合图 5.24 要求。

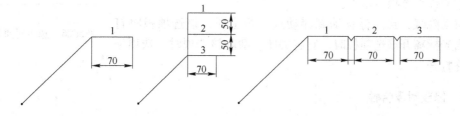

图 5.24 标号和指引线

5.2 对象特性编辑

对象特性既包括颜色、图层、线型等通用特性,也包括各种几何信息,还包括与具体对象相关的附加信息,如文字、标注内容和样式等。

5.2.1 对象管理器

对象"特性"通过"特性"选项板进行管理,启动的"特性"选项板如图 5.25所示。

标题栏:显示窗口及当前图形名称。可以用鼠标拖动改变窗口位置,双击标题栏则可使窗口在固定和浮动状态之间切换。

选定对象列表:分类显示选定的对象,并用数字来表示同类对象的个数,如图 5.26 所示。

"切换"按钮:打开(1)或关闭(0)系统变量PICKADD。打开 PICKADD 时,每个选定对象都将添加到当前选择集中;关闭 PICKADD 时,选定对象将替换当前选择集。

"选择对象"按钮:未选择对象,"特性"选项板只显示当前图层的基本特性,图层附着的打印样式表的名称,查看特性以及关于 UCS 的信息。如果选择一个对象,"特性"选项板将显示该对象的所有特性。若选择的是多个对象,"特性"选项板将显示选定对象的共有特性。单击此按钮,可以直接拾取对象。

在标题栏上单击鼠标右键时,将显示如图 5.27 所示快捷菜单选项。

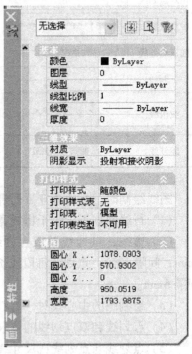

图 5.25 "特性"选项板

移动:显示用于移动选项板的四头箭头光标(选项板不是固定的)。

大小:用于拖动选项板的边或角点使其变大或变小。

关闭:关闭"特性"选项板。

允许固定:切换固定或锚定选项窗口。

锚点居右或居左:将"特性"选项板附着于绘图区域右侧或左侧的锚点选项卡基点。

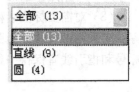

自动隐藏:当光标移动到浮动选项板上时,该选项板将打开;当光标离开该选项板时,它将关闭。清除该选项时,选项板将始终打开。

图 5.26 选定对象列表

5.2.2 修改对象特性

通过"特性"选项板修改对象特性的步骤为:选择一个或多个对象,在图形中单击鼠标右键，单击"特性"。在"特性"选项板中，可以单击每个类别右侧的箭头展开或折叠列表，如图 5.28 所示。

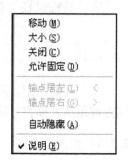

图 5.27　快捷菜单

选择要修改的参数，然后使用以下方法之一对其进行修改：

（1）输入新值。

（2）单击右侧的向下箭头并从列表中选择一个值。

（3）单击"拾取点"按钮，使用定点设备修改坐标值。

（4）单击"快速计算"计算器按钮可计算新值。

（5）单击向左或向右箭头可增大或减小该值。

（6）单击"…"按钮并在对话框中修改特性值。如修改颜色时有此选项。

要放弃修改，可在"特性"选项板的空白区域中单击鼠标右键后单击"放弃"选项。按 Esc 键可以删除选择。

5.2.3　对象特性匹配

通过特性匹配命令，可以快速将源对象的特性复制到其他对象上，使其具有相同的特性。特性匹配命令启动方法：（1）菜单栏选择"修改"→"特性匹配"；（2）工具栏单击"特性匹配"按钮；（3）命令行输入"matchprop"或"ma"命令。

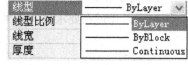

图 5.28　对象特性修改

将一个对象特性复制到其他对象的步骤为：单击"标准"→"特性匹配"；选择要复制其特性的对象；如果要控制传递某些特性，可输入 S，在"特性设置"对话框中，清除不希望复制的项目，单击"确定"，如图 5.29 所示。

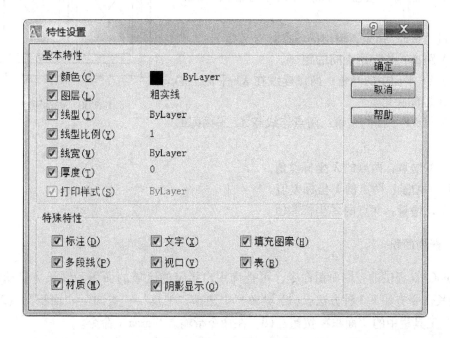

图 5.29　对象特性设置

在"特性设置"对话框中选择所需特性后点击"确定"。

5.3　对象特性查询

在工程绘图中，需要查询与图形相关的信息。AutoCAD 提供了多种图形查询功能，如查询距离、面积、周长、质量特性、点坐标、时间、状态和系统变量等。

5.3.1　查询点坐标

AutoCAD 提供查询点坐标的命令，可以方便用户查询指定点的坐标。启动查询点坐标命令有 3 种方法：（1）菜单栏中选择"工具"→"查询"→"点坐标"；（2）单击"查询"工具栏中的"定位点"按钮；（3）在命令行中输入"id"命令。

"id"命令在命令行列出了指定点的 X，Y，Z 值，并将指定点的坐标存储为最后一点。用户可以通过在要求输入点的下一个提示中输入@来引用最后一点。

```
命令: id
指定点: X = 8.4708    Y = 178.7590    Z = 0.0000
```

5.3.2　查询距离

"dist"命令用于计算空间中任意两点间的距离和角度，如图 5.30 所示。

启动查询距离命令有 3 种方法：（1）菜单栏中选择"工具"→"查询"→"距离"；（2）单击"查询"工具栏中的"距离"按钮；（3）在命令行输入"dist"命令。

通过"dist"命令，输出的各参数含义如下：

（1）距离：指定两点间的距离。

（2）XY 平面中的倾角：两点连线在 XY 平面上的投影与 X 轴间夹角。

（3）与 XY 平面的夹角：两点连线与 XY 平面间的夹角。

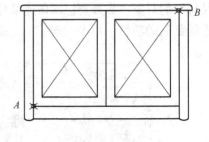

图 5.30　查询距离

（4）X 增量：两点的 X 坐标差值。

（5）Y 增量：两点的 Y 坐标差值。

（6）Z 增量：两点的 Z 坐标差值。

5.3.3　查询面积

AutoCAD 提供的查询面积命令，可查询用户指定的区域的面积和周长。启动计算面积和周长命令有如下 3 种方法：（1）菜单栏中选择"工具"→"查询"→"面积"；（2）单击"查询"工具栏中的"面积"按钮；（3）在命令行输入"area"命令。

计算如图 5.31 所示图形的面积和周长，其命令操作步骤如下：

命令:area

指定第一个角点或[对象(O)/加(A)/减(S)]:捕捉点 A

指定下一个角点或按 ENTER 键全选:捕捉点 B

指定下一个角点或按 ENTER 键全选:捕捉点 C

指定下一个角点或按 ENTER 键全选:捕捉点 D

指定下一个角点或按 ENTER 键全选:ENTER

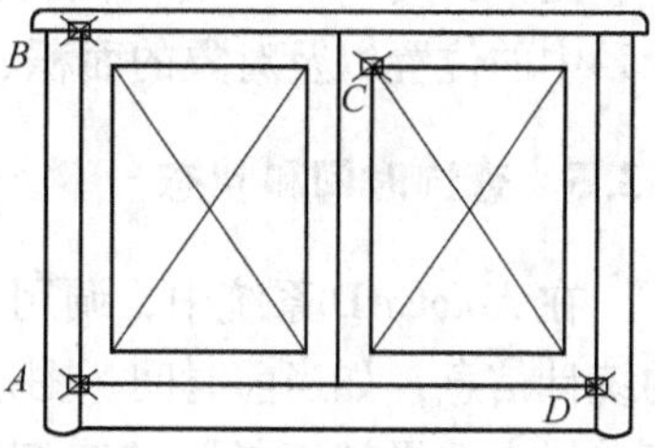

上面命令提示中各选项功能如下:

(1)对象(O)。计算选定对象的面积和周长。如果选
择开放的多段线,将假设从最后一点到第一点绘制了一条
直线,然后计算所围区域的面积。计算周长时,将忽略该直线的长度。

(2)加(A)。计算各个定义区域和对象的面积、周长之和。

(3)减(S)。用于减去指定区域面积。

注意:在计算某对象的面积和周长时,如果该对象不是封闭的,则系统在计算面积时
认为该对象的第一点和最后一点间通过直线进行封闭。在计算周长时则为对象的实际长
度,而不考虑对象的第一点和最后一点间的距离。

5.3.4 查询实体特征

AutoCAD 提供的查询实体特征参数命令,可以方便用户查询所选实体的类型、所属
的图层、空间等特征参数。启动查询实体特征参数命令有如下 3 种方法:(1)菜单栏中选
择"工具"→"查询"→"列表";(2)单击"查询"工具栏中的"列表显示"按钮;(3)
在命令行输入"list"命令。

执行查询实体特征参数命令后,系统打开如图 5.32 所示查询结果窗口。该窗口会显
示对象类型、对象图层、相对于当前用户坐标系(UCS)的 X, Y, Z 值以及对象位于模
型空间还是图纸空间。

图 5.31 查询面积

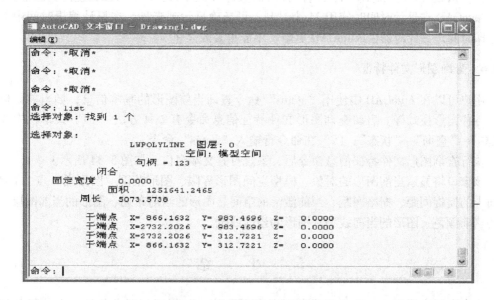

图 5.32 实体特征参数查询结果

提示：用"list"命令可显示所选对象的实体类型、所属图层、颜色、实体在当前坐标系中的位置以及对象的面积、周长等特征参数。

5.3.5　查询时间和状态

在 AutoCAD 系统中，调用"time"命令可以在文本窗口显示关于图形的日期和时间的统计信息，如当前时间、图形的创建时间等。启动查询时间命令有如下 2 种方法：（1）菜单栏中选择"工具"→"查询"→"时间"；（2）在命令行输入"time"命令。

执行查询时间命令后，系统打开文本窗口。窗口的文本框中列出了当前图形的日期和时间等相关信息，如图 5.33 所示。

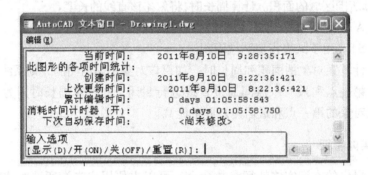

图 5.33　时间文本框

文本窗口的各选项功能如下：
（1）显示（D）：重复显示上述时间信息，并自动实时更新时间信息。
（2）开（ON）：启动用户消耗时间计时器。
（3）关（OFF）：停止用户消耗时间计时器。
（4）重置（R）：将用户消耗时间计时器重置为 0 天 00：00：00.000。
AutoCAD 在显示时间时使用 24 小时制，可精确显示到毫秒。在累计编辑时间中不包括打印时间。该计时器由 AutoCAD 更新，不能重置或停止。

5.3.6　查询图形文件特征

用户可以在 AutoCAD 中使用"status"命令查询当前图形的基本信息，如当前图形范围、各种图形模式等。启动查询图形文件特征信息命令有 2 种方法：（1）菜单栏中选择"工具"→"查询"→"状态"；（2）在命令行输入"status"命令。

执行查询图形文件特征信息命令后，系统打开文本窗口，如图 5.34 所示。

该窗口将显示当前图形的对象、模型空间图形界限、图形范围、图形插入点、X 和 Y 方向上的捕捉间距、栅格间距、当前激活的空间、图形的当前布局、图形的当前图层、图形的当前颜色、图形的当前线型、图形的当前线宽。

5.4　小　　结

本章主要介绍了 AutoCAD 对象特性的相关内容，包括图形对象位置、形状等几何特

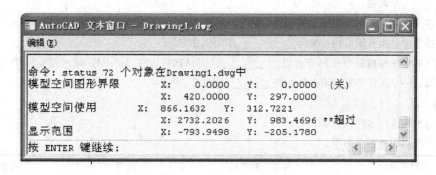

图 5.34 图形文件特征信息文本框

性，线型、颜色等基本特性，以及图形对象的编辑和查询方法等。通过本章的学习，读者可以了解各种图形对象特性，掌握编辑和查询图形对象的方法。

习 题

1. 选择题

（1）下面哪个层的名称不能被修改或删除？（ ）

    A. 未命名的层   B. 标准层   C. 0 层   D. 缺省的层

（2）在 AutoCAD 中线性管理器在（ ）菜单下。

    A. 编辑   B. 视图   C. 工具   D. 格式

（3）在 AutoCAD 中以下有关图层锁定的描述，错误的是（ ）。

    A. 在锁定图层上的对象仍然可见   B. 在锁定图层上的对象不能打印

    C. 在锁定图层上的对象不能被编辑   D. 锁定图层可以防止对图形的意外修改

（4）在 AutoCAD 中当一对象从图形中被删除时，使用下述哪一个命令可恢复该对象？（ ）

    A. Ctrl + Z   B. cancel   C. restore   D. replace

（5）在 AutoCAD 中图层上对象不可以被编辑或删除，但在屏幕上还是可见的，而且可以被捕捉到，则该图层被（ ）。

    A. 冻结   B. 锁定   C. 打开   D. 未设置

（6）在 AutoCAD 中可以给图层定义的特性不包括（ ）。

    A. 颜色   B. 线宽   C. 打印/不打印   D. 透明/不透明

（7）以下有关 AutoCAD 中格式刷的叙述错误的是（ ）。

    A. 只是一把颜色刷   B. 先选源对象，再去刷目标对象

    C. 刷后目标对象与源对象的实体特性相同   D. 也可用于尺寸标注、文本的编辑

（8）下列文字特性不能在"多行文字编辑器"对话框的"特性"选项卡中设置的是（ ）。

    A. 高度   B. 宽度   C. 旋转角度   D. 样式

（9）AutoCAD 提供的（ ）命令可以用来查询所选实体的类型、所属图层空间等特性参数。

    A. dist   B. list   C. time   D. status

（10）"0"图层是系统的默认图层，用户可以对它的操作是（ ）。

    A. 改名   B. 删除   C. 将颜色设置为红色 D. 不能做任何操作

2. 填空题

（1）一个图层如同一幅_____，把所有的_____重叠在一起即可灵活地构成图形。

（2）用户在 AutoCAD 中设置的线型不能正常显示，通常是由于_____设置不当所致，可通过改变

_____来调整。

(3) 希望将一个物体的特性应用到其他的对象上去，可用_____方法完成。

(4) 图层操作中，所有图层均可关闭_____图层无法冻结。

(5) AutoCAD 中每种捕捉方式都有自己_____，而且都可以在 AutoCAD 请求指定一个_____
时，输入一个关键字来引用一种相应_____方式。

3. 思考题

(1) 试述解冻和冻结图层的区别。

(2) 按如下所示设置四个图层。

图层名称	屏幕上的颜色	线宽	线型
粗实线	绿色	0.5	Continuous
细实线	白色	0.25	Continuous
细虚线	黄色	0.25	Dashed2
细点划线	红色	0.25	Denter2

6 二维图形绘制

本章要点：（1）点样式的设置和显示效果；（2）构造线、多段线、多线的绘制；（3）圆、弧的绘制方法；（4）面域的布尔运算；（5）图案和颜色填充的设置和显示效果。

AutoCAD 是一款专业的绘图软件，具有强大的绘图功能，可以绘制出各种复杂的图形，而二维图形的绘制是整个 AutoCAD 的绘图基础，因此，要学好 AutoCAD 就要熟练掌握基本绘图方法。本章将详细介绍 AutoCAD 的二维绘图功能。

6.1 绘 图 方 法

为了满足不同用户的需要，使操作更加灵活方便，AutoCAD 提供了多种方法来实现相同的功能。可以使用绘图菜单、绘图工具栏和绘图命令 3 种方法来绘制基本图形对象。

6.1.1 绘图菜单

绘图菜单是绘制图形最基本、最常用的方法，包含了 AutoCAD 的大部分绘图命令。选择该菜单中的命令或子命令，可绘制出相应的二维图形，如图 6.1 所示。

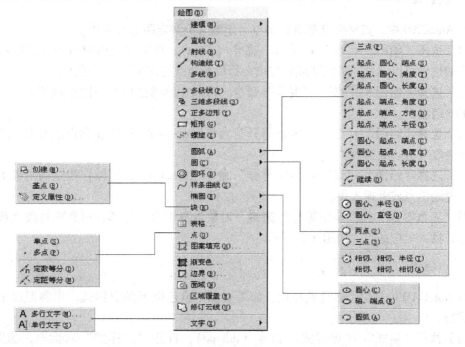

图 6.1 绘图菜单

6.1.2　绘图工具栏

绘图工具栏中的每个命令按钮都与绘图菜单中的绘图命令相对应，是图形化的绘图命令，如图 6.2 所示。

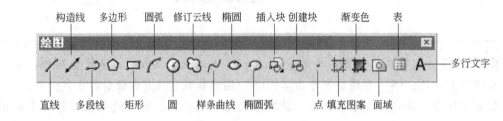

图 6.2　绘图工具栏

6.1.3　命令模式

AutoCAD 是一个命令驱动的绘图软件，AutoCAD 中每个菜单都对应有一个命令，在命令窗口中输入对应的命令，即可执行该命令。命令执行过程与选择绘图工具、绘图菜单（菜单栏中绘图命令）是完全一样的，如输入绘制直线命令"line"或简写"L"，均可以触发直线绘制命令。所以，使用菜单或者工具条（栏）绘制图形时，可通过观察 AutoCAD 命令窗口的提示及命令响应来识记这些命令，从而提高绘图效率。

6.2　点

6.2.1　点创建

在 AutoCAD 中，点对象有单点、多点、定数等分和定距等分 4 种。

（1）选择"绘图"→"点"→"单点"命令（point），可以在绘图窗口中一次绘制一个点。点的位置可以通过屏幕捕获或者在命令行以绝对或相对坐标形式输入。

（2）选择"绘图"→"点"→"多点"命令，可以在绘图窗口中一次指定多个点，最后可按 Esc 键退出。

（3）选择"绘图"→"点"→"定数等分"命令（divide），可以在指定的对象上绘制等分点或者在等分点处插入块。

（4）选择"绘图"→"点"→"定距等分"命令（measure），可以在指定的对象上按指定的长度绘制点或者插入块。

对"定数等分"和"定距等分"来讲，对象本身不会被分解，只是在对象上按照等分要求，插入对应的点，如图 6.3 所示。

6.2.2　点样式

在 AutoCAD 中提供了多种点样式，如果要制定自己需要的点样式，可参照以下操作步骤进行：

（1）执行"格式"→"点样式"命令（ddtype），打开"点样式"对话框，如图 6.4 所示。

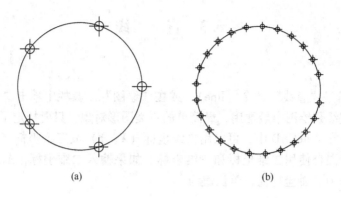

图 6.3　点绘制

（a）定数等分；（b）定点（距）等分

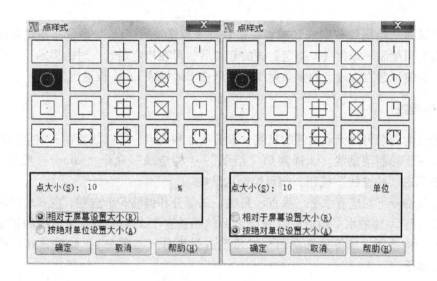

图 6.4　"点样式"对话框

（2）对话框的顶部提供了多种点样式，根据需要在样式窗格内单击选择。若用户选择"相对于屏幕设置大小"单选按钮，"点大小"选项将以百分比为单位来显示点的大小；当滚动滚轴时，点大小随屏幕分辨率大小而改变。选择"按绝对单位设置大小"单选按钮时，将使用当前的单位来决定点的大小；按绝对单位设置大小，点大小不会改变。

注意：在同一图层中，点的样式必须是统一的，不能出现不同的点。同理，可以通过图层的设置，在同一张图纸中，来设置不同的点样式。

点样式用"pdmode"设置，点大小用"pdsize"设置。设置点对象的显示尺寸：

0，在绘图区域高度的5%处创建点；

＞0，指定绝对尺寸；

＜0，指定视口尺寸的百分比。

6.3 直 线

6.3.1 直线

选择"绘图"→"直线"命令（line），或在"绘图"工具栏中单击"直线"按钮，可以绘制直线。直线是绘图中最常用、最简单的一类图形对象，只要指定了起点和终点即可绘制一条直线。在 AutoCAD 中，可以用二维坐标 (X, Y) 或三维坐标 (X, Y, Z) 来指定端点，也可以混合使用二维坐标和三维坐标。如果输入二维坐标，AutoCAD 将会用当前的标高设置作为 Z 轴坐标值，默认值为 0。

6.3.2 射线

射线只有一个端点，另一边可以无限延长。射线不可测量。射线主要用于绘制辅助线。

选择菜单"绘图"→"射线"或者在命令行中直接输入"ray"命令，指定射线的起点和通过点即可绘制一条射线。指定射线的起点后，可在指定通过点时的提示下，指定多个通过点，绘制以起点为端点的多条射线，直到按 Esc 键或 Enter 键退出为止。

6.3.3 构造线

构造线为两端可以无限延伸的直线，没有起点和终点，可以放置在三维空间的任何地方，主要用于绘制辅助线。选择菜单"绘图"→"构造线"命令（xline），或在"绘图"工具栏中单击"构造线"按钮，都可绘制构造线。

构造线命令下对应有水平、垂直、角度、二等分和偏移 5 个选项，前 3 个选项分别用来绘制平行于 X 轴的水平构造线、平行于 Y 轴并垂直于 X 轴的垂直构造线和指定基线成一定角度的构造线，二等分选项用来对角度进行平分（二等分），如对 $\angle AOB$ 进行二等分，操作如下：

```
命令: xline
指定点或[水平(H)/垂直(V)/角度(A)/二等分(B)/偏移
(O)]: B
指定角的顶点:O
指定角的起点: B
指定角的端点:A
```

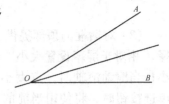

图 6.5 构造线二等分角度

生成如图 6.5 所示图形。

6.4 曲 线

6.4.1 多段线

多段线由直线段和圆弧段构成，且可以是有宽度的图形对象。可以用"修改"→"分解"将多段线的直线段和圆弧段分解成单独的对象，即将原来属于一个对象的多段线分解成多个直线和圆弧对象，且分解后不再有线宽信息。选择菜单"绘图"→"多段线"命令（pline）或在"绘图"工具栏中单击"多段线"按钮，即可绘制多段线。默认情况下，当指定了多段线另一端点的位置后，就会从起点到该点绘出一条多段线，如图6.6所示。

```
命令：_pline
指定起点：
当前线宽为 0.0000
指定下一个点或［圆弧(A)/半宽(H)/长度(L)/放弃(U)/宽度(W)］:A
指定圆弧的端点或
［角度(A)/圆心(CE)/闭合(CL)/方向(D)/半宽(H)/直线(L)/半径(R)/第二个点(S)/放弃
(U)/宽度(W)］：
指定圆弧的端点或
［角度(A)/圆心(CE)/闭合(CL)/方向(D)/半宽(H)/直线(L)/半径(R)/第二个点(S)/放弃
(U)/宽度(W)］:L
指定下一点或［圆弧(A)/闭合(C)/半宽(H)/长度(L)/放弃(U)/宽度(W)］:W
指定起点宽度 <0.0000>: 0.25
指定端点宽度 <0.2500>: 0.25
指定下一点或［圆弧(A)/闭合(C)/半宽(H)/长度(L)/放弃(U)/宽度(W)］:W
指定起点宽度 <0.2500>: 0.5
指定端点宽度 <0.5000>: 0.5
指定下一点或［圆弧(A)/闭合(C)/半宽(H)/长度(L)/放弃(U)/宽度(W)］:W
指定起点宽度 <0.5000>: 0
指定端点宽度 <0.0000>: 0
指定下一点或［圆弧(A)/闭合(C)/半宽(H)/长度(L)/放弃(U)/宽度(W)］:H
指定起点半宽 <0.0000>: 0.3
指定端点半宽 <0.1500>: 0.3
指定下一点或［圆弧(A)/闭合(C)/半宽(H)/长度(L)/放弃(U)/宽度(W)］：
```

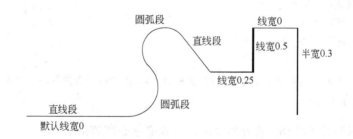

图6.6　多段线绘图

上述命令执行过程中，各选项的含义如下：

（1）圆弧。将弧线段添加到多段线中后启动绘制弧的相关选项。

（2）闭合。从指定的最后一点到起点绘制直线段，从而创建闭合的多段线。必须至少指定两个点才能使用该选项。

（3）宽度。指定下一条直线段的宽度，起点宽度将成为默认的端点宽度。端点宽度在再次修改宽度之前将作为所有后续线段的统一宽度，如图 6.7 所示。

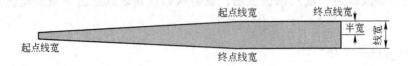

图 6.7　线宽、半宽示意图

（4）半宽。指定多段线中心到一边的宽度。

指定起点半宽 ＜当前＞：输入值或按 Enter 键；

指定端点半宽 ＜起点宽度＞：输入值或按 Enter 键。

起点半宽将成为默认的端点半宽。端点半宽在再次修改半宽之前将作为所有后续线段的统一半宽。具有线宽的线段起点和端点位于线段的中心。

利用多段线的编辑命令可以将相连的图元转换成多段线，此过程需利用多段线的编辑命令"pedit"。在 AutoCAD 中，可以一次编辑一条或多条多段线。选择"修改"→"对象"→"多段线"命令（pedit），调用二维多段线编辑命令。

如果只选择一条多段线，命令行显示如下提示信息：

命令：pedit
输入选项 [闭合(C)/合并(J)/宽度(W)/编辑顶点(E)/拟合(F)/样条曲线(S)/非曲线化(D)/线型生成(L)/放弃(U)]：j
选择对象：找到 1 个
选择对象：
0 条线段已添加到多段线

如果选择多条多段线，命令行则显示如下提示信息：

命令：pedit
选择多段线或 [多条(M)]：m
选择对象：找到 1 个
选择对象：找到 1 个,总计 2 个
选择对象：
输入选项 [闭合(C)/打开(O)/合并(J)/宽度(W)/拟合(F)/样条曲线(S)/非曲线化(D)/线型生成(L)/放弃(U)]：

注意：在用多段线/编辑/合并命令时，对象必须是相连的。

6.4.2　样条曲线

AutoCAD 用"spline"命令创建的样条曲线如图 6.8 所示。提供"pedit"命令，用平滑多段线拟合生成近似样条曲线，以下称为"样条拟合多段线"。这种曲线不是真正意义上的样条曲线，而是由若干直线（曲线）段构成的多段线，逼近于样条曲线。但使用"spline"命令可把这种二维和三维样条拟合多段线转换为样条曲线。

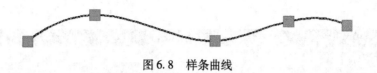

图6.8 样条曲线

用"spline"命令创建的样条曲线和编辑平滑多段线生成的样条拟合多段线相比，样条曲线显然要比样条拟合多段线精确得多。在工程应用中，样条拟合多段线不能作为数学分析的基础，不能在曲线上生成切线、法线或提取曲线上的点位数据。

6.4.3 多线

6.4.3.1 多线

多线是一种由多条平行线组成的组合对象，平行线之间的间距和数目可以调整。多线常用于绘制采矿中的巷道等平行线对象。

绘制多线：选择"绘图"→"多线"命令（mline），即可绘制多线，此时命令行将显示如下提示信息：

```
命令:_mline
当前设置:对正=上,比例=20.00,样式=STANDARD
指定起点或[对正(J)/比例(S)/样式(ST)]:
对正表示多线的起点、端点在多线中的起点、端点的位置。
```

6.4.3.2 多线样式

选择"格式"→"多线样式"命令（mlstyle），打开"多线样式"对话框，可以根据需要创建多线样式，设置其线条数目和线的拐角方式。该对话框中各选项的功能如图6.9所示。

图6.9 "多线样式"对话框

创建多线样式：在"创建新的多线样式"对话框中，单击"继续"按钮，可以打开"新建多线样式"对话框，创建新多线样式的封口、填充、元素特性等内容，如图6.10所示。

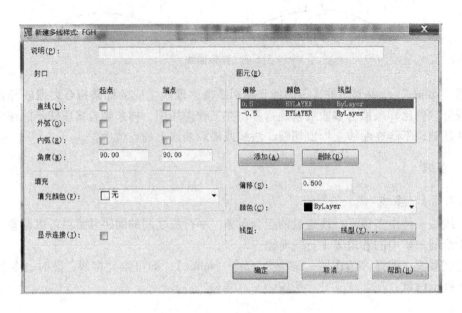

图 6.10　"新建多线样式"对话框

绘制的多线如图 6.11 所示。

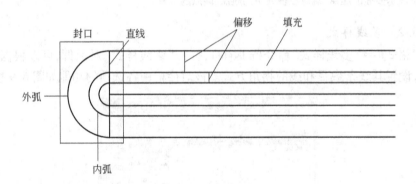

图 6.11　多线

6.4.3.3　修改多线样式

在"多线样式"对话框中单击"修改"按钮，使用打开的"修改多线样式"对话框可以修改创建的多线样式。"修改多线样式"对话框与"创建新多线样式"对话框中的内容完全相同，用户可参照创建多线样式的方法对多线样式进行修改。

外弧的角度是指图中标注的角度。图 6.12 所示外弧角度是 30°。

编辑多线：选择"修改"→"对象"→"多线"命令（mledit），打开"多线编辑工具"对话框，可以使用其中的 12 种编辑工具编辑多线，如图 6.13 所示。

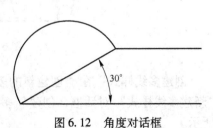

图 6.12　角度对话框

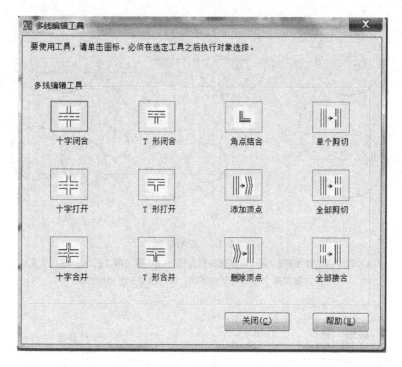

图 6.13　"多线编辑工具"对话框

6.5　封　闭　图　形

6.5.1　圆

6.5.1.1　圆

选择"绘图"→"圆"子菜单中的命令，或单击"绘图"工具栏中的"圆"按钮即可绘制圆。在 AutoCAD 中，可以使用 6 种方法绘制圆，如图 6.14 所示。无论哪种方式画圆，均需要转化为圆心、半径方式进行绘制。如指定两点画圆，则以两点间长度作为直径，两点长之半作为半径绘制圆形；三点画圆则是以三点形成的三角形的垂心作为圆心，垂心到任一点的距离作为半径画圆。

6.5.1.2　椭圆

选择"绘图"→"椭圆"子菜单中的命令，或单击"绘图"工具栏中的"椭圆"按钮，即可绘制椭圆。可以选择"绘图"→"椭圆"→"中心点"命令，指定椭圆中心、一个轴的端点（主轴）以及另一个轴的半轴长度绘制椭圆；也可以选择"绘图"→"椭圆"→"轴、端点"命令，指定一个轴的两个端点（主轴）和另一个轴的半轴长度绘制椭圆，如图 6.15 所示。

命令：_ellipse
指定椭圆的轴端点或 [圆弧(A)/中心点(C)]：
指定轴的另一个端点：
指定另一条半轴长度或 [旋转(R)]：

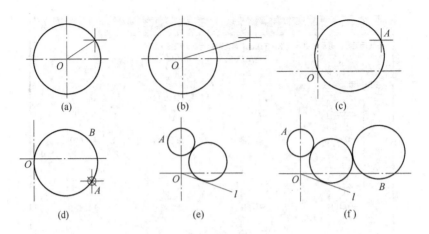

图 6.14　圆的绘制

（a）指定圆心和半径；（b）指定圆心和直径；（c）指定两点；（d）指定 3 点；
（e）指定两个相切对象和半径；（f）指定 3 个相切对象

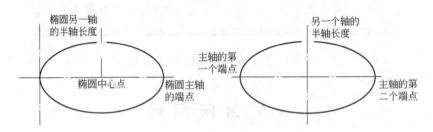

图 6.15　椭圆的绘制

6.5.2　弧

6.5.2.1　圆弧

AutoCAD 中绘制圆弧的方法有四种：第一种是指定圆弧的起点、圆弧上的一点和圆弧的终点来绘制圆弧；第二种是指定圆弧的圆心、圆弧的起点和终点来绘制圆弧；第三种是指定圆弧的圆心、圆弧的起点和圆弧对应的圆心角来绘制圆弧；第四种是指定圆弧的圆心、圆弧的起点和圆弧对应的弦长来绘制圆弧。选择"绘图"→"圆弧"子菜单中的命令，或单击"绘图"工具栏中的"圆弧"按钮，即可绘制圆弧，如图 6.16 所示。

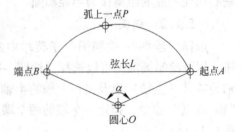

图 6.16　圆弧的画法

6.5.2.2　椭圆弧

在 AutoCAD 中椭圆弧的绘图命令和椭圆的绘图命令都是"ellipse"，但命令行的提示不同。选择"绘图"→"椭圆"→"圆弧"命令或在"绘图"工具栏中单击"椭圆弧"按钮，都可绘制椭圆弧。绘制椭圆弧过程如图 6.17 所示。

```
命令:_ellipse
指定椭圆的轴端点或［圆弧(A)/中心点(C)］:_a
指定椭圆弧的轴端点或［中心点(C)］:A
指定轴的另一个端点:B
指定另一条半轴长度或［旋转(R)］:C
指定起始角度或［参数(P)］:45
指定终止角度或［参数(P)/包含角度(I)］:150
```

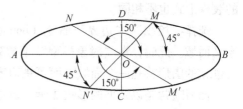

上述命令绘制的椭圆弧如图 6.17 中的 N' CM'。如果用户在指定椭圆参数时，长轴端点先输入 B，后输入 A，则绘制的椭圆弧如图 6.17 中的 MDN。换而言之，输入的角度是以输入的长轴顺序为基准逆时针度量的。

图 6.17 椭圆弧的绘制

6.5.3 多边形

6.5.3.1 矩形

在 AutoCAD 中，可以使用"矩形"命令绘制矩形。选择"绘图"→"矩形"命令（rectangle），或在"绘图"工具栏中单击"矩形"按钮，即可绘制出倒角矩形、圆角矩形、有厚度的矩形等多种矩形，如图 6.18 所示。

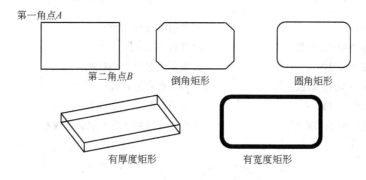

图 6.18 矩形绘制

6.5.3.2 正多边形

在 AutoCAD 中，可以使用"正多边形"命令绘制正多边形。选择"绘图"→"正多边形"命令（polygon），或在"绘图"工具栏中单击"正多边形"按钮，可以绘制如图 6.19 所示的正多边形。

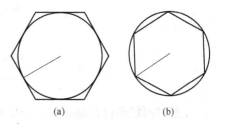

6.5.4 面域

6.5.4.1 面域的创建

面域是利用封闭的图形或环创建的二维区域。

图 6.19 正多边形的绘制
（a）外切于圆；（b）内接于圆

封闭区域可以是圆、椭圆、封闭的二维多段线和封闭的样条曲线等对象，也可以是由圆弧、直线、二维多段线、椭圆弧、样条曲线等对象构成的封闭区域。创建面域是进行 CAD 三维制图的基础。

选择"绘图"→"面域"命令（region），或在"绘图"工具栏中单击"面域"按钮，然后选择一个或多个用于转换为面域的封闭图形，当按下 Enter 键后即可将它们转换为面域。因为圆、多边形等封闭图形属于线框模型，而面域属于实体模型，因此它们在选中时的表现形式也不相同。

选择"绘图"→"边界"命令（boundary），也可以使用打开的"边界创建"对话框来定义面域。此时，在"对象类型"下拉列表框中选择"面域"选项，单击"确定"按钮后创建的图形将是一个面域，而不是边界。

面域通常是以线框的形式显示。自相交或端点不连接的对象不能转换成面域。用户可以将面域通过拉伸、旋转等操作绘制成三维实体对象。

6.5.4.2　面域布尔的操作

A　并集操作

命令行：union；

菜　单："修改"→"实体编辑"→"并集(U)"；

工具栏："实体编辑"→"并集"。

并集命令用于将两个或多个面域合并为一个单独的面域。用并集命令将图 6.20（a）中两圆形面域合并成图 6.20（b）中的效果，具体操作步骤如下：

命令:union　　　　　　　　　//执行 union 命令

选取连接的 ACIS 对象：　　　//点选左边的圆

选择集当中的对象:1　　　　　//提示已选中 1 个对象

选取连接的 ACIS 对象：　　　//再点选右边的圆

选择集当中的对象:2　　　　　//提示已选中 2 个对象

选取连接的 ACIS 对象：　　　//回车完成命令或继续选择对象

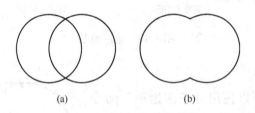

(a)　　　　　　　　　　(b)

图 6.20　面域的并集运算

(a) 原始图形；(b) 布尔并集运算结果

注意对面域进行并集运算，如果面域并未相交，那么执行操作后外观上无变化，但实际上参与并集运算的面域已经合并为一个单独的面域。

B　面域的求差运算

命令行：subtract；

菜　单："修改"→"实体编辑"→"差集(S)"；

工具栏:"实体编辑"→"差集"。

差集命令用于从一个或多个面域中减去另一个或多个面域。用差集命令从图
6.21（a）中两圆形面域减去一个圆形面域得到图 6.21（b）中的效果，具体操作步
骤如下:

命令:subtract	//执行 subtract 命令
选择从中减去的 ACIS 对象:	//点选左边的圆 <回车>
选择集当中的对象:1	//提示已选中 1 个对象
选择从中减去的 ACIS 对象:	//再点选右边的圆
选择用来减的 ACIS 对象:	//回车
选择集当中的对象:1	//提示已选中 1 个对象
选择用来减的 ACIS 对象:	//回车完成命令

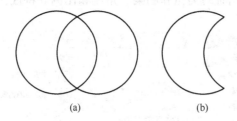

(a)　　　　　　　(b)

图 6.21　面域的差集运算

（a）基础图形;（b）布尔差集运算结果

在面域进行差集运算中，参与运算的被减面域必须与减去的一个或多个面域相交，这
样差集运算才有实际意义。

C　面域的求交运算

命令行: intersect（IN）;

菜　单:"修改"→"实体编辑"→"交集（S）";

工具栏:"实体编辑"→"交集"。

交集命令是指将两个或多个相交面域的公共部分提取出来成为一个对象。用交集命令
将图 6.22（a）中两个相交圆形面域的公共部分提取出来得到图 6.22（b）中的效果，具
体操作步骤如下:

命令:intersect	//执行 intersect 命令
选取被相交的 ACIS 对象:	//点选左边的圆
选择集当中的对象:1	//提示已选中 1 个对象
选取被相交的 ACIS 对象:	//再点选右边的圆
选择集当中的对象:2	//提示已选中 2 个对象
选取被相交的 ACIS 对象:	//回车完成命令或继续选择对象

如果参与交集运算的面域没有相交，进行交集运算后，所选的对象都将被删除。

6.5.5　图案填充

重复绘制某些图案以填充图形中的一个区域，从而表达该区域的特征，这种填充操作

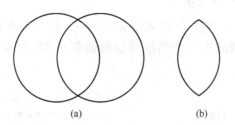

图 6.22　面域的交集运算

（a）基础图形；（b）布尔交集运算结果

称为图案填充。选择"绘图"→"图案填充"命令（bhatch），或在"绘图"工具栏中单击"图案填充"按钮，打开"图案填充和渐变色"对话框的"图案填充"选项卡（见图6.23），可以设置图案填充时的类型和图案、角度和比例等特性。

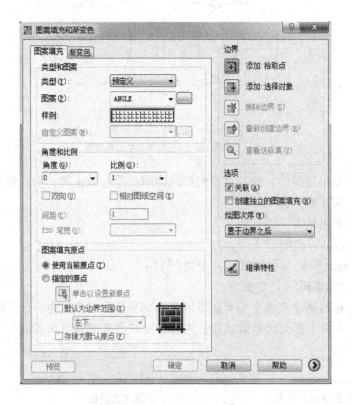

图 6.23　"图案填充"选项卡

（1）在"类型和图案"选项组中，可以设置图案填充的类型和图案，主要选项的功能如下。

1）"类型"下拉列表框。设置填充的图案类型，包括"预定义""用户定义"和"自定义"3 个选项。

"预定义"：选择该选项，表明将使用 AutoCAD 预定义图样进行图样填充。这些图样均保存在 acad. pat 和 acadiso. pat 两个系统文件中。

"用户定义"：选择该选项，可根据当前图形文件中所定义的线型来设置填充图样。AutoCAD 允许用户控制这些自定义填充图样的旋转角度和间隔比例。

"自定义"：选择该选项，表明将使用某个定制图样进行图样填充，这个图样必须已定义在 AutoCAD 搜索路径下的定制图样类型文件（＊.pat）中。在该方式下，用户可以控制该定制图样的旋转角度。

2）"图案"下拉列表框。设置填充的图案，当在"类型"下拉列表框中选择"预定义"时该选项可用。在该下拉列表框中可以根据图案名选择图案，也可以单击其后的按钮，在打开的"填充图案选项板"对话框中进行选择。

3）"样例"预览窗口。显示当前选中的图案样例，单击所选的样例图案，也可打开"填充图案选项板"对话框选择图案。

4）"自定义图案"下拉列表框。选择自定义图案，在"类型"下拉列表框中选择"自定义"类型时该选项可用。

（2）在"角度和比例"选项组中，可以设置用户定义类型的图案填充的角度和比例等参数，主要选项的功能如下。

1）"角度"下拉列表框。设置填充图案的旋转角度。每种图案在定义时的旋转角度都为零。

2）"比例"下拉列表框。设置图案填充时的比例值。每种图案在定义时的初始比例为 1，可以根据需要放大或缩小，比例大于 1 时，图案中图形间距拉大，图案变得稀疏；比例小于 1 时，图形间距变小，图形变得比较密集。在"类型"下拉列表框中选择"用户自定义"时该选项不可用。

3）"双向"复选框。当在"图案填充"选项卡中的"类型"下拉列表框中选择"用户定义"选项时，可以使用相互垂直的两组平行线填充图形；否则为一组平行线。

4）"相对图纸空间"复选框。设置比例因子是否为相对于图纸空间的比例。

5）"间距"文本框。设置填充平行线之间的距离。当在"类型"下拉列表框中选择"用户自定义"时，该选项才可用。

6）"ISO 笔宽"下拉列表框。设置笔的宽度。当填充图案采用 ISO 图案时，该选项才可用。

（3）在"图案填充原点"选项组中，可以设置图案填充原点的位置，因为许多图案填充需要对齐填充边界上的某一个点。其主要选项的功能如下：

1）"使用当前原点"单选按钮。可以使用当前 UCS 的原点（0，0）作为图案填充原点。

2）"指定的原点"单选按钮。可以通过指定点作为图案填充原点。其中，单击"单击以设置新原点"按钮，可以从绘图窗口中选择某一点作为图案填充原点；选择"默认为边界范围"复选框，可以以填充边界的左下角、右下角、右上角、左上角或圆心作为图案填充原点；选择"存储为默认原点"复选框，可以将指定的点存储为默认的图案填充原点。

（4）在"边界"选项组中，包括"拾取点"、"选择对象"等按钮，其功能如下：

1）"拾取点"按钮。以拾取点的形式来指定填充区域的边界。单击该按钮切换到绘图窗口，可在需要填充的区域内任意指定一点，系统会自动计算出包围该点的封闭填充边界，同时高亮显示该边界。如果在拾取点后系统不能形成封闭的填充边界，则会显示错误提示信息。

2）"选择对象"按钮。单击该按钮将切换到绘图窗口，可以通过选择对象的方式来定义填充区域的边界。

3）"删除边界"按钮。单击该按钮可以取消系统自动计算或用户指定的边界。

4）"重新创建边界"按钮。单击该按钮可以重新创建图案填充边界。

5）"查看选择集"按钮。查看已定义的填充边界。单击该按钮，切换到绘图窗口，已定义的填充边界将高亮显示。

（5）在"选项"选项组中，"关联"复选框用于创建其边界时随之更新的图案和填充；"创建独立的图案填充"复选框用于创建独立的图案填充；"绘图次序"下拉列表框用于指定图案填充的绘图顺序，图案填充可以放在图案填充边界及所有其他对象之后或之前。

1）定义边界后，单击"图案填充和渐变色"对话框中的"查看选择集"按钮可查看所定义的边界是否正确，此时所定义的边界将以虚线显示。如果对所定义的边界不满意，可使用"高级"选项卡重新定义。

注意：只有在使用拾取内部点或选择对象方式定义边界后，才能使用该功能查看边界。

2）AutoCAD 允许用户使用当前图形文件中已有的区域填充图样来设置新的图样，即新图样继承原图样的特征参数，包括图样名称、旋转角度、填充比例、间隔距离以及 ISO 笔宽等。这对于绘制复杂图形中多个相同类别的图形区域十分有利。

3）创建图案填充时，默认情况下是将图案填充绘制在图案填充边界的后面，这样比较容易查看和选择图案填充边界。可以更改图案填充的绘制顺序，以便将其绘制在填充边界的前面，或者其他所有对象的后面或前面。该设置存储在系统变量 HPDRAWO 中。

此外，单击"继承特性"按钮，可以将现有图案填充或填充对象的特性应用到其他图案填充或填充对象；单击"预览"按钮，可以使用当前图案填充设置显示当前定义的边界，单击图形或按 Esc 键返回对话框，单击、右击或按 Enter 键接受图案填充。

（6）进行图案填充时，通常将位于一个已定义好的填充区域内的封闭区域称为孤岛。单击"图案填充和渐变色"对话框右下角的按钮，将显示更多选项，可以对孤岛和边界进行设置。

在通常情况下，AutoCAD 要对图形中的每个实体进行检测，以判断其是否在用户所确定的边界内。如果图形较复杂，检测实体必将花费较长时间。为提高效率、简化边界检测，AtuoCAD 提供了高级选项功能，用户可借助高级选项来定义边界。

单击"图案填充和渐变色"对话框中的"高级"标签，打开"高级"选项卡，如图 6.24 所示。

1）孤岛检测样式。该选项组用于设置图案填充边界的方式。在图样填充时，判断填充边界极为重要。AutoCAD 规定构成边界的实体只能是直线、圆、椭圆、弧、椭圆弧、多段线、样条曲线（spline）、单点射线、双点射线、域以及由上述实体对象构成的图块。

注意：作为边界的实体必须全部显示在当前视窗区域内。

AutoCAD 允许用户采用以下 3 种图样填充方式进行有效的边界判断和图样填充。

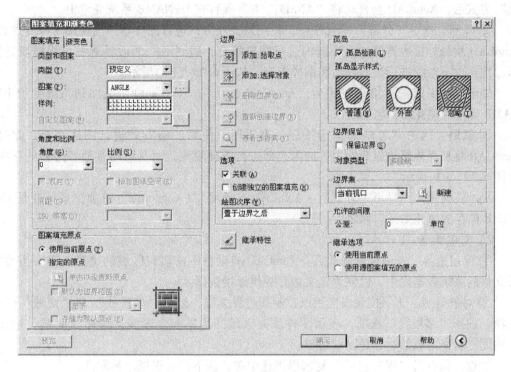

图 6.24 高级功能

① 普通。选中"普通"单选按钮，使用普通方式进行图样填充。在众多实体构成的复杂边界中，使用普通方式后，AutoCAD 从最外层边界开始由外向内进行图样填充，碰到第 1 个边界时就中止图样填充。然后再从下一个边界（即第 2 个边界）开始，由外向内进行图样填充，以此类推。因此，从最外层边界开始由外向内，碰到奇数次实体边界就开始图样填充，碰到偶数次边界就停止填充，如此交替地完成，结果如图 6.25（a）所示。

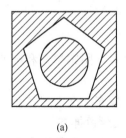
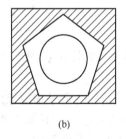
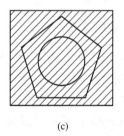

(a)   (b)   (c)

图 6.25 三种图样填充方式
（a）普通；（b）外部；（c）忽略

注意：这种图样填充方式最简单，是 AutoCAD 的默认填充方式。建议一般用户使用该方式进行图样填充。

提示：选择"普通"方式后，AutoCAD 自动将"N（normal）"追加到系统变量 HP-NAME 储存的填充图样名称之后。例如，原先用户选择 ANSl31 图样进行填充，采用"普通"方式后，AutoCAD 会自动将"ANSl31，N"保存在 HPNAME 系统变量中。

② 外部。选中"外部"单选按钮，使用最外层方式进行图样填充。使用这种方式后，AutoCAD 从最外层边界开始由外向内进行图样填充，碰到下一个边界就中止图样填充操作，而且也不继续进行边界判断和图样填充，如图 6.25（b）所示。

提示：使用该图样填充方式后，AutoCAD 自动将"O（out）"追加到系统变量 HP-NAME 储存的填充图样名称之后。

③ 忽略。选中"忽略"单选按钮，表明用户使用忽略方式进行图样填充。此时，AutoCAD 将从最外层边界开始由外向内全部进行图样填充，而且忽略其他各边界的存在，如图 6.25（c）所示。

提示：使用该图样填充方式后，AutoCAD 自动将"I（ignore）"追加到系统变量 HP-NAME 储存的填充图样名称之后。

2）对象类型。

① 保留边界。选中该复选框后，AutoCAD 自动将图样填充区域的边界储存在当前图形文件的系统数据库中，以便为定义边界提供原始数据。

② 对象类型。该下拉列表框用以控制新边界类型，包括"多段线"和"面域"两个选项。选择"多段线"选项，表示图样填充区域的边界为多段线；选择"面域"选项，表明图样填充区域的边界是面域边界。

注意：只有当"保留边界"复选框被选中时，该下拉列表框才被激活。

3）边界集。当用户使用拾取内部点方式设置图样填充边界时，AutoCAD 将自动分析当前图形文件中可见的各个实体，并搜索出包围该内部点的各实体以及它们所组成的边界。

边界集中默认选择是当前视口，意指在当前视口下，从里向外寻找封闭图形。如果选择单击"新建"按钮，可重新设置选择范围。此时下拉列表框中将增加"现有集合"选项，表明 AutoCAD 已将刚才用户新建的一组实体作为目标用来构造新的边界。当用户单击"图案填充和渐变色"对话框中的"拾取点"按钮时，AutoCAD 将根据用户指定的边界进行图样填充。

6.5.6　颜色填充

颜色填充主要用于填充具有渐变色的图形。图 6.26 所示为"图案填充和渐变色"对话框中的"渐变色"选项卡。

"单色"指定使用从较深着色到较浅色调平滑过渡的单色填充。选中"单色"单选按钮时，AutoCAD 显示带浏览按钮和"着色"、"色调"滑动条的颜色样本。

单击颜色浏览按钮，可以选择在"索引颜色"、"真彩色"、"配色系统"中设置颜色。

"双色"指定在两种颜色之间平滑过渡的双色渐变填充。选中"双色"单选按钮时，AutoCAD 分别为颜色 1 和颜色 2 显示带浏览按钮的颜色样本。

"居中"复选框用于指定对称的渐变配置，如果没有选中此复选框，渐变填充将朝左上方变化，创建光源在对象左边的图案。

"角度"下拉列表框用于指定颜色渐变填充的角度，相对于当前 LICS 指定角度。此

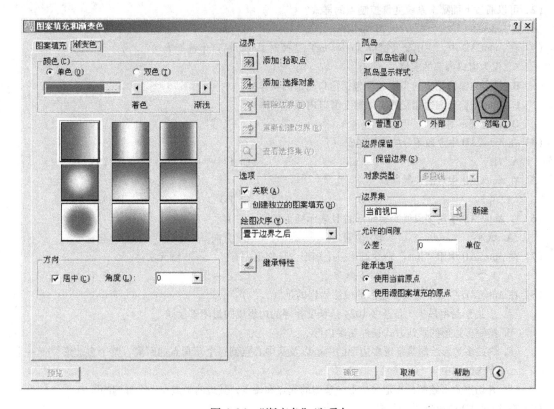

图 6.26　"渐变色"选项卡

选项与指定给图案填充的角度互不影响。

　　"渐变图案"显示出渐变填充的 9 种固定图案。这些图案包括线性扫掠状、球状和抛物面状图案。其余边界和孤岛监测与图案填充功能一样。

6.6　小　　结

　　二维绘图是整个 AutoCAD 的绘图基础，是掌握复杂绘图技术的前提。本章从最基本的二维点、线、面出发，对绘图菜单做了简要介绍，并对各命令的使用方法进行了详细说明。读者在学习过程中关键要领会 AutoCAD 的多种绘图方式，并举一反三，找到适合自己的作图方法，熟练掌握绘图技术。

习　　题

1. 选择题

（1）以下哪种说法是错误的？（　　）

　　A. 使用"绘图"→"正多边形"命令将得到一条多段线

　　B. 可以用"绘图"→"圆环"命令绘制填充的实心圆

　　C. 打断一条"构造线"将得到两条射线

　　D. 不能用"绘图"→"椭圆"命令画圆

(2) 可以通过下面哪个系统变量控制点的样式？（　　）

    A. pdmode   B. pdsize   C. pline   D. point

(3) 在 AutoCAD 中，使用交叉窗口（crossing）选择对象时，所产生选择集（　　）。

    A. 仅为窗口内部的实体

    B. 仅为与窗口相交的实体（不包括窗口内部的实体）

    C. 同时与窗口四边相交的实体加上窗口内部的实体

    D. 以上都不对

(4) 在 AutoCAD 中定数等分的快捷键是（　　）。

    A. MI   B. LEN   C. F11   D. DIV

(5) 在 AutoCAD 中点的快捷键是（　　）。

    A. W   B. O   C. PO   D. TR

(6) 在 AutoCAD 中用多段线绘制弧形时 D 表示弧形的（　　）。

    A. 大小   B. 位置   C. 方向   D. 坐标

(7) 在 AutoCAD 中用 "line" 命令画出一个矩形，该矩形中有（　　）图元实体。

    A. 1 个   B. 4 个   C. 不一定   D. 5 个

(8) 在 AutoCAD 中以下有关多边形的说法错误的是（　　）。

    A. 多边形是由最少 3 条至多 1024 条长度相等的边组成的封闭多段线

    B. 绘制多边形的默认方式是外切多边形

    C. 内接多边形绘制是指定多边形的中心以及从中心点到每个顶角点的距离，整个多边形位于一个
       虚构的圆中

    D. 外切多边形绘制是指定多边形一条边的起点和端点，其边的中点在一个虚构的圆中

(9) 在 AutoCAD 中命令 "spl" 是（　　）。

    A. 样条曲线   B. 直线   C. 射线   D. 构造线

(10) 椭圆的绘制方法有几种？（　　）

    A. 1   B. 2   C. 3   D. 4

2. 填空题

(1) 绘制巷道应采用＿＿＿＿＿命令；绘制等高线采用＿＿＿＿＿命令。

(2) 在 AutoCAD 中，只有＿＿＿＿＿和＿＿＿＿＿能进行布尔运算。"pline" 命令用于绘制＿＿＿＿＿。
这是一种可作为单个对象创建的、首尾＿＿＿＿＿的序列线段，而且是可由＿＿＿＿＿、
＿＿＿＿＿线段或两者相组合而形成的线段。

(3) AutoCAD 中用于绘制圆弧和直线结合体的命令是＿＿＿＿＿。

(4) 输入坐标点时，若仅输入 @ 符号，相当于输入相对坐标＿＿＿＿＿，或极坐标＿＿＿＿＿。

(5) 用于填充的剖面线来源于 AutoCAD 的图案库，每一种填充图案都有一个＿＿＿＿＿，其中用于填充
为剖面线的图案名称可以是＿＿＿＿＿。

3. 思考题

(1) 直线、射线、构造线各自有什么特点？

(2) 将 AutoCAD 中的图形插入 Word 文档中。

4. 绘图题（将长度和角度精度设置为小数点后三位）

(1) 直线命令绘制图 6.27 所示图形。

(2) 用多段线绘制图 6.28 所示图形。

(3) 用多线绘制图 6.29 所示图形。

(4) 用椭圆和椭圆弧命令绘制图 6.30 所示图形。

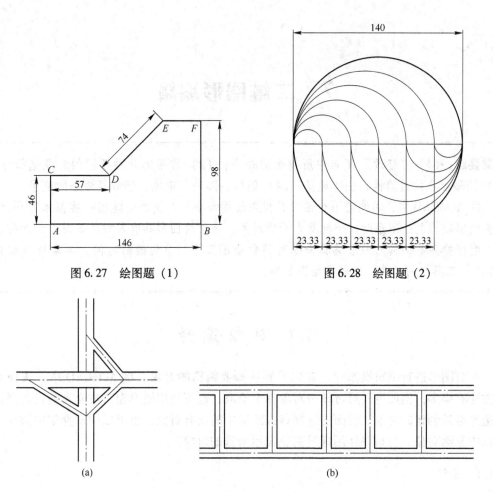

图 6.27   绘图题（1）

图 6.28   绘图题（2）

（a）

（b）

图 6.29   绘图题（3）
（a）道路交叉位置图；（b）巷道交叉位置图

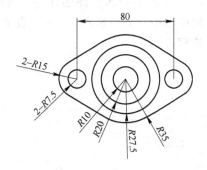

图 6.30   绘图题（4）

7　二维图形编辑

本章要点：（1）"修改"菜单中所包含的命令；（2）常用的几种不同的对象选择方式；（3）图形对象的过滤性、快速选择；（4）偏移、阵列、镜像、修剪等命令的使用。

　　在 AutoCAD 中，单纯使用绘图工具栏或绘图命令可以快速创建出一些基本图形对象，但当绘制较为复杂图形时，会耗费大量的时间。当所绘图形具有某种特征时，如对称、重复、有序排列等，借助图形编辑命令可简化绘图工序，节约绘图时间。本章将详细介绍"修改"工具栏的功能，以提高绘图效率。

7.1　对象选择

　　在对图形进行编辑操作时，首先需要选择要编辑的对象。在 AutoCAD 中，选择对象的方法有很多，例如可以通过单击对象逐个拾取，也可利用矩形窗口或交叉窗口选择；可以选择最近创建的对象、前面的选择集或图形中的所有对象，也可以向选择集中添加对象或从中删除对象。AutoCAD 用虚线高亮显示所选的对象。

7.1.1　点选

　　在 AutoCAD 的绘图窗口中，可通过鼠标在目标对象上单击来选择对象。在特性面板上，单击如图 7.1 所示的标志，在"1"和"＋"之间互相切换，表示当前的选择模式是单选模式还是追加选择模式。"1"表示每次仅能选择一个对象，如果再选择另外一个对象，则新对象替换前一个对象被选中，高亮显示。"＋"表示可连续选择对象，所有选择的对象都被高亮显示，并支持框选。

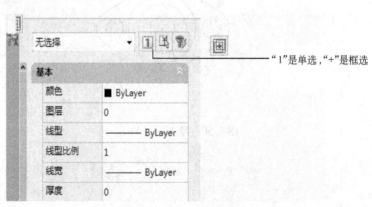

图 7.1　点选面板

7.1.2 框选

AutoCAD 框选对象时，先左键拾取选择框的一个点后，鼠标向右移动框选时，只有当对象的全部都在框内时才会被选中；但鼠标向左移动却不一样，只需选中对象的一部分则该对象就会被选中（见图7.2）。框选不受放大或缩小窗口的影响。在从右至左或从左至右框选对象时，只有在 CAD 窗口的可见区域内进行框选方能选中。

注意：选择"工具"→"选项"或命令行输入"OP"命令，在"选项"对话框的"选择"标签中如果取消了"隐含窗口"选项，则不能使用框选。

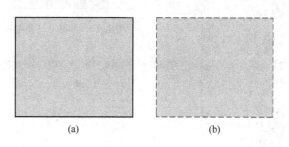

(a)　　　　　(b)

图 7.2　框选
（a）从左到右；（b）从右到左

7.1.3 交叉选择

在使用交叉选择方式选择目标时，拉出的矩形框呈虚线显示，如图7.3（a）所示。通过交叉选择方式，可以将矩形框内的图形对象，以及与矩形边线接触的图形对象全部选中，如图7.3（b）所示。

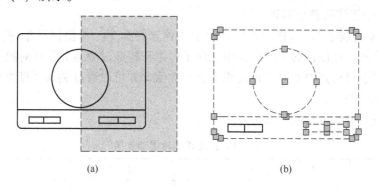

(a)　　　　　(b)

图 7.3　交叉选择

7.1.4 过滤选择

在 AutoCAD 中，可以以对象的类型（如直线、圆及圆弧等）、图层、颜色、线型或线宽等特性作为条件，过滤选择符合设定条件的对象。对象选择过滤器可以提供更复杂的过滤选项，并可以命名和保存过滤器。在命令行中输入"filter"命令，打开"对象选择过滤器"对话框，如图7.4所示。

图 7.4　"对象选择过滤器"对话框

该对话框中各项的具体说明如下：

（1）对象选择过滤器列表。该列表中显示了组成当前过滤器的全部过滤器特性。用户可单击"编辑项目"按钮编辑选定的项目；单击"删除"按钮删除选定的项目；或单击"清除列表"按钮清除整个列表。

（2）"选择过滤器"。该栏的作用类似于快速选择命令，可根据对象的特性向当前列表中添加过滤器。在该栏的下拉列表中包含了可用于构造过滤器的全部对象以及分组运算符。用户可以根据对象的不同而指定相应的参数值，并可以通过关系运算符来控制对象属性与取值之间的关系。

在构造过滤器时可用的运算符见表 7.1。

表 7.1　运算符的种类和作用

运算符	说　明	运算符	说　明
=	等于	>	大于
! =	不等于	> =	大于等于
<	小于	*	通配符
< =	小于等于		

（3）"命名过滤器"。该栏用于显示、保存和删除过滤器列表。在"当前"下拉列表框中显示已保存的过滤器列表。对于一个正在构造的、新的过滤器，则显示为"＊未命名"。

如果用户要保存过滤器列表，应先在"另存为"按钮右侧的编辑框中指定过滤器列表的名称（最多可以有18个字符），然后单击该按钮进行保存。如果一个已保存的过滤器列表被设置为当前列表，则可单击"删除当前过滤器列表"按钮来删除该列表。注意，"＊未命名"项不能被删除。

（4）用户完成过滤器的设置后，可单击"应用"按钮退出对话框，此时会提示用户创建一个选择集，AutoCAD将在该选择集上应用过滤器列表。

说明："filter"命令可透明地使用。

7.1.5   快速选择

在AutoCAD中，当需要选择具有某些共同特性的对象时，可利用"快速选择"对话框，根据对象的图层、线型、颜色、图案填充等特性和类型，创建选择集。选择"工具"→"快速选择"命令，打开"快速选择"对话框，如图7.5所示。

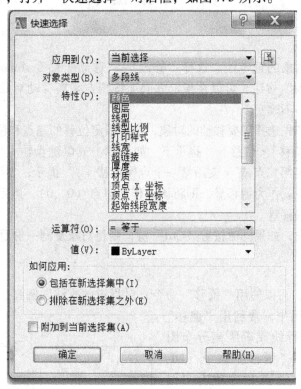

图7.5   "快速选择"对话框

快速选择的用处很大，可以快速批量地完成对象的选择。

（1）"应用到"：指定过滤条件应用的范围，包括整个图形或当前选择集。

（2）"对象类型"：指定过滤对象的类型。如果当前不存在选择集，则该列表将包括AutoCAD中的所有可用对象类型及自定义对象类型，并显示缺省值"所有图元"；如果存在选择集，此列表只显示选定对象的对象类型。

（3）"特性"：指定过滤对象的特性。此列表包括选定对象类型的所有可搜索特性。

（4）"运算符"：控制对象特性的取值范围。该列表中可能的选项如表7.1所示。

（5）"值"：指定过滤条件中对象特性的取值。如果指定的对象特性具有可用值，则该项显示为列表，用户可以从中选择一个值；如果指定的对象特性不具有可用值，则该项显示为编辑框，用户根据需要输入一个值。此外，如果在"运算符"下拉列表中选择了"全部选择"项，则"值"项将不可显示。

（6）"如何应用"：指定符合给定过滤条件的对象与选择集的关系。

1）"包括在新选择集中"：将符合过滤条件的对象创建一个新的选择集。

2）"排除在新选择集之外"：将不符合过滤条件的对象创建一个新的选择集。

3）"附加到当前选择集"：选择该项后通过过滤条件所创建的新选择集将附加到当前的选择集之中；否则将替换当前选择集。如果用户选择该项，则"包括在新选择集中"和"排除在新选择集之外"按钮均不可用。

7.2　对象编辑

7.2.1　移动

移动对象是指对象的重定位。选择"修改"→"移动"命令（move），或在"修改"工具栏中单击"移动"按钮，可以在指定方向上按指定距离移动对象，对象的位置发生改变，但方向和大小不改变。

要移动对象，首先选择需要移动的对象，然后指定位移的基点和位移矢量。在命令行的"指定基点或［位移］<位移>"提示下，如果单击或以键盘输入形式给出基点坐标，命令行将显示"指定第二点或 <使用第一个点作位移>："提示；如果按 Enter 键，那么所给出的基点坐标值就作为偏移量，即将该点作为原点（0，0），然后将图形相对于该点移动由基点设定的偏移量。

移动对象的时候，如果同时按着"Ctrl"键，则将对象复制一份后移动到指定位置。

7.2.2　偏移

在 AutoCAD 中，可以使用"偏移"命令，对指定的直线、圆弧、圆等对象作同心偏移复制。在实际应用中，常利用"偏移"命令的特性创建平行线或等距离分布图形。选择"修改"→"偏移"命令（offset），或在"修改"工具栏中单击"偏移"按钮，执行"偏移"命令，其命令行显示提示："指定偏移距离或［通过(T)/删除(E)/图层(L)］<通过>："。默认情况下，需要指定偏移距离，再选择要偏移复制的对象，然后指定偏移方向，以复制出对象。闭合图形的偏移效果如图 7.6 所示。

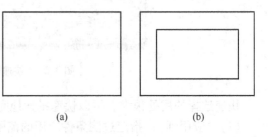

(a)　　　　　　　(b)

图 7.6　偏移命令

(a) 源对象；(b) 选择对象偏移效果

7.2.3　旋转

选择"修改"→"旋转"命令（rotate），或在"修改"工具栏中单击"旋转"按钮，可以将对象绕基点旋转指定的角度。执行该命令后，从命令行显示的"UCS　当前的正角方向：ANGDIR = 逆时针　　ANGBASE = 0"提示信息中，可以了解到当前的正角度方向（如逆时针方向），零角度方向与 X 轴正方向的夹角（如 0°）。

选择要旋转的对象（可以依次选择多个对象），并指定旋转的基点，命令行将显示"指定旋转角度或［复制（C）参照（R）］＜O＞"提示信息。如果直接输入角度值，则可以将对象绕基点转动该角度，角度为正时逆时针旋转，角度为负时顺时针旋转；如果选择"参照（R）"选项，将以参照方式旋转对象，需要依次指定参照方向的角度值和相对于参照方向的角度值。

在旋转对象时，也可以直接拖动鼠标旋转。如果旋转的角度是 90°的倍数，开启正交模式可以很方便地完成对象的旋转。

7.2.4　缩放

在 AutoCAD 中，可以使用"缩放"命令按比例增大或缩小对象。选择"修改"→"缩放"命令（scale），或在"修改"工具栏中单击"缩放"按钮，可以将对象按指定的比例因子相对于基点进行尺寸缩放。

先选择对象，然后指定基点，命令行将显示"指定比例因子或［复制（C）/参照（R）］＜1.0000＞:"提示信息。如果直接指定缩放的比例因子，对象将根据该比例因子相对于基点缩放，当比例因子大于 0 而小于 1 时缩小对象，当比例因子大于 1 时放大对象；如果选择"参照（R）"选项，对象将按参照的方式缩放，需要依次输入参照长度的值和新长度的值，AutoCAD 根据参照长度与新长度的值自动计算比例因子（比例因子 = 新长度值/参照长度值），然后进行缩放。

7.3　对　象　复　制

7.3.1　复制

（1）普通复制。在 AutoCAD 中，可以使用复制命令，创建与原有对象相同的图形。选择"修改"→"复制"命令（copy），或者右键菜单中的"复制"命令，或者使用 Ctrl + C 都可以激发 AutoCAD 的复制命令"_ copyclip"。这种复制是以 AutoCAD 的世界坐标系为参照。

（2）基点复制。单击"修改"工具栏中的"复制"按钮，即可复制已有对象的副本，并放置到指定的位置。执行该命令时，首先需要选择对象，然后指定位移的基点和位移矢量（相对于基点的方向和大小）。

使用"复制"命令还可以同时创建多个副本。在"指定第二个点或［退出（E）/放弃（U）］＜退出＞:"提示下，通过连续指定位移的第二点来创建该对象的其他副本，直到按 Enter 键结束。

普通的"copy"，复制后要选参考基点，然后移动粘贴，但是"copyclip"和"copybase"却不同。

普通复制"copyclip"，复制后有自己的默认基点（X_{min}，Y_{min}），就是以所选取的复制对象的最小坐标作为粘贴基点。

基点复制"copybase"，需要先指定复制基点再复制对象，并以这个点作为粘贴时的参考基点（即十字光标中心）。

7.3.2　阵列

在 AutoCAD 中，还可以通过"阵列"命令多重复制对象。选择"修改"→"阵列"命令（array），或在"修改"工具栏中单击"阵列"按钮，都可以打开"阵列"对话框，在该对话框中可以设置以矩形阵列或者环形阵列方式多重复制对象。

在"阵列"对话框中，选择"矩形阵列"单选按钮，可以以矩形阵列方式复制对象（见图 7.7）。

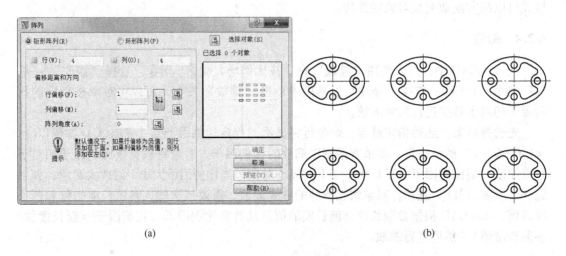

(a)　　　　　　　　　　　　(b)

图 7.7　矩形阵列操作

（a）矩形阵列设置；（b）矩形阵列示例

在"阵列"对话框中，选择"环形阵列"单选按钮，可以以环形阵列方式复制对象（见图 7.8）。

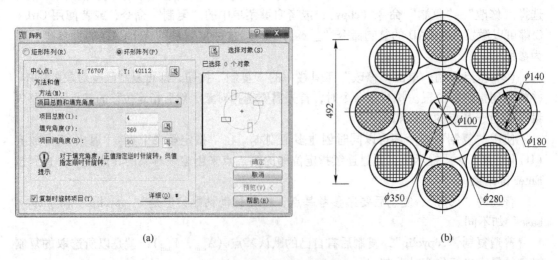

(a)　　　　　　　　　　　　(b)

图 7.8　环形阵列操作

（a）环形阵列设置；（b）环形阵列示例

7.3.3 镜像

在 AutoCAD 中，可以使用"镜像"命令，将对象沿镜像线对称复制。选择"修改"→"镜像"（命令 mirror），或在"修改"工具栏中单击"镜像"按钮即可。

执行该命令时，需要选择要镜像的对象，然后依次指定镜像线上的两个端点，命令行将显示"删除源对象吗？［是(Y)/否(N)］<N>："提示信息。如果直接按 Enter 键，则镜像复制对象，并保留原来的对象；如果输入 Y，则在镜像复制对象的同时删除原对象。

在 AutoCAD 中，使用系统变量 MIRRTEXT 可以控制文字对象的镜像方向。如果 MIRRTEXT 的值为 1，则文字对象完全镜像，镜像出来的文字变得不可读；如果 MIRRTEXT 的值为 0，则文字对象方向不镜像，如图 7.9 所示。

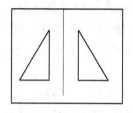  

图 7.9 镜像效果

7.4 对 象 调 整

7.4.1 拉伸和延伸

选择"修改"→"拉伸"命令（stretch），或在"修改"工具栏中单击"拉伸"按钮，就可以移动或拉伸对象，操作方式根据图形对象在选择框中的位置决定。

执行该命令时，可以使用"交叉窗口"方式或者"交叉多边形"方式选择对象，然后依次指定位移基点和位移矢量，将会移动全部位于选择窗口之内的对象，而拉伸（或压缩）与选择窗口边界相交的对象。

执行延伸命令时，命令响应是"选择对象或<全部选择>："该处选择的对象是"延伸的边界"，是其他对象要延伸到的位置界限。选择完对象后，出现"［栏选(F)/窗交(C)/投影(P)/边(E)/放弃(U)］："选项，是指定要延伸对象的方法，可以通过栏选、窗交、投影或边的模式来操作，此时，切记不要选择整个对象，而是要选择对象要延伸的部分（靠近延伸目标的端部），如图 7.10 所示。

7.4.2 拉长

"拉长"命令用于改变圆弧的角度，或改变非闭合对象的长度，包括直线、圆弧、非闭合多段线、椭圆弧和非闭合样条曲线等。

选择"修改"→"拉长"命令（lengthen），或在"修改"工具栏中单击"拉长"按钮，即可修改线段或者圆弧的长度。选择拉长后，命令行中出现提示："选择对象或［增

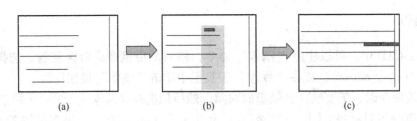

图 7.10　对象延伸
(a) 要延伸的对象；(b) 延伸操作；(c) 延伸操作的结果

量（DE）/百分数（P）/全部（T）/动态（DY）]：".

"增量"：输入用户需要每次增加的图形单位。每点击一次，重复增加一次。输入正值，增加，输入负值，减小。指定一个长度或角度的增量，并进一步提示用户选择对象。如果用户指定的增量为正值，则对象从距离选择点最近的端点开始增加一个增量长度（角度）；而如果用户指定的增量为负值，则对象从距离选择点最近的端点开始缩短一个增量长度（角度）。

"百分数"：每次变化量为总长的百分比。大于 100%，增长；小于 100%，缩短。指定对象总长度或总角度的百分比来改变对象长度或角度，并进一步提示用户选择对象。如果用户指定的百分比大于 100，则对象从距离选择点最近的端点开始延伸，延伸后的长度（角度）为原长度（角度）乘以指定的百分比；而如果用户指定的百分比小于 100，则对象从距离选择点最近的端点开始修剪，修剪后的长度（角度）为原长度（角度）乘以指定的百分比。

"全部"：输入要改变的线的总长。指定对象修改后的总长度（角度）的绝对值，并进一步提示用户选择对象。

注意：用户指定的总长度（角度）值必须是非零正值，否则系统会给出提示并要求用户重新指定。

"动态"：动态选择线，根据夹点直接拖拉。打开动态拖动模式，可动态拖动距离选择点最近的端点，然后根据被拖动的端点的位置改变选定对象的长度（角度）。

图 7.11 是 "lengthen" 命令的 4 种使用方法。用户在使用这 4 种方法进行修改时，均可连续选择一个或多个对象实现连续多次修改，并可随时选择 "undo（放弃）" 选项来取消最后一次的修改。

注意：使用 "lengthen" 命令不能影响闭合的对象，选定对象的拉伸方向不需要与 "UCS" 的 Z 轴平行。

7.4.3　修剪

在 AutoCAD 中，可以使用 "修剪" 命令缩短对象。选择 "修改"→"修剪" 命令（trim），或在 "修改" 工具栏中单击 "修剪" 按钮，可以以某一对象为剪切边修剪其他对象。可以作为剪切边的对象有直线、圆弧、圆、椭圆或椭圆弧、多段线、样条曲线、构造线、射线以及文字等。剪切边也可以同时作为被剪边。默认情况下，选择要修剪的对象（即选择被剪边），系统将以剪切边为界，将被剪切对象上位于拾取点一侧的部分剪切掉。

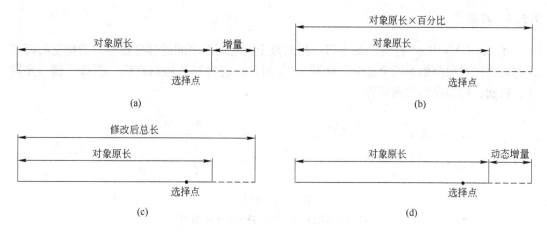

图 7.11 "lengthen" 命令的 4 种使用方法
（a）"DELTA" 方法；（b）"PERCENT" 方法；（c）"TOTAL" 方法；（d）"DTNAMIC" 方法

如果按下 Shift 键，同时选择与修剪边不相交的对象，修剪边将变为延伸边界，将选择的对象延伸至与修剪边界相交。

使用"修剪"还可以修剪尺寸标注线。有一定宽度的多段线被修剪时，修剪的交点按其中心线计算；多段线的中点仍然是方的，切口边界与多段线的中心线垂直。

7.5 对象修改

7.5.1 圆角

在 AutoCAD 2007 中，可以使用"圆角"命令修改对象使其以圆角相接（见图 7.12）。选择"修改"→"圆角"命令（fillet），或在"修改"工具栏中单击"圆角"按钮，即可对对象用圆弧修圆角。使用"圆角"命令可以选择性地修剪或延伸所选对象，以便更好地圆滑过渡。该命令可以对直线、多段线、样条曲线、构造线、射线等进行处理，但是不能对圆、椭圆和封闭的多段线等对象进行圆角。

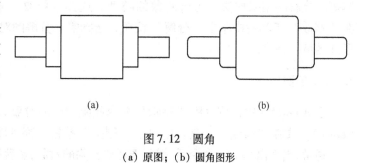

图 7.12 圆角
（a）原图；（b）圆角图形

修圆角的方法与修倒角的方法相似，在命令行提示中，选择"半径（R）"选项，即可设置圆角的半径大小。

7.5.2 倒角

在 AutoCAD 2007 中，可以使用"倒角"命令修改对象使其以平角相接。选择"修改"→"倒角"命令（chamfer），或在"修改"工具栏中单击"倒角"按钮，即可为对象绘制倒角。使用"倒角"命令不能对弧、椭圆弧进行倒角。

7.5.3　打断

在 AutoCAD 中，"打断"命令可以把对象上指定两点之间的部分删除，当指定的两点相同时，则对象分解为两个部分，如图 7.13 所示。这些对象包括直线、圆弧、圆、多段线、椭圆、样条曲线和圆环等。

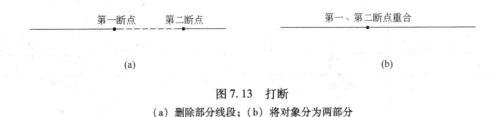

第一断点　　第二断点　　　　　　　　　　　第一、第二断点重合

(a)　　　　　　　　　　　　　　　　　　　　(b)

图 7.13　打断

（a）删除部分线段；（b）将对象分为两部分

（1）打断对象。选择"修改"→"打断"命令（break），或在"修改"工具栏中单击"打断"按钮，即可部分删除对象或把对象分解成两部分。执行该命令并选择需要打断的对象，打断的距离是选择对象时指定的起点和后面指定的另一个点，对象在这两点之间被打断。

（2）打断于点。在"修改"工具栏中单击"打断于点"按钮，可以将对象在一点处断开成两个对象，它是从"打断"命令中派生出来的。执行该命令时，需要选择要被打断的对象，然后指定打断点，即可从该点打断对象。

从圆或圆弧上删除一部分时，将删除从第一个点以逆时针方向旋转到第二个点之间的圆弧。

7.5.4　分解

分解命令用于分解组合对象。组合对象即由多个 AutoCAD 基本对象组合而成的复杂对象，如多段线、多线、标注、块、面域、多面网格、多边形网格、三维网格以及三维实体等。分解的结果取决于组合对象的类型。选择"修改"→"分解"命令（explode），或在"修改"工具栏中单击"分解"按钮，选择需要分解的对象后按 Enter 键，即可分解图形并结束该命令。

7.5.5　删除

在 AutoCAD 中，可以用"删除"命令删除选中的对象。选择"修改"→"删除"命令（erase），或在"修改"工具栏中单击"删除"按钮，都可以删除图形中选中的对象。

通常，当发出"删除"命令后，需要选择要删除的对象，然后按 Enter 键或 Space 键结束对象选择，同时删除已选择的对象。如果在"选项"对话框的"选择"选项卡中，选中"选择模式"选项组中的"先选择后执行"复选框，就可以先选择对象，然后单击"删除"按钮删除。

7.6　小　　结

AutoCAD 具有强大的图形编辑功能，本章对 AutoCAD 的图形编辑功能进行了介绍，包括移动、复制、旋转、阵列、镜像、拉伸、延长、缩放等。在实际问题当中，所绘图形通常会具有某些特征，如上下左右对称、图元按照某种规律重复排列等，此时综合应用这些编辑工具，可在绘图时大大提高绘图效率、缩短绘图时间。

习　　题

1. 选择题

(1) 按比例改变图形实际大小的命令是（　　）。

    A. offset   B. zoom   C. scale   D. stretch

(2) 改变图形实际位置的命令是（　　）。

    A. zoom   B. move   C. pan   D. offset

(3) 当用"mirror"命令对文本属性进行镜像操作时，要想让文本具有可读性，应将变量 MIRRTEXT 的值设置为（　　）。

    A. 0   B. 1   C. 2   D. 3

(4) 下面哪个命令可以对两个对象用圆弧进行连接？（　　）

    A. fillet   B. pedit   C. chamfer   D. array

(5) 在 AutoCAD 中下列不可以用分解命令分解的图形是（　　）。

    A. 圆形   B. 填充的图案   C. 多线   D. 块

(6) 在 AutoCAD 中要创建矩形阵列，必须指定（　　）。

    A. 行数、项目的数目以及单元大小   B. 项目的数目和项目间的距离

    C. 行数、列数以及单元大小   D. 以上都不是

(7) 在 AutoCAD 中用"拉长"命令修改开放曲线的长度时有很多选项，除了（　　）。

    A. 封闭   B. 百分数   C. 动态   D. 增量

(8) 修剪命令（trim）可以修剪很多对象，但下面哪个选项不行？（　　）

    A. 圆弧、圆、椭圆弧   B. 直线、开放的二维和三维多段线

    C. 射线、构造线和样条曲线   D. 多线（mline）

(9) 下列对象执行"偏移"命令后，大小和形状保持不变的是（　　）。

    A. 椭圆   B. 圆   C. 圆弧   D. 直线

(10) 使用"stretch"命令时，若所选实体全部在交叉窗口内，则拉伸实体等同于下面哪个命令？（　　）

    A. extend   B. lengthen   C. move   D. rotate

(11) 下面哪个命令可以将直线、圆、多线段等对象作同心复制，且如果对象是闭合的图形，则执行该命令后的对象将被放大或缩小？（　　）

    A. offset   B. scale   C. zoom   D. copy

(12) 如果想把直线、弧和多线段的端点延长到指定的边界，则应该使用哪个命令？（　　）

    A. extend   B. pedit   C. fillet   D. array

(13) （　　）命令用于绘制多条相互平行的线，每一条的颜色和线型可以相同，也可以不同，此命令常用来绘采矿工程中的巷道线。

    A. 多段线   B. 多线   C. 样条曲线   D. 直线

(14) （　　）对象适用"拉长"命令中的"动态"选项。

    A. 多段线   B. 多线   C. 样条曲线   D. 直线

(15) （　　）对象可以执行"拉长"命令中的"增量"选项。

    A. 弧   B. 矩形   C. 圆   D. 圆柱

(16) 在 CAD 中一组同心圆可由一个已画好的圆用（　　）命令来实现。

    A. 拉伸（stretch）   B. 移动（move）   C. 拉伸（extend）   D. 偏移（offset）

2. 填空题

（1）使用 AutoCAD 夹点编辑功能可完成的常用编辑操作有拉伸、_____、_____、_____、_____。

（2）"fillet" 命令是用来倒圆角的。如果两条直线不相交，也不平行，若用"fillet"命令使其相交在一起，选项 RADIUS 的值应为_____。若用一段圆弧连接它们，则可将此选项设置为一个不为_____的值。

（3）执行"pedit"命令可将非多段线转换成_____以及闭合和连接多段线。

（4）在绘制巷道时经常要使用多段线，一次绘出的多段线被当做一个实体对待，对多段线的编辑应该使用_____命令。

（5）对于同一平面上的两条不平等且无交点的线段，可以通过_____命令操作来延长原线段使之相交于一点。

3. 思考题

（1）执行"fillet"命令时，若被连接的两条线段没有相交，该命令将如何处理？

（2）执行"dist"命令的操作特点是什么？

（3）依据要求绘制下列图形。

　1）用圆角（fillet）和倒角（chamfer）命令将图 7.14（a）修改为图 7.14（b）。

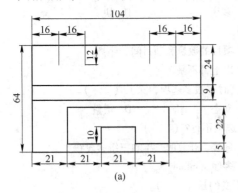
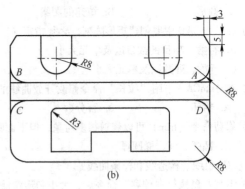

(a)　　　　　　　　　　　　　(b)

图 7.14　思考题 1)

　2）用阵列（array）等命令绘制图 7.15 所示图形。

　3）用镜像（mirror）和旋转（rotate）等命令绘制图 7.16 所示图形。

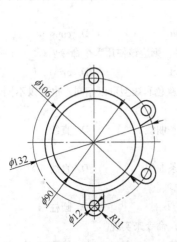
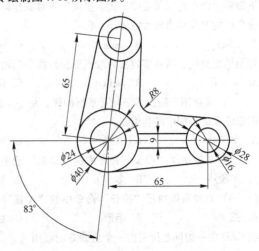

图 7.15　思考题 2)　　　　　　　　图 7.16　思考题 3)

4）用环形阵列命令绘制图 7.17 所示图形。

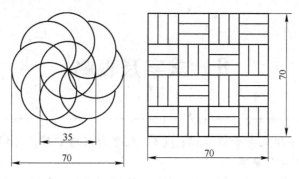

图 7.17   思考题 4）

5）用偏移命令绘制图 7.18 图形。

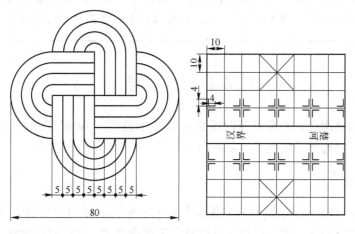

图 7.18   思考题 5）

8　文字及表格

本章要点：（1）文字样式与表格样式；（2）文字与表格创建；（3）文字与表格编辑；（4）文字与表格绘制注意事项。

　　文字和表格对象是 AutoCAD 图形中很重要的图形元素，是采矿工程制图中不可缺少的组成部分。本章介绍 AutoCAD 中文字和表格的相关知识，包括样式设置、创建文字、编辑文字、采矿工程制图中文字和表格的使用及注意事项等。通过本章的学习，读者可以了解 AutoCAD 中文字和表格的使用方法，并能掌握它们在采矿工程制图中的应用。

8.1　文　字

　　在采矿工程制图中，常常需要对图形进行文字说明。AutoCAD 从文字样式、文字输入到文字编辑、修改等，提供了一系列命令。

8.1.1　文字样式

　　在 AutoCAD 中所有文字都有与之相关联的文字样式。在创建文字注释时 AutoCAD 通常使用当前的文字样式。用户可根据具体要求重新设置文字样式或创建新的样式。文字样式包括"字体""高度""宽度比例""倾斜角度""反向""颠倒"以及"垂直"等属性。

　　创建新的文字样式的方法：（1）选择"格式"→"文字样式"命令；（2）命令行输入并执行"ddstyle"命令。利用弹出的"文字样式"对话框创建或修改文字样式，并更改当前文字样式的设置如图 8.1 所示。

8.1.1.1　样式名

　　"文字样式"对话框的"样式名"选项组中显示了文字样式的名称、创建新的文字样式、为已有的文字样式重命名或删除文字样式，各选项的含义如下。

　　"样式名"下拉列表框：列出当前可以使用的文字样式，默认文字样式为 Standard。

　　"新建"按钮：单击该按钮打开"新建文字样式"对话框，如图 8.2 所示。在"样式名"文本框中输入新建文字样式名称（不能与已经存在的样式名称重复）后，单击"确定"按钮可以创建新的文字样式。新建文字样式将显示在"样式名"文本框中。

　　"重命名"按钮：单击该按钮打开"重命名文字样式"对话框，如图 8.3 所示。可在"样式名"文本框中输入新的名称，但无法重命名默认的 Standard 样式。

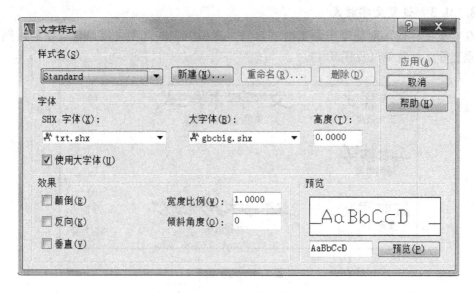

图 8.1 "文字样式"对话框

图 8.2 "新建文字样式"对话框   图 8.3 "重命名文字样式"对话框

"删除"按钮：单击该按钮可以删除某一已有的文字样式，但无法删除已经使用的文字样式和默认的 Standard 样式。

选中一种文字样式后，单击"置为当前"按钮，可以将所选的文字样式设置为当前应用的文字样式。

8.1.1.2 设置字体

"文字样式"对话框的"字体"选项组用于设置文字样式使用的字体和字高等属性。其中"字体名"下拉列表框用于选择字体。"字体样式"下拉列表框用于选择字体格式，如宋体、楷体和常规字体等。"高度"文本框用于设置文字的高度。选中"使用大字体"复选框，"字体样式"下拉列表框变为"大字体"下拉列表框，用于选择大字体文件。

如果将文字样式中字高设为 0，在使用"text"命令注释文字时，命令行将提示用户指定文字的高度，默认高度值为 2.5。如果在"高度"文本框中输入了文字高度，Auto-CAD 将按此高度标注文字，而不再提示用户指定文字高度。

AutoCAD 提供了符合标注要求的字体形文件：gbenor. shx 文件、gbeitc. shx 文件和 gb-cbig. shx 文件。其中，gbenor. shx 文件和 gbeitc. shx 文件分别用于标注直体和斜体字母与数字；gbcbig. shx 文件则用于标注中文。

8.1.1.3 设置文字效果

在"文字样式"对话框中，使用"效果"选项组中的选项可以设置文字的颠倒、反向、垂直等显示效果（见图 8.4）。

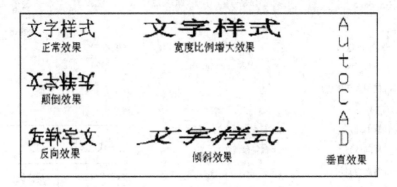

图 8.4 文字效果

在"宽度比例"文本框中可以设置文字字符的高度和宽度之比，当"宽度比例"值为 1 时，将按系统定义的高宽比书写文字；当"宽度比例"小于 1 时，字符会变窄；当"宽度比例"大于 1 时，字符则变宽。

在"倾斜角度"文本框中可以设置文字的倾斜角度；文字的旋转方向为顺时针方向，角度为正值时向右倾斜；为负值时向左倾斜，角度为 0° 时不倾斜。

8.1.1.4 预览与应用文字样式

在"文字样式"对话框的"预览"选项组中，可以预览所选择或所设置的文字样式效果。其中，在"预览"按钮左侧的文本框中输入要预览的字符，单击"预览"按钮，可以将输入的字符按当前文字样式显示在预览框中。

设置好文字样式后，单击"应用"按钮即可应用文字样式，然后单击"关闭"按钮，关闭"文字样式"对话框。

8.1.2 文字创建

在 AutoCAD 中，可以使用"text""mtext""dtext"等命令对图形进行注释。用户通常可以创建两种类型的文字，一种是单行文字，另一种是多行文字。单行文字用于制作不需要使用多种字体的简短内容；多行文字主要用于制作一些复杂的说明性文字。

8.1.2.1 单行文字

对于一些简短文字的创建，AutoCAD 提供了创建单行文字的命令，该命令的调用方式为：

（1）菜单："绘图"→"文字"→"单行文字"；

（2）工具栏："text（文字）"→"单行文字"；

（3）命令行：text、dtext。

调用该命令后，AutoCAD 将在命令行中显示当前文字设置，并提示用户指定文字的起始点。

命令:text
当前文字样式:Standard 当前文字高度:2.5000
指定文字的起点或 [对正(J)/样式(S)]:
指定高度 <2.5000>:<正交 开>
指定文字的旋转角度 <0>:0

此时用户可以进行如下几种选择:

(1) 直接指定文字的起始点,系统进一步提示用户指定文字的高度、旋转角度和文字内容。

注意:只有在当前文字样式没有固定高度时才提示用户指定文字高度。此外,用户可以连续输入多行文字,每行文字将自动放置在上一行文字的下方。但这种情况下每行文字均是一个独立的对象,其效果等同于连续使用多次"dtext"命令。

(2) 如果用户选择"样式"选项,系统将提示用户指定文字样式:"输入样式名 or [?] <Standard>:"用户可选择"?"选项查看所有样式,并选择其中一种,然后返回上一层提示。

(3) 如果用户选择"对正"选项(缺省方式是左对齐),系统将给出选项:"[对齐/调整/中心/中间/右/左上/中上/右上/左中/左下/右中/左下/中下/右下]:"。

1)"对齐":通过指定基线的两个端点来绘制文字。文字的方向与两点连线方向一致,文字的高度将自动调整,以使文字布满两点之间的部分,但文字的宽度比例保持不变。

2)"调整":通过指定基线的两个端点来绘制文字。文字的方向与两点连线方向一致,文字的高度由用户指定,系统将自动调整文字的宽度比例,以使文字充满两点之间的部分,但文字的高度保持不变。

3)"中心""中间"和"右":这三个选项均要求用户指定一点,并分别以该点作为基线水平中点、文字中央点或基线右端点,然后根据用户指定的文字高度和角度进行绘制。

4)其余选项与3)中所述类似,这里不再详细说明。

8.1.2.2 多行文字

在 AutoCAD 中,多行文字是由垂直方向任意数目的文字行或段落构成,可以指定文字行段落的水平宽度。用户可以对其进行移动、旋转、删除、复制、镜像或缩放操作。启用"多行文字"命令的方式为:

(1) 菜单:"绘图"→"文字"→"多行文字";

(2) 工具栏:单击"文字"面板中的"多行文字"按钮;

(3) 命令行:mtext。

调用该命令后,AutoCAD 将弹出多行文字编辑器,如图8.5所示。

多行文字又称为段落文字,是一种更易于管理的文字对象,可以由两行以上的文字组成,而且多行文字是作为一个整体处理。启动多行文字命令后,在绘图窗口中指定一个用来放置多行文字的矩形区域,将打开"文字格式"工具栏和文字输入窗口。使用"文字格式"工具栏,可以设置文字样式、文字字体、文字高度、加粗、倾斜或加下划线效果;反复单击这些按钮,可以在打开和关闭功能之间进行切换;还可以设置字体颜色、大小写

图8.5   多行文字编辑器

转换和背景遮罩。在多行文字的输入窗口，单击右键弹出的快捷菜单中，常用的选项如下：

"样式"：样式列表用于设置当前使用的文本样式，可以从下拉列表框中选取一种已设置好的文本样式作为当前样式。文字高度用于设置当前使用的文字高度，可以在下拉列表框中选取一种合适的高度，也可直接输入数值。

"对正"在此面板中可以设置多行文字对正、行距、项目符号和编号。

"插入字段"：在此面板中可以设置分栏、插入符号和字段。在弹出的"字段"对话框中，可以选择要插入到文字中的字段（见图8.6）。关闭该对话框后，字段的当前值将显示在文字中。

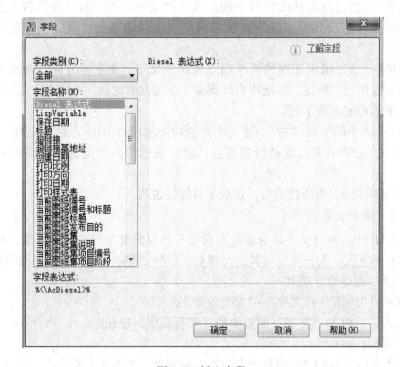

图8.6   插入字段

"查找和替换"：在该对话框中可以进行查找和替换文本操作，如图8.7所示。

在"查找和替换"对话框中，各选项含义如下。

"查找内容"：用于输入要查找的内容，也可以在下拉列表框中选取已有的内容。

"替换为"：用于输入一个字符串，也可以在列出的字符串中选择需要的内容，用以

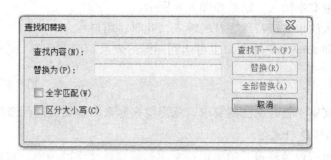

图 8.7 "查找和替换"对话框

替换查找到的内容。

"替换"：单击此按钮，在"替换为"下拉列表框中输入的内容将替换找到的字符。

"选项"：在此面板中，单击"标尺"按钮，将在编辑器的顶部显示标尺。拖动标尺末尾的箭头可更改多行文字对象的宽度。列模式处于活动状态，还可显示高度和夹点，也可以从标尺中选择制表符。

注意："mtext"命令与"text"命令有所不同，使用"mtext"命令输入的文本，无论行数是多少都将作为一个整体，可以对它进行整体选择、编辑等操作；使用"text"命令输入多行文字时，每一行都是一个独立的实体，只能单独对每行进行选择、编辑等操作。

8.1.2.3 应用特殊字符

在文本注释的过程中，有时需要输入一些控制码和专用字符，AutoCAD 依据用户的需要提供一些特殊字符的输入方法，如表 8.1 所示。

表 8.1　特殊字符及其说明

特殊字符	代码输入	说　明
~	%%P	公差符号
$\overline{\mathrm{A}}$	%%O	上划线
$\underline{\mathrm{A}}$	%%U	下划线
%	%%%	百分比符号
φ	%%C	直径符号
(°)	%%d	度

例如，使用"text"输入特殊字符时，具体操作如下：

命令:t
MTEXT 当前文字样式:"Standard" 当前文字高度:2.5
指定第一角点:
指定对角点或 [高度(H)/对正(J)/行距(L)/旋转(R)/样式(S)/宽度(W)]:
输入文字:50%%%
输入文字:37%%d
输入文字:%%u 应用下划线

单击鼠标结束文本输入，结果如图 8.8 所示。

当前一些输入法也支持特殊字符的输入，此时，用户通过输入法直接向 AutoCAD 输入，也可达到同样的效果。

50%

37°

应用下划线

图 8.8　特殊文字符号

8.1.3　文字编辑

如果创建的文本不符合绘图的要求，就需要在原来的基础上进行修改。

8.1.3.1　编辑单行文字

单行文字可进行单独编辑。编辑单行文字包括编辑文字的内容，可以选择"修改"→"对象"→"文字"子菜单中的命令进行设置，各命令的功能如下。

"编辑"（ddedit）：选择该命令，然后在绘图窗口中单击需要编辑的单行文字，进入文字编辑状态，可以重新输入文本内容。

"比例"（scaletext）：选择该命令，然后在绘图窗口中单击需要编辑的单行文字，此时需要输入缩放的基点以及指定新高度、匹配对象（M）或缩放比例（S）。

"对正"（justifytext）：选择该命令，然后在绘图窗口中单击需要编辑的单行文字，可以重新设置文字的对正方式。

8.1.3.2　编辑多行文字

（1）修改文字内容。要编辑创建的多行文字，可选择"修改"→"对象"→"文字"→"编辑"命令（ddedit），并单击创建的多行文字，打开多行文字编辑窗口，然后参照多行文字的设置方法，修改并编辑文字；也可以在绘图窗口中双击输入的多行文字，或在输入的多行文字上右击，从弹出的快捷菜单中选择"重复编辑多行文字"命令或"编辑多行文字"命令，打开多行文字编辑窗口。

（2）修改文字特性。如果需要修改文本的文字特性，如样式、位置、方向、大小、对正和其他特性时，可以在"特性"选项板中进行编辑。打开"特性"选项板有两种方法：1）选择"修改"→"特性"命令；2）输入并执行"properties"命令。执行以上任意一种操作后，即可打开"特性"选项板，如图 8.9 所示。

在"常规"栏中，可以修改文字的图层、颜色、线型、线性比例和线宽等对象特性；在"文字"栏中，可以修改文字的内容、样式、对正方式、文字高度、旋转和宽度比例等特性。

（3）缩放文字。使用"scaletext"命令，可以更改一个或多个文字对象的比例，而且不会改变其位置。

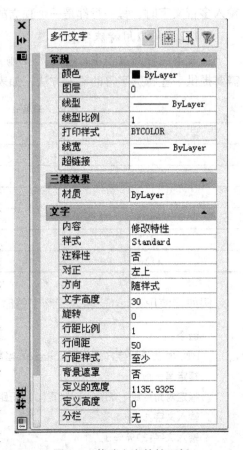

图 8.9　修改文字特性面板

（4）查找和替换。在 AutoCAD 中，可以使用"find"命令对标注的文本进行查找和替换。选择"编辑"→"查找"命令，或者输入并执行"find"命令，将打开"查找和替换"对话框，如图 8.7 所示。

8.1.4 拼写检查

在 AutoCAD 中，可以检查图形中所有文字的拼写，包括单行文字、多行文字、属性值中的文字、块参照及其关联的块定义中的文字、嵌套块中的文字。

拼写检查只在当前选择集的对象中进行。如果在选择对象时输入了"所有"选项，拼写将在模型空间和所有布局的对象中检查。拼写不在未选定的块参照的块定义或标注的文字中检查。

启动拼写检查的步骤：

（1）从"工具"菜单中选择"拼写检查"。选择要检查的文字对象，或输入"all"选择所有文字对象。

（2）如果 AutoCAD 找到错误拼写，"拼写检查"对话框会标记出拼错的词语。

（3）更正或修改拼写错误的词语。要更正某个词语，可从"建议"列表中选择一个替换词语或在"建议"框中键入一个词语，然后选择"修改"或"全部修改"。要保留某个词语不改变，选择"忽略"或"全部忽略"。要保留某个词语不改变并将它添加到自定义的词典中，可选择"添加"（只有当指定了自定义词典时，此选项才有效）。

（4）对其他拼错的词语重复上述步骤。

（5）选择"确定"或"取消"退出。

8.2 表　　格

8.2.1 表格样式

表格使用行和列以一种简洁清晰的形式提供信息，常用于一些组件的图形中。表格样式控制一个表格的外观，用于保证标准的字体、颜色、文本、高度和行距。用户可以使用默认的表格样式，也可以根据需要自定义表格样式。

8.2.1.1 新建表格样式

选择"格式"→"表格样式"命令（tablestyle），打开"表格样式"对话框，如图 8.10 所示。单击"新建"按钮，可以使用打开的"创建新的表格样式"对话框创建新表格样式，如图 8.11 所示。

在"新样式名"文本框中输入新的表格样式名，在"基础样式"下拉列表中选择默认的表格样式。选择"Standard"或者任何已经创建的样式，新样式将在该样式的基础上进行修改。然后单击"继续"按钮，将打开"新建表格样式"对话框，可以通过它指定表格的行格式、表格方向、边框特性和文本样式等内容。

8.2.1.2 管理表格样式

在 AutoCAD 中，还可以使用"表格样式"对话框来管理图形中的表格样式。在该对话框的"当前表格样式"后面，显示当前使用的表格样式（默认为"Standard"）；在

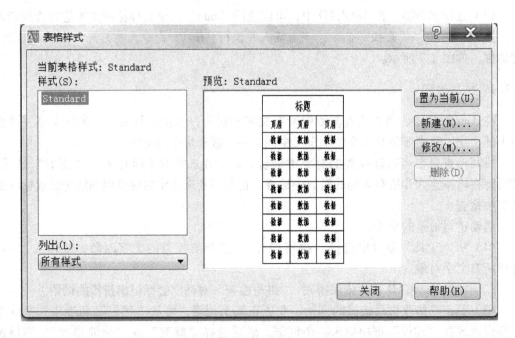

图 8.10 "表格样式"对话框

"样式"列表中显示了当前图形所包含的
表格样式；在"预览"窗口中显示了选
中表格的样式；在"列出"下拉列表中，
可以选择"样式"列表是显示图形中的所
有样式，还是正在使用的样式。

　　此外，在"表格样式"对话框中，
还可以单击"置为当前"按钮，将选中
的表格样式设置为当前；单击"修改"

图 8.11 "创建新的表格样式"对话框

按钮，在打开的"修改表格样式"对话
框中修改选中的表格样式；单击"删除"按钮，删除选中的表格样式。

8.2.1.3　设置表格样式

在"新建表格样式"对话框中，可以使用"数据"、"列标题"和"标题"选项卡分
别设置表格的数据、列标题和标题对应的样式，如图 8.12 所示。

A　数据

"数据"选项卡用于所有数据行，可用来设置表格中显示内容的文字样式。

a　单元特性

"文字样式"：默认为"Standard"，可以通过下拉列表框来选择用户自定义的文字
样式。

"文字高度"：设置文字的显示高度。

"文字颜色"：设置文字的显示颜色。

"填充颜色"：设置表格的填充颜色。

图 8.12 表格数据定制

"对齐":设置文字在表格中的对齐方式,包括"左上"、"中上"、"右上"、"左中"、"正中"、"右中"、"左下"、"中下"、"右下"9种形式。

"格式":设置单元格中内容的格式,点击弹出对话框如图 8.13 所示。

b 边框特性

"边框特性":设置表格边框线条的可见性(见图 8.14)。

"栅格线宽":设置表格边框线条的宽度。

"栅格颜色":设置表格边框线条颜色。

c 基本

"表格方向":设置表格方向。

"向下":创建由上而下读取的表格,标题行和列标题行位于表格的顶部。单击"插入行"并单击"下"时,将在当前行的下面插入新行。

"向上":创建由下而上读取的表格,标

图 8.13 单元格样式

题行和列标题行位于表格的底部。单击"插入行"并单击"上"时，将在当前行的上面插入新行。

　　d　单元边距

　　"单元边距"：控制单元边界和单元内容之间的间距。单元边距设置可应用于表格中的所有单元，默认设置为 0.06（in）和 1.5（mm）。

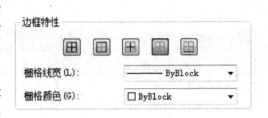

图 8.14　"边框特性"设置

　　"水平"：设置单元中的文字或块与左右单元边界之间的距离。

　　"垂直"：设置单元中的文字或块与上下单元边界之间的距离。

　　B　列标题

　　如图 8.15 所示，"包含页眉行"，即为是否包含列标题。下面的文字样式、文字高度、文字颜色、填充颜色与"数据"的设置相类似，此处不再做详细介绍。

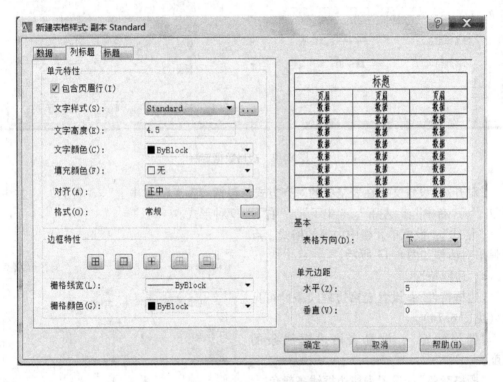

图 8.15　表格列标题定制

　　C　标题

　　"包含标题行"是指表格是否设置表头。下面各项参数为设置表头内容，如图 8.16 所示。

8.2.2　创建表格

　　选择"绘图"→"表格"命令，打开"插入表格"对话框，如图 8.17 所示。

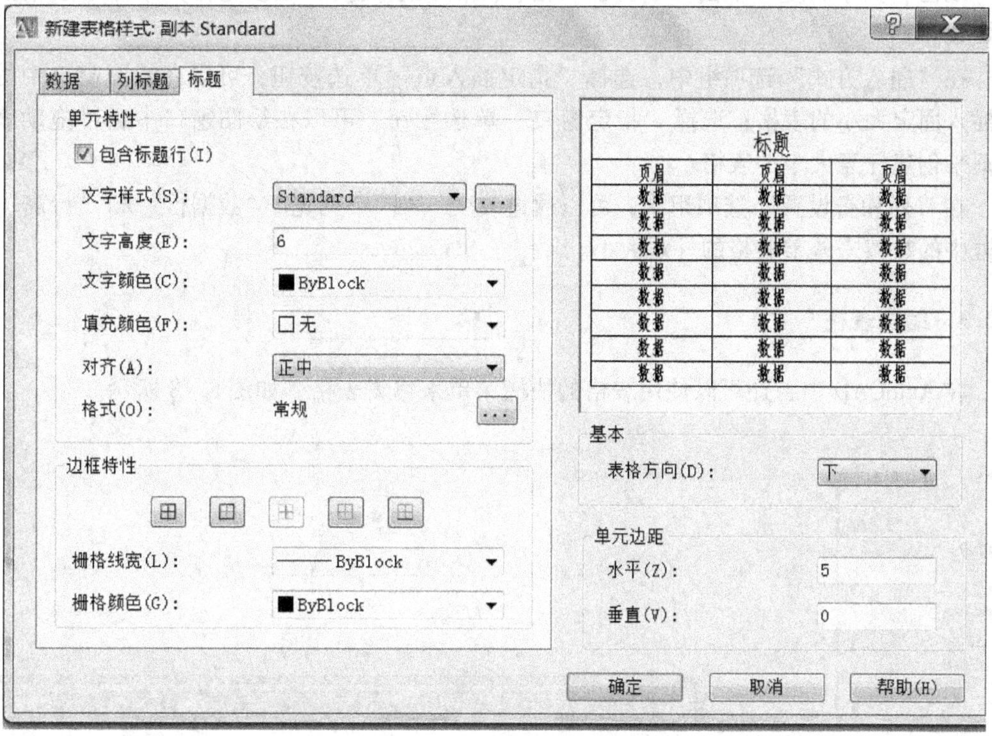

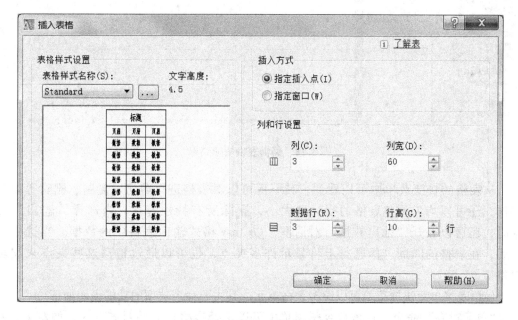

图 8.16 表格标题定制

图 8.17 "插入表格"对话框

在"表格样式设置"选项组中，可以从"表格样式名称"下拉列表框中选择表格样式，或单击其后的按钮，打开"表格样式"对话框，创建新的表格样式。在该选项组中，还可以在"文字高度"下面显示当前表格样式的文字高度，在预览窗口中显示表格的预览效果。

在"插入方式"选项组中，选择"指定插入点"单选按钮，可以在绘图窗口中的某点插入固定大小的表格；选择"指定窗口"单选按钮，可以在绘图窗口中通过拖动表格边框来创建任意大小的表格。

在"列和行设置"选项组中，可以通过改变"列""列宽""数据行"和"行高"文本框中的数值来调整表格的外观大小。

8.2.3　编辑表格

在 AutoCAD 中，还可以使用表格的快捷菜单来编辑表格，如图 8.18 所示。

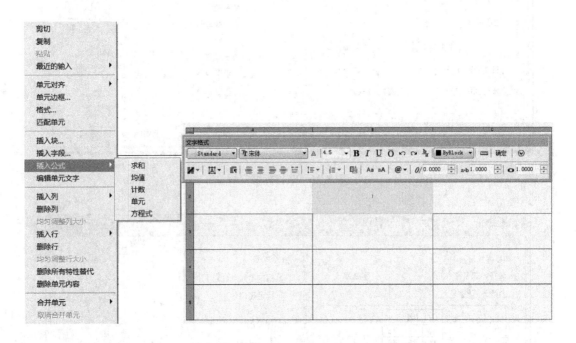

图 8.18　编辑表格快捷菜单

从表格的快捷菜单中可以看到，其不但可以对表格进行剪切、复制、删除等简单操作，还可以均匀调整表格的行、列大小，删除所有特性替代。当选择"输出"命令时，还可以打开"输出数据"对话框，以 .csv 格式输出表格中的数据。当选中表格后，在表格的四周、标题行上将显示许多夹点，也可以通过拖动这些夹点来编辑表格。

使用表格单元快捷菜单可以编辑表格单元，其主要命令选项的功能说明如下。

"单元对齐"命令：在该命令子菜单中可以选择表格单元的对齐方式，如左上、左中、左下等。

"单元边框"命令：选择该命令将打开"单元边框特性"对话框，可以设置单元格边框的线宽、颜色等特性。

"匹配单元"命令：可用当前选中的表格单元格式（源对象）匹配其他表格单元（目标对象），此时鼠标指针变为刷子形状，单击目标对象即可进行匹配。

"插入块"命令：选择该命令将打开"在表格单元中插入块"对话框。可以从中选择插入到表格中的块，并设置块在表格单元中的对齐方式、比例和旋转角度等特性。

"合并单元"命令：当选中多个连续的表格单元格后，使用该子菜单中的命令，可以全部、按列或按行合并表格单元。

8.2.4　采矿工程图纸中的表格

采矿工程图纸中会用到多种表格，如表8.2~表8.6所示。

表8.2　工程量表

序号	项目名称	支护		断面积/m²		长度/m	开掘量/m³	支护（工程材料）量/m³						
		形式	厚度/mm	净	掘进			拱	墙	沟	设备基础	地坪	（注）	小计

注：1. 如果使用料石、预制块支护时，填注"充填"项。2. 如采用锚喷支护时，填注"钢材"项。

表8.3　材料表

序号	材料名称	规格	单位	数量	质量/t		其他
					单重	总重	

注：1. 材料表系指铺轨材料（钢轨及其附件）、道岔、轨枕、水沟盖板、支架材料。2. 此表可与工程量表配合使用。

表8.4　材料总表

序号	材料名称及规格	单位	数量	钢材量/t		混凝土量/m³	木材量/m³	其他
				单重	总重			

表 8.5　坐标表

点号	线长/m	坡度/‰	方位角			坐标值/m			备　注
			(°)	(′)	(″)	X	Y	Z	

注：1. 有轨巷道里的坐标一般为轨道中心线坐标及轨面标高。无轨巷道里的坐标为巷道中心线坐标及巷道底板标高。2. 此表一般附在平面图上，亦可单独绘出坐标表。3. 图幅不够时，"备注"可不要。4. 坐标值 X、Y、Z。5. 阶段平面图的坐标表中"坡度"栏可以视具体情况决定去留，井底车场必须附纵断面坡度图，坐标表中可以不必加"坡度"栏。

表 8.6　坐标表

序号	断面号	净宽	大半径	小半径	拱高	墙高	巷道净高	墙厚

注：单位为 mm。

8.3　文字与表格绘制注意事项

8.3.1　采矿工程制图中文字与表格

8.3.1.1　字体

图纸中的各种文字、符号、字母代号、尺寸数字等的大小（号数），应根据不同图纸的幅面、表格、标注、说明、附注等的功能需要，选择计算机文字输入统一标准中的一种和（或）几种，但要求排列整齐、间隔均匀、布局清晰。

（1）图纸中的汉字应采用国家正式公布推广的简化字，不得用错别字（尤其是同音错别字）、生造字。

（2）拉丁字母、希腊字母或阿拉伯数字，如需写成斜体字时，向右倾斜，其斜度应水平上倾 75°。

（3）图纸中表示数量的数字，应采用阿拉伯数字表示。

8.3.1.2　字母与符号

常用技术术语字母符号宜参照表 8.7 的规定执行。

表 8.7　常用技术术语字母符号

名　称	符　号	名　称	符　号	名　称	符　号
度量面积（体积）		质量（重量）		时　间	
长度	$L \ l$	质量	m	时间	$T \ t$
宽度	$B \ b$	重量	$G \ g$	支护与掘进	

续表8.7

名　称	符　号	名　称	符号	名　称	符号
高度或深度	$H\ h$	比重	γ	巷道壁厚	T
厚度	$\delta\ d$	力		巷道拱厚	d_0
半径	$R\ r$	力矩	M	充填厚	δ
直径	$D\ d$	集中动荷载	T	掘进速度	v
切线长	T	加速度	a	其他物理量	
眼间距	a	重力加速度	g	转数	n
排距	b	均布动荷载	F	线速度	v
最小抵抗线	W	集中静荷载	P	风压	$H\ h$
坡度	i	均布静荷载	Q	风量	Q
角度	$\alpha\ \beta\ \theta$	垂直力	N	风速度	V
面积	S	水平力	H	涌水量	$Q\ q$
净面积	S_J	支座反力	R	岩（矿）石硬度系数	f
掘进面积	S_M	剪力	Q	摩擦角、安息角	φ
通风面积	S_t	切向应力	τ	松散系数	k
体积	$V\ v$	制动力	T	巷道通风摩擦系数	α
坐　标		摩擦力	F	渗透系数、安全系数	K
经距	Y	摩擦系数	$\mu\ f$	动力系数	K
纬距	X	温　度		弹性模量	E
标高	Z	温度	t	惯性矩	I
比例	M	华氏	$°F$	截面系数	W
方位角	α	摄氏	$℃$	压强	p

工程常用钢筋（丝）种类及符号应按表8.8规定执行。

表8.8　钢筋（丝）种类及符号

序号	种　类		直径 d/mm
1	热轧钢筋	HPB235（Q235）	$8 \sim 20$
2		HRB335（20MnSi）	$6 \sim 50$
3		HRB400（20MnSiV、20MnSiNb、20MnTi）	$6 \sim 50$
4		RRB400（K20MnSi）	$8 \sim 40$
5	钢绞线	1×3	8.6、10.8
6			12.9
7		1×7	9.5、11.1、12.7
8			15.2

序号	种　类		直径 d/mm
9	消除应力钢丝	光面螺旋肋	4、5
10			6
11			7、8、9
12		刻痕	5、7
13	热处理钢筋	40Si$_2$Mn	6
14		48Si$_2$Mn	8.2
15		45Si$_2$Cr	10

8.3.2　文字大小设置

图纸中文字的大小、表格中单元格的宽度和高度、表格内文字、标注样式中的文字大小、箭头大小、尺寸界限的大小都有相应的制图规范规定，如文字的大小如表 8.9 所示。按照 1∶1 比例作图时，在模型空间中仍按表 8.9 所示进行绘制，但如果按 1∶500 的打印比例进行打印，文字就会变得很小，输出到图纸上就会看不清楚。因此，按照 1∶1 比例绘图时，需要根据最终图纸比例，计算出打印比例，按照打印比例的倒数倍数调整绘制文字的大小后，则打印后文字高度才是所需要的高度。例如，按照 1∶1 比例绘制了一副图纸，最终打印成 1∶500 的图纸，根据打印比例为 1∶500，则屏幕中的文字需要放大的倍数为 500 倍。那么在 AutoCAD 里绘图时文字高度就应当设为 1750。除了文字高度外，尺寸标注中像箭头符号、起点偏移量、超尺寸线及超尺寸界线等数值的大小也需要以打印比例进行调整。

表 8.9　文字大小设置　　　　　　　　　　　　　　（mm）

图幅大小	A0	A1	A2	A3、A4
数字、字母	5	5	3.5	3.5
汉　字	7	5	3.5	3.5
图　名	7	7	7	5
比例及英文图名	4	4	4	3

8.3.3　图框和标题栏设置

（1）制图规范对各种图幅大小均有规定。这些图幅同时有着固定的尺寸。绘制或插入图框之前，同样需要按照打印比例将图框进行对应的缩放，才能保证按照打印比例输出后，图框大小满足规范要求。

（2）计算机制图规范规定图纸必须设有标题栏，以表明该图纸的名称、设计阶段、设计日期、版本、设计者和各级审核者等。标题栏一般应位于图纸右下角，A4 图纸标题栏位于图纸下边。特殊情况时可位于图纸右上角。

（3）国内外工程图纸标题栏均宜采用两种格式，如图 8.19（a）格式一和图 8.19（b）格式二所示。格式一主要用于 A0～A3 图纸，格式二主要用于 A3 和 A4 立式图纸。国内工程设计图纸无特殊要求时，可以不注释外文。

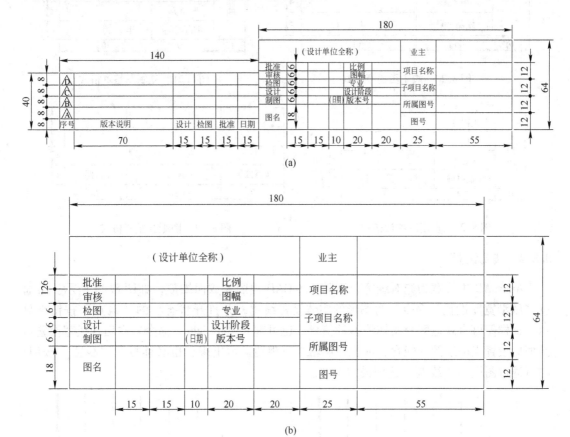

(a)

(b)

图 8.19　图纸标题栏格式

（a）格式一（320mm×64mm）；（b）格式二（180mm×64mm）

（4）竣工图的图纸标题栏应符合下列规定：

1）竣工图与原施工图不一致，需重新制图时，应在图纸标题栏格式中的设计阶段栏填写竣工图。

2）竣工图与原施工图完全一致时，可以在原施工图的图纸标题栏左边加盖竣工图签章，签章格式应符合图 8.20 的规定。

（5）复制和复用已有整套或部分图纸时，鉴定人应在原图纸标题栏左边加盖复制（用）图签章，签章格式应符合图 8.21 和图 8.22 的规定。

（6）图纸内容需要几个专业共同确认时，必须在图纸内框外左上角设会签栏，其格式应符合图 8.23 的规定。

因此，在绘制标题栏的时候，同样需要根据打印比例，将标题栏的宽度和高度进行换算后，绘制在对应图框的对应位置。同理，用表格来表示以上标题栏时，表格的宽度和高度要遵循上述要求，同时按照打印比例进行折算后绘制。

图 8.20   竣工图签章格式

图 8.22   复用图签章格式

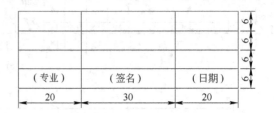

图 8.21   复制图签章格式

图 8.23   图纸会签栏格式

8.3.4   线宽设置

    AutoCAD 中线宽为绝对线宽,不随 AutoCAD 视图缩放而缩放,如图 8.24 所示。可通过"线型宽度设置"命令,为图形的实体设置线宽,并打开状态栏的"线宽"按钮来显示,这样便可直观地区分实体线型的信息。也可键入"lweight"命令,在出现线宽设置对话框后设置当前绘图的线宽,如想在屏幕上直观地显示出来,也必须打开"线宽"按钮;亦可通过图层的"线宽"选项设定线宽。

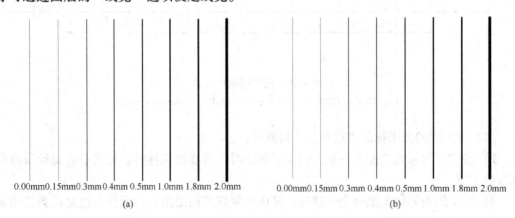

图 8.24   线宽显示图

(a) 原绘图显示状态;(b) 放大后显示状态

    在图中设置了线宽后,如需按设置的线宽打印的话,必须选择合适的打印样式表文件。在打印样式表中必须设置输出线宽为"使用实体线宽",否则设置的线宽也会被忽略,如图 8.25 所示。采用这种方式的好处是,在图中设置好线宽后,无论使用 CAD 自带的彩色或单色的 CTB 文件,默认设置都是"使用实体线宽",不需要再做任何调整,直接打印即可。

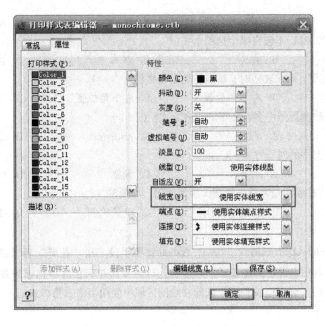

图 8.25 "打印样式表编辑器"对话框

　　线宽设置好后，打印时还要注意输出颜色的设置，选择合适的 CTB 文件。在菜单栏中选择"文件"→"打印"→"打印设备"→"打印类型表"→"Acad. ctb→Edit"打开"打印类型表编辑"窗体，从中选取"从视图"标签项。选取左边列表框中的颜色，它是指在 AutoCAD 中实体的颜色，然后在"线宽"下拉框中选定所需的线宽，这样在出图时将按不同的颜色对应不同的线宽绘制图形。

8.4 小　结

　　本章主要介绍了 AutoCAD 中文字和表格的使用，内容包括文字和表格的样式设置、创建、编辑及在采矿工程制图方面的使用。学习本章知识能够使读者掌握文字及表格的使用，绘制出规范、统一、美观的图形。

习　题

1. 选择题

(1) 在 AutoCAD 的文字工具中输入下划线的命令是（　　）。

　　A. %%1　　　　　　　　B. %%U　　　　　　　　C. %%3　　　　　　　　D. $&2

(2) 下面哪个命令用于为图形标注多行文字、表格文字和下划线文字等特殊文字?（　　）

　　A. mtext　　　　　　　B. text　　　　　　　　C. dtext　　　　　　　D. ddedit

(3) 下面哪一类字体是中文字体?（　　）

　　A. gbenor. shx　　　　B. gbeitc. shx　　　　C. gbcbig. shx　　　　D. txt. shx

(4) 如果在一个线性标注数值前面添加直径符号，则应用哪个命令?（　　）

　　A. %%C　　　　　　　　B. %%O　　　　　　　　C. %%D　　　　　　　　D. %%%

(5) 定义表格样式执行的命令是（　　）。

　　　A. tablestyle　　　　　B. table　　　　　C. insert　　　　　D. style

(6) 定义"表格样式"时，不包含哪个选项卡？(　　　)。

　　　A. 文字　　　　　　　B. 表头　　　　　　C. 基本　　　　　D. 边框

(7) 使用"指定插入点"插入表格时，该点将确定表格的 (　　　)。

　　　A. 正中心位置　　　　B. 左上角位置　　　C. 左下角位置　　D. 右下角位置

(8) 用什么命令可以改变图形中多行文字的对齐方式？(　　　)

　　　A. t　　　　　　　　B. text　　　　　　C. justifytext　　D. A 和 C

(9) 下列哪些不属于文字的对正方式？(　　　)

　　　A. 对正　　　　　　　B. 对齐　　　　　　C. 调整　　　　　D. 中间

(10) 若将图形中的所有标注变为原来形状大小的两倍，应调整 (　　　)。

　　　A. 文字高度　　　　　B. 测量单位比例　　C. 全局比例　　　D. 换算比例

2. 填空题

(1) 使用表格是在 AutoCAD 中应用_____数据的重要手段。从"注释"标签的"表格"面板中选择_____工具后，屏幕上将显示_____对话框，并在它的预览框中显示当前_____。单击该对话框中的"确定"按钮后，就能在绘图区域中使用当前表格样式插入一张表格，并可接着输入表格中的文字。

(2) 表格中的数据_____将使用当前文字样式。在默认状态下，AutoCAD 提供了"数据"、"标题"、"表头"这三种。他们都能由用户_____设置其"文字"、"边框"、"_____"样式。

(3) 在"表格样式"对话框中创建新的样式后，还可以通过该对话框中的"修改"按钮重新定义它。新建与修改表格样式所使用的对话框中的选项将是_____的。在这两个对话框中，用户可通过"单元样式"下拉列表选定"标题"、"表头"、"数据"这三个_____，分别用于设置标题文本、表头文本、数据文本的_____。

(4) 输入文字的方式有_____和_____两种方式。

(5) 在进行单行文字输入时，修改其对正方式，其中的"_____"选项用来指定文字由两点和高度定义的方向，布满指定的区域。

3. 思考题

(1) AutoCAD 文字对象包括哪几种，它们之间有什么区别？

(2) 在 AutoCAD 中，插入空表格的方式有哪几种？

(3) 在默认状态下，AutoCAD 设置的表格方向是什么，意义何在？

(4) 创建如下所示的多行文字，字体为仿宋，文字高度为12。

```
┌─────────────────────────────────────┐
│              设计说明                 │
│  1. 本设计针对缓倾斜中厚矿体开展设计；    │
│  2. 设计矿量为 15000t，设计参数为：      │
│                                       │
└─────────────────────────────────────┘
```

(5) 绘制巷道交叉点断面特征表。

序号	断面号	净宽	大半径	小半径	拱高	墙高	巷道净高	墙厚

　注：单位为 mm。

9 图块及外部参照

本章要点：(1) 图块的使用；(2) 属性、属性块的使用；(3) 外部参照的使用。

在使用 AutoCAD 绘制图形时，经常会用到同一图形，且有些图形的重复使用量非常大。如果每次都重新绘制势必浪费大量的时间，为提高绘图效率，用户可以利用 AutoCAD 提供的图块功能。用户还可以使用外部参照减少绘制图形的复杂度，节省储存空间。本章主要学习图块、属性、属性块和外部参照的使用。通过本章学习，读者可以学习简化绘制图形的方法，使绘图更加方便快捷。

9.1 图 块

9.1.1 图块特性

"块"是具有名称的多个对象组成的集合。通过建立块，用户可以将多个对象作为一个整体来操作，可以随时将块作为整体对象插入到当前图形中的指定位置上，而且在插入时可以指定不同的缩放系数和旋转角度，可以被移动、删除和复制，还可以给块定义属性，在插入时附加上不同的信息。总之，通过使用块，可帮助用户简化对同一图形或其他图形中重复使用同一类对象的复杂度。

图块包含三个要素：名称、内容、插入基准点。为了使用方便，故有以下要求：

(1) 图块名称要统一。图块的名称要尽量能代表其内容。

(2) 插入点要一致。同一个图块插入点要一致，插入点要选插入时最方便的点。

创建块又称定义块。当用户创建一个块后，AutoCAD 可将该块存储在图形数据库中，此后用户可根据需要多次插入同一块，而不必重复绘制和储存，因此能够节省大量的绘图时间。此外，插入块并不需要对块进行复制，只是根据一定的位置、比例和旋转角度来引用，因此数据量要比直接绘图小，能节省计算机存储空间。

9.1.2 图块定义

在 AutoCAD 中"块"有两种，一种是"内部块"，只能在制作块的 DWG 文件中使用，不能调用到其他文件中，命令是"block"，快捷键为"B"；一种是"外部块"，也叫"永久块"，可以在当前绘图环境中使用，也可以调用到其他绘图环境中，也就是说能够永久保存，只要不删除它，在以后任何需要的时候都可以调出来使用，命令是"wblock"，快捷键是"W"。

9.1.2.1 内部块的建立

在图形中创建的块，有时又称做内部块，因为它共存于本图形环境之中，只能提供给本图形插入或调用。选择菜单栏"绘图"→"块"→"创建",打开如图9.1所示的"块定义"对话框。

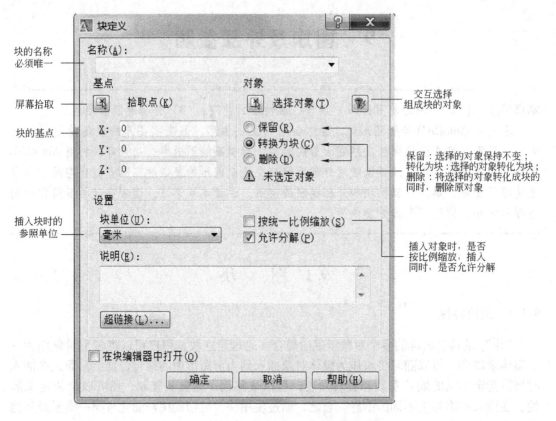

图9.1　"块定义"对话框

9.1.2.2　外部块的建立

对那些在设计中多次用到的行业标准图形,一般创建为块形式的图形文件,即外部块,又称做"写块"。大量的标准块对象可组成图形符号库,调用图块时仅仅改变其比例和旋转角度即可。"写块"对话框与"块定义"对话框有两处不同,一个是"源"区域,作为写块对象的图形来源可以是现有块,从列表中选取,可以是当前的整个图形,也可以是整个图形中的一部分;另一个是"目标"区域,需要指定文件的新名称和新位置以及插入块时所用的测量单位,如图9.2所示。

0层上是不可以用来画图的,而是用来定义块的。定义块时先将所有图元均设置为0层(有特殊情况时除外),然后再定义块,这样在插入块时,图块即插入到当前层中。不能在defpoints层建立图元,因为此层容易在打印时出现图元消失。

9.1.3　图块使用

9.1.3.1　图块的插入

建立内部块后,内部块的相关信息被保存到当前图形中,如果要使用内部块,可通过"插入"→"块"命令进行操作。

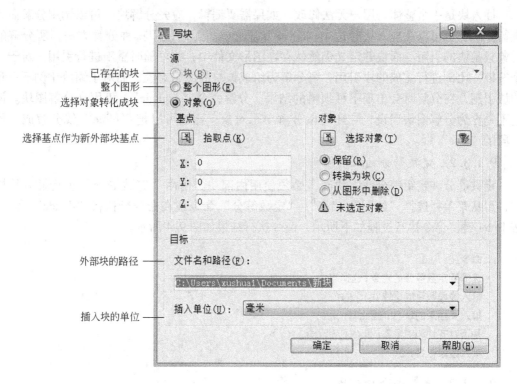

图 9.2 外部块的建立

图块的插入是指将图块或其他图形插入到当前图形。通过"插入"→"块"命令或命令行中输入"insert"命令调用插入块对话框,如图 9.3 所示。通过对话框中的"名称"下拉框输入或选择内部块的名称;通过"浏览"按钮,选择外部块的位置。在屏幕上指定插入点或输入插入图块中基点对准位置,通过缩放比例可以设置图块插入时图形的缩放比例和旋转角度。如果选择了"分解"按钮,则图块插入之后,自动分解成组成图块的对象。

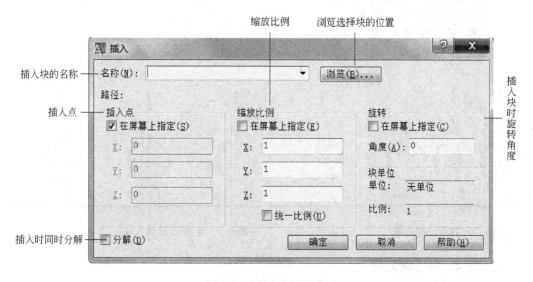

图 9.3 "插入"对话框

　　插入块是一个整体，用户无法修改。如果需要编辑，应先分解块。可以调用分解命令进行分解，也可以在插入块时选中"分解"复选框。无论使用哪种分解方法，所分解的对象只是块的引用。而块的定义仍然保存在图形文件中，并可随时重新进行引用。对于一个按统一比例进行缩放的块引用，可分解为组成该块的原始对象，而对于缩放比例不一致的块引用，在分解时会出现不可预料的结果。分解命令"explode"，可用来分解图块。但它不是专为分解图块而设，它还可以分解单个对象，比如可以把"pline"线分解成一段一段的"line"线。

9.1.3.2　定数等分插入块

　　定数等分和定距等分插入块时，必须使用内部块。使用"定数等分"进行插入块操作，可从菜单栏选择"绘图"→"点"→"定数等分"命令或在命令行执行"divide"命令，按 Enter 键。命令执行过程如下所示，命令执行结果如图 9.4 所示。

> 命令:`divide`
> **选择要定数等分的对象:**选择直线
> **输入线段数目或 [块(B)]:** B
> **输入要插入的块名:** 指北针
> **是否对齐块和对象? [是(Y)/否(N)] ＜Y＞:** Y
> **输入线段数目:** 3

9.1.3.3　定距等分插入块

　　使用"定距等分"进行插入块操作，可从菜单栏选择"绘图"→"点"→"定距等分"命令或在命令行执行"measure"命令，按 Enter 键。命令执行如下所示，执行完毕结果如图 9.5 所示。

> 命令:`measure`
> **选择要定距等分的对象:** 选择直线
> **指定线段长度或 [块(B)]:** B
> **输入要插入的块名:** 指北针
> **是否对齐块和对象? [是(Y)/否(N)] ＜Y＞:**
> **指定线段长度:** 32

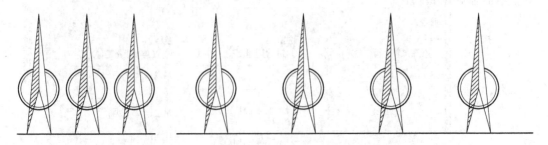

图 9.4　定数等分插入块　　　　　　　　图 9.5　定距等分插入块

9.1.3.4　嵌套插入块

　　嵌套块指由多个实体或块对象所组成的块。块的嵌套深度没有限制。块定义不能嵌套自身，即不能使用嵌套块的名称作为将要定义的新块名称。如图9.6所示，将轨道做成块，插入到道床中，将道床作为块插入到双轨运输巷道中，与矿车块、架线弓块共同组成了新的双轨运输巷道块，就实现了块的3次嵌套。

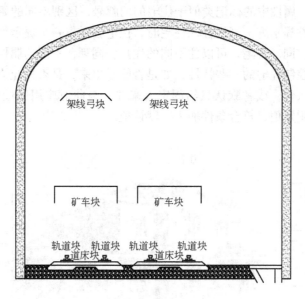

图9.6　块的嵌套

9.2　属性和属性块

属性是一种特殊的文本对象，包含于块中，是将数据附着到块对象上的各种标签或标记。插入带有属性的块时，系统将显示或提示输入属性数据。属性是非图形信息，是块的组成部分，因此，块也可以表示为"若干实体对象"与"属性"的组合。属性具有如下特点：

（1）属性是文字，是用键盘能够输入的字符。

（2）属性能够被编辑。

（3）图块被分解后，组成图块的各对象不能保持原有属性值。

属性具有两种基本作用：一是为块对象附加各种注释信息；二是从图形中提取属性信息，并保存在单独的文本文件中。块属性是附属于块的非图形信息，包含在块定义中的文字对象。

插入带有变量属性的块时，系统会提示用户输入要与块一同存储的数据。块也可以使用常量属性（即属性值不变的属性），常量属性在插入块时不提示输入值。属性也可以选择不可见，若选择不可见，将不能显示和打印该属性值，但其属性信息存储在图形文件中，并且可以写入提取文件供数据库程序使用。

9.2.1　定义属性

创建属性，即为创建描述属性特征的属性定义。属性特征包括标记（标记属性的名称)、插入块时显示的提示、值的信息、文字格式、位置和任何可选模式(不可见、固定、验证和预置)。创建属性定义后,定义块时可以将属性定义当做一个对象来选择,插入块时都将用指定的属性文字作为提示。对每个新插入块,可以为属性指定不同的值。

如图 9.7 所示,属性中的标记类似于住宅的门牌号,区别不同的属性。属性中提示类似于住宅的入户条件提示牌,当想进入住宅时,住宅会弹出一个提示信息。属性中的值就是住宅的最终住户。同一住宅,可以住不同的住户,同理,不同的属性,可以存储不同的值。通过模式可以控制住宅的一些特性,如是否能看出来,是否只允许固定的人居住,验证条件符合后方可入住,或者默认只给固定人来住,与此对应用属性中的"模式"来控制属性的可见性、固定值、符合条件输入、默认值。

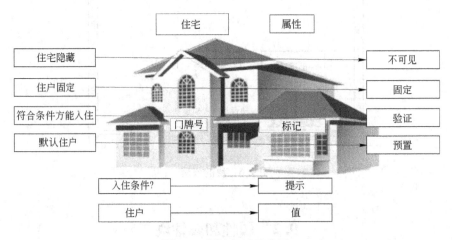

图 9.7　属性组成示意图

属性命令启动方法:(1) 菜单栏中选择"绘图"→"块"→"定义属性";(2) 命令行中输入"attdef"命令。命令执行后弹出"属性定义"对话框,如图 9.8 所示。

图 9.8　"属性定义"对话框

（1）"模式"选项组中，各选项的功能如下。

"不可见"（invisible）：控制属性值是否显示，选择方框，属性值不显示，但是可以提取。

"固定"（constant）：设置属性值为常数或变量，不选方框，属性值为变量。

"验证"（verify）：设置属性值输入时是否验证，选择方框为验证，要求输入两遍属性值，两遍完全相同，才接受该值。

"预置"（preset）：设置是否预先设置属性的值，选择方框为预置，则块插入时不再要求输入属性值。

（2）"属性"选项组中，各项的功能如下。

"标记"文本框：标记图形中出现的属性。

"提示"文本框：指定在插入包含该属性定义的块时显示的提示。

"值"文本框：指定属性值。

"插入字段"按钮：显示字段对话框，如图9.9所示。

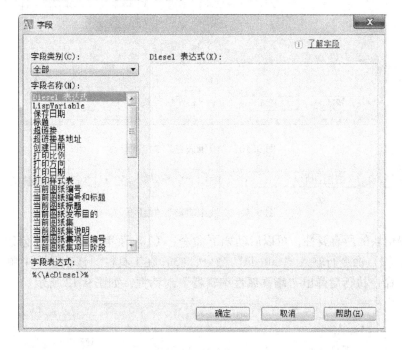

图9.9　属性值字段

（3）文字设置选项组中，各项的功能如下。

"对正"文本框：指定属性文字对正。

"文字样式"对话框：指定和显示属性文字的文字样式。

"文字高度"文本框：指定属性文字的高度。

"旋转"文本框：指定文字的旋转角度。

"在上一个属性定义下对齐"复选框：选中将与上一个属性的插入点和文字设置完全相同。

"锁定块中的位置"复选框：锁定块参照中属性的位置。

　　创建属性后，在创建块的时候，将属性作为块对象的一部分，添加到块。在插入块时，便会提示用户输入属性信息。

9.2.2　编辑属性

　　块中的对象属性可以通过编辑属性来编辑。在定义完属性后，再创建块时选中块与文字，弹出如图 9.10 所示对话框。单击确定后，弹出"块编辑器"对话框，如图 9.11 所示。

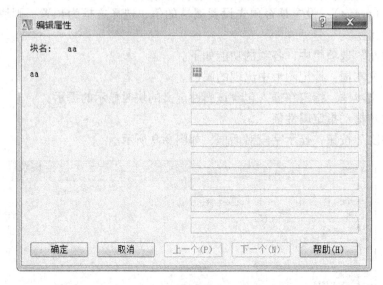

图 9.10　"编辑属性"对话框

图 9.11　"块编辑器"对话框

　　若要编辑块的所有属性，可以启动如下命令：（1）菜单栏中选择"修改"→"对象"→"文字"；（2）命令行输入"eattedit"命令；（3）在工具栏"修改Ⅱ"中单击"同步属性"按钮。命令执行后弹出"增强属性编辑器"对话框，如图 9.12 所示。

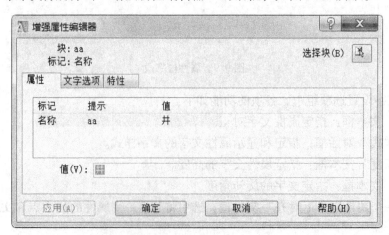

图 9.12　"增强属性编辑器"对话框

"属性"文本框：显示并编辑块中的属性值。

"文字选项"文本框：用于设置属性值的样式、对正方式、高度和宽度比例、旋转角度和倾斜角度等选项，以及指定反向和倒置等特殊效果。

"特性"文本框：用于设置属性值的图层、线型、颜色、线宽以及打印样式。

若要管理块的属性，可以通过如下命令启动：（1）菜单栏中选择"修改"→"对象"→"属性"→"块属性管理器"；（2）命令行输入"battman"命令；（3）在工具栏"修改Ⅱ"中单击"块属性管理器"按钮，如图9.13所示。

图9.13 "块属性管理器"对话框

如果想查找其他信息，则可单击"设置"按钮，弹出块属性"设置"对话框，如图9.14所示。

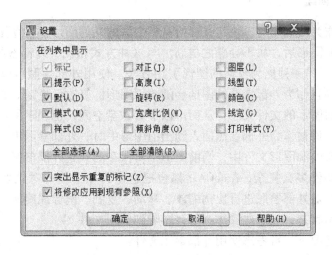

图9.14 块属性"设置"对话框

块和属性可以通过"编辑块定义"对话框进行修改。"编辑块定义"对话框启动方法：（1）菜单栏中选择"工具"→"块编辑器"；（2）单击工具栏中"块编辑器"按钮；（3）命令行输入"bedit"命令。命令执行后弹出"编辑块定义"对话框，如图9.15所示。

要创建或编辑的块：指定在块编辑器中要创建或编辑的块的名称。

186

要创建或编辑的块下拉列表：显示保存在当前图形中的块定义的列表。

9.2.3　提取属性

属性数据利用"属性提取"对话框提取。属性数据可供其他程序调用或输入到数据库中，如图 9.16 所示。

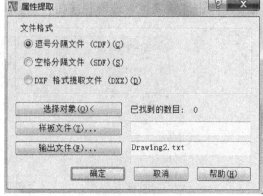

图 9.15　"编辑块定义"对话框　　　　图 9.16　"属性提取"对话框

9.3　外　部　参　照

9.3.1　外部参照创建

如果把图形作为块插入时，块定义和所有相关联的几何图形都将存储在当前图形数据库中，并且修改原图形后，块不会随之更新。与这种方式相比，外部参照（external reference，xref）提供了另一种更为灵活的图形引用方法。使用外部参照可以将多个图形链接到当前图形中，并且作为外部参照的图形会随着原图形的修改而更新。此外，外部参照不会明显地增加当前图形的文件大小，从而可以节省磁盘空间，也利于保持系统的性能。

当一个图形文件被作为外部参照插入到当前图形中时，外部参照中每个图形的数据仍然分别保存在各自的源图形文件中，当前图形中所保存的只是外部参照的名称和路径。无论一个外部参照文件多么复杂，AutoCAD 都会把它作为一个单一对象来处理，而不允许进行分解。用户可对外部参照进行比例缩放、移动、复制、镜像或旋转等操作，还可以控制外部参照的显示状态，但这些操作都不会影响到原图文件。

在下面两种情况下，可考虑使用外部参照文件：

（1）由多个用户共同完成一项任务，总图可外部参照每个用户绘制的图形文件，当打开总图时，总是自动调用每个用户的图形文件的最新版本。

（2）图形文件作为块插入到另一个图形文件下，使该图形文件大小增加，造成编辑不便或软盘不能存储、拷贝或传输。在这种情况下，应使用外部参照，减小调用文件的存储量，调用文件和被参照文件单独编辑，还可提高绘图效率。

外部参照命令调用方法：（1）菜单栏中选择"插入"→"外部参照"；（2）命令行输

入"xattach"命令。选择作为外部参照的文件后，弹出"外部参照"对话框，如图9.17所示。

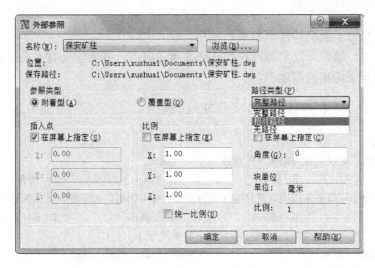

图9.17 "外部参照"对话框

"外部参照"对话框中的"插入点"、"比例"和"旋转"等项与块插入对话框相同，其他项的作用为：

(1)"保存路径"：设置是否保存外部参照的完整路径。如果选择了这个选项，外部参照的路径将保存到图形数据库中，否则将只保存外部参照的名称而不保存其路径。

(2)"参照类型"：指定外部参照是"附着型"还是"覆盖型"。

"附着型"：在图形中插入附着型的外部参照时，如果其中嵌套有其他外部参照，则将嵌套的外部参照包含在内。

"覆盖型"：在图形中插入覆盖型的外部参照时，则任何嵌套在其中的覆盖型外部参照都将被忽略，而且其本身也不能显示。

9.3.2 外部参照管理器

对于图形中所引用的外部参照，AutoCAD主要是通过外部参照管理器来进行管理的。通过"外部参照管理器"对话框，可以附着、覆盖、列出、绑定、拆离、重载、卸载和重命名当前（或宿主）图形中的外部参照以及修改其路径。

在工具栏中单击"外部参照"按钮，或在菜单栏中依次单击"插入"→"外部参照…"，或选择外部参照对象后单击右键，选择"外部参照管理器…"，或在命令行执行"xref"命令，系统将弹出外部参照管理器对话框，如图9.18所示。

图9.18 外部参照管理器

9.4 小　结

本章主要介绍了图块和外部参照的使用。

通过本章的学习，读者可以掌握图块和外部参照的应用，并能学会在采矿工程制图中使用图块和外部参照来提高绘图效率。

习　题

1. 选择题

(1) 定义块属性时，要使属性为定值，可选择（　　）模式。

A. 不可见　　　　　　　B. 固定　　　　　　　C. 验证　　　　　　　D. 预置

(2) 用下面哪个命令可以创建图块，且只能在当前图形文件中调用，而不能在其他图形中调用？（　　）

A. block　　　　　　　B. wblock　　　　　　C. explode　　　　　　D. mblock

(3) 在创建块时，在"块定义"对话框中必须确定的要素为（　　）。

A. 块名、基点、对象　　　　　　　　B. 块名、基点、属性

C. 基点、对象、属性　　　　　　　　D. 块名、基点、对象、属性

(4) 在 AutoCAD 中复制其他文件中块的命令快捷键是（　　）。

A. Ctrl + Alt + C　　　B. Ctrl + C　　　　　C. Ctrl + Shift + C　　D. Ctrl + A

(5) 在 AutoCAD 中把用户定义的块作为一个单独文件存储在磁盘上可用（　　）命令。

A. w　　　　　　　　　　　　　　　B. ave（菜单为 "File"→"Save"）

C. s　　　　　　　　　　　　　　　D. block（菜单为 "Draw"→"Block"）

(6) 使用块的主要目的是（　　）。

A. 批量绘制图形对象　　　　　　　　B. 应用属性

C. 快速绘制图形中多处相同的对象　　D. 简化绘图操作

(7) "insert" 命令不能完成的工作是（　　）。

A. 插入指定的图形块　　　　　　　　B. 插入指定的属性块

C. 查阅当前可用的块名　　　　　　　D. 定义块

(8) 图形中同一个属性的文字特性（　　）。

A. 相同　　　　　　　B. 不同　　　　　　　C. 可个别修改　　　D. 不能个别修改

(9) 编辑属性的途径有（　　）。

A. 双击属性定义进行属性编辑　　　　B. 双击包含属性的块进行属性编辑

C. 应用"块属性管理器"编辑属性　　　D. 以上全部

(10) 关于属性的定义正确的是（　　）。

A. 块必须定义属性　　　　　　　　　B. 一个块中最多只能定义一个属性

C. 多个块可以共用一个属性　　　　　D. 一个块中可以定义多个属性

(11) 下列哪一项不能用"块属性管理器"进行修改？（　　）

A. 属性值的可见性　　　　　　　　　B. 默认属性值

C. 单一的块参照属性值　　　　　　　D. 属性图层

2. 填空题

(1) AutoCAD 中的"块"是由用户赋予_____的一组图形对象，若将包含特定_____应用方法的属性附加在它的上面，就可以快速而准确地绘制_____和输入_____信息。

(2) 定义块的操作包括指定_____中的图形以及将该块插入在图形中_____时需要的基准参

考点。后者在 AutoCAD 中简称为"＿＿＿＿＿＿＿"。该点的用途是在插入块时，确定块在图形中的位置。若不指定此点，AutoCAD 将把当前坐标系统 ＿＿＿＿＿＿＿作为插入基点。

（3）执行"insert"命令插入一个块时，需要指定插入的 ＿＿＿＿＿＿＿，以及 X、Y、Z 轴方向上的 ＿＿＿＿＿＿＿。操作时，可以在"插入"对话框中选择插入当前图形中可用的块，若想分解插入后的块，可以选中该对话框中的"＿＿＿＿＿＿＿"复选框。

（4）"属性"是由＿＿＿＿＿＿＿构成的一种非图形数据，用于增强图形的可读性和表达图形不能说明的问题。使用属性的第一步是绘制用于定义块的＿＿＿＿＿＿＿和＿＿＿＿＿＿＿，接着使用"block"命令将该图形对象与＿＿＿＿＿＿＿一起定义为一个块，随后使用"insert"命令在插入该块时引用属性。

（5）AutoCAD 为分解图形对象或者块提供有专用命令：＿＿＿＿＿＿＿。当需要在一个块中＿＿＿＿＿＿＿修改一个或多个对象，就可以应用此命令将一个块分解为它的 ＿＿＿＿＿＿＿。此外，该命令还常用来分解其他类型的图形对象，如＿＿＿＿＿＿＿等。

3. 思考题

（1）属性中"提示"的用途是什么？

（2）图形块与属性块的区别是什么？

（3）属性块的用途是什么？

10　尺　寸　标　注

本章要点：（1）设置尺寸标注样式；（2）标注直线型图形；（3）标注曲线型图形；（4）编辑标注；（5）采矿工程图纸中的标注要求。

在工程制图中，通过尺寸标注，能准确地反映物体的形状、大小和相互关系，它是识别图形和指导现场施工的主要依据。本章主要介绍尺寸标注样式的设置、标注图形、编辑标注、采矿工程图纸中的标注要求等。通过本章学习，熟练使用尺寸标注命令，可以有效地提高绘图质量和绘图效率。

10.1　设置尺寸标注样式

标注样式用于控制标注的格式和外观。在 AutoCAD 中用户可通过"标注样式管理器"来创建、修改和管理标注样式。在没有修改尺寸标注样式时，当前尺寸标注样式将作为预设的标注样式。系统预设的标注样式为"Standard"。

10.1.1　尺寸标注样式

单击"标注"面板中的"标注样式"按钮或者在命令行中输入"D"命令均可以打开"标注样式管理器"对话框，如图 10.1 所示。

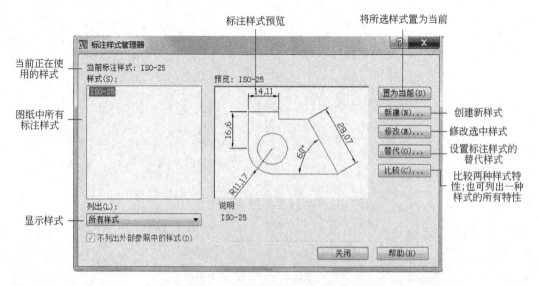

图 10.1　"标注样式管理器"对话框

10.1.2 创建新的标注样式

在"标注样式管理器"对话框中单击"新建"按钮，打开"创建新标注样式"对话框，如图 10.2 所示。在"创建新标注样式"对话框中，各选项的含义如下。

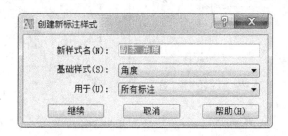

图 10.2 "创建新标注样式"对话框

"新样式名"：在该文本框中设置新样式的名称。

"基础样式"：在下拉列表中可以选择一种基础样式，在其基础上进行修改，从而建立新的样式。

"用于"：在下拉列表中可以限定所选标注样式只用于某种确定的标注形式。

"继续"：单击打开"新建标注样式"对话框。

10.1.3 编辑标注样式

在"新建标注样式"对话框中，可以设置新的尺寸标注样式。用户可以设置以下内容：尺寸线、尺寸界线、箭头和圆心标记的格式和位置，标注文字的外观、位置和对齐方式，AutoCAD 放置文字和尺寸线的管理规则，调整文字位置、全局标注比例，主单位、换算单位和角度标注单位的格式和精度，公差值的格式和精度。

10.1.3.1 "直线"选项卡

在"直线"选项卡中，可以设置尺寸线和尺寸界线的颜色、线宽、基线间距，以及超出尺寸线的距离、起点偏移量的距离等内容，如图 10.3 和图 10.4 所示。

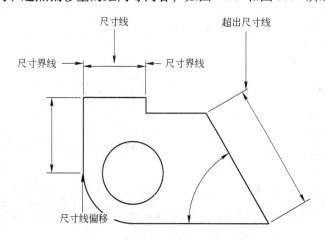

图 10.3 标注样式中线的对应关系

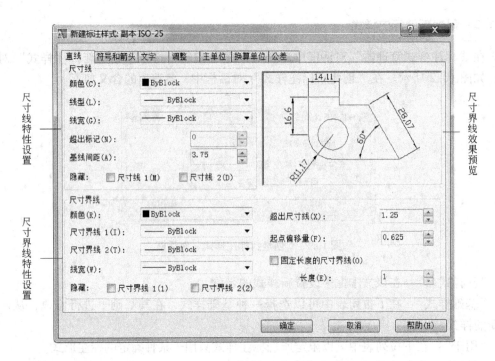

图 10.4 "直线"选项卡

10.1.3.2 "符号和箭头"选项卡

在"符号和箭头"选项卡中，可以设置符号和箭头的大小与样式，以及圆心标记的大小、弧长符号、半径与线性折弯标注等，如图 10.5 所示。

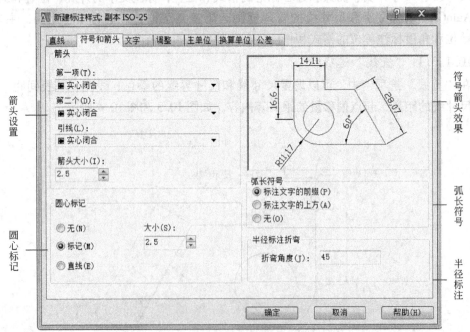

图 10.5 "符号和箭头"选项卡

10.1.3.3 "文字"选项卡

在"文字"选项卡中，可以设置文字外观、文字位置和对齐方式，如图10.6所示。

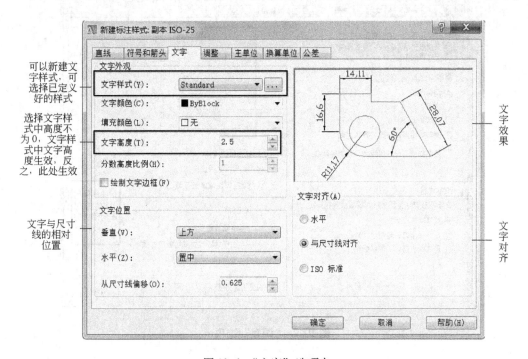

图10.6 "文字"选项卡

在AutoCAD绘图过程中，对图形进行尺寸标注时，设置一定的文字偏移距离，有利于更清晰地显示文字内容。

10.1.3.4 "调整"选项卡

在"调整"选项卡中，可以设置尺寸的尺寸线与箭头的位置、尺寸线与文字的位置、标注特征比例以及优化等，如图10.7所示。

10.1.3.5 "主单位"选项卡

在"主单位"选项卡中，可以设置线性标注与角度标注的单位与精度。线性标注包括单位格式、精度、舍入、测量单位比例、消零等。角度标注包括单位格式、精度、消零，如图10.8所示。

将主单位的精度设置在一位小数内，有利于在标注中更清楚地观看数字内容。

完成尺寸标注各个选项卡的特性参数设置后，单击"确定"按钮，回到"标注样式管理器"对话框。将创建的样式设置为当前标注样式，单击"关闭"按钮，结束尺寸标注样式的设置。这样，用户便可以建立一个新的尺寸标注样式。

创建好新的标注样式后，单击"标注"面板中"标注样式"列表左侧的下拉按钮，可以在下拉列表中查看并选择创建的标注样式。

10.1.4 标注样式中文字和数字的大小设置

类似于文字高度设置中的规定，在图纸标注中的文字高度设置同样遵循表8.9，同时

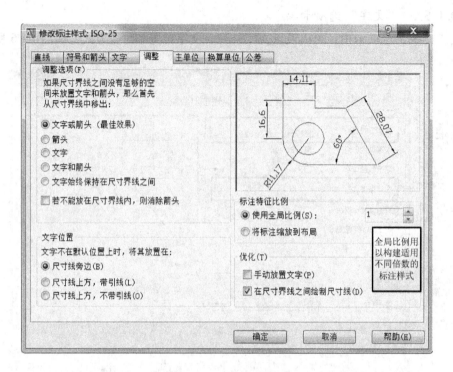

图 10.7　"调整"选项卡

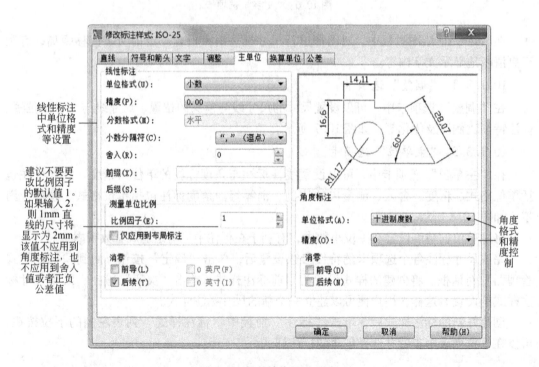

图 10.8　"主单位"选项卡

尺寸线或箭头等绘制也要遵循相关的要求：

（1）超尺寸线和超尺寸界线：2~3mm，一般取2.5mm；

（2）箭头符号：2.5mm；

（3）起点偏移量：1~2mm，一般取2mm；

（4）文字偏移量：1mm；

（5）在做连续标注时还会遇到基线间距的数值，其等于两个文字偏移量加上一个文字高度；

（6）这些数值在进行标注样式设置时，要按照打印比例进行修改调整。

因此，在标注样式中，对应不同的打印比例，要建立不同的标注样式。

10.2　标注直线型图形

在 AutoCAD 中，直线型尺寸标注是绘图中最常见的标注方式，其中包括线性标注、对齐标注、基线标注、坐标标注和快速标注。

10.2.1　线性标注

线性标注可以标注长度类型的尺寸，可以水平、垂直或对齐放置，如图10.9所示。创建线性标注时，可以标注文字内容、文字角度和尺寸线的角度。

启动线性标注的方法有：

（1）选择菜单栏中"标注"→"线性"命令；

（2）单击"标注"面板中的"线性"按钮；

（3）在命令行中输入并执行"dimlinear（DLI）"命令。

选定所标注的对象，选择尺寸界线的端点进行线性标注。

10.2.2　对齐标注

对齐标注是线性标注的一种，是指尺寸线始终与标注的对象保持平行，如图10.10所示。若是标注圆弧，则对齐标注的尺寸线与圆弧两个端点所连接的弦保持平行。

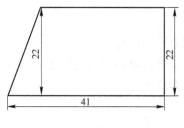

图 10.9　线性标注

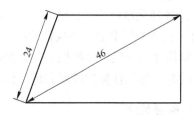

图 10.10　对齐标注

启动对齐标注的方法有：

（1）选择菜单栏中"标注"→"对齐"命令；

（2）单击"标注"面板中的"对齐"按钮；

（3）在命令行中输入并执行"dimaligned"命令。

执行以上命令，参照线性标注的步骤，就可以进行对齐标注。

10.2.3　基线标注

基线标注是以某一点、线、面作为基准，其他的尺寸按照此基准进行定位。基线标注的图形中有一个共同基准的线性或角度尺寸。在进行基线标注之前，需要对图形进行一次标注操作，以确定基准点，否则无法进行基线标注。

启动基线标注的方法有：

（1）选择菜单栏中"标注"→"基线"命令；

（2）单击"标注"面板中的"基线"按钮；

（3）在命令行中输入并执行"dimbaseline（BDA）"命令。

先在绘图区中对对象进行一组线性标注或对齐标注，接着再以已存在的线性标注或对齐标注作为基准执行基线标注。通过变量 DIMDLI 可以调整基线标注的尺寸间距，如图 10.11 所示。

10.2.4　连续标注

连续标注用于在同一方向上标注连续的线性和角度尺寸。连续标注结果如图 10.12 所示。

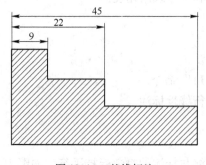

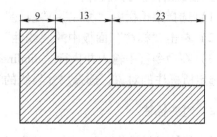

图 10.11　基线标注　　　　　　　　图 10.12　连续标注

启动连续标注的方法有：

（1）选择菜单栏中"标注"→"连续"命令；

（2）在命令行中输入并执行"dimcontinue（DCO）"命令。

连续标注和基线标注类似，先在绘图区中对对象进行第一组线性标注或对齐标注，接着再以已存在的线性标注或对齐标注作为基准进行连续标注。

10.2.5　快速标注

快速标注用于快速创建标注，其中包含了创建基线标注、连续尺寸标注、半径和直径标注等。

启动快速标注的方法有：

（1）选择菜单栏中"标注"→"快速标注"命令；

（2）单击"标注"面板中的"快速标注"按钮；

（3）在命令行中输入并执行"qdim"命令。

通过快速标注可以大大提高绘图的效率。

10.3　标注曲线型图形

在 AutoCAD 中，除了常见的直线型尺寸标注外，还包括曲线型尺寸标注，其中包括半径标注、角度标注、折弯标注和坐标标注等。

10.3.1　半径标注

半径标注用于标注圆或圆弧的半径。半径标注是由一条具有指向圆或圆弧的箭头的半径尺寸线组成。如果系统变量 DIMCEN 未设置为零，AutoCAD 将绘制一个圆心标记。

启动半径标注的方法有：

（1）选择菜单栏中"标注"→"半径"命令；

（2）单击"标注"面板中的"半径"按钮；

（3）在命令行中输入并执行"dimradius（DRA）"命令。

半径标注如图 10.13 所示。

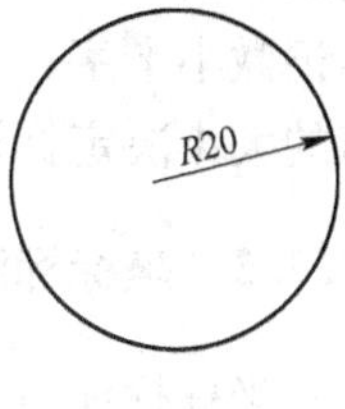

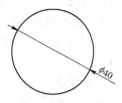

图 10.13　半径标注

10.3.2　直径标注

直径标注用于标注圆或圆弧的直径，直径标注是由一条具有指向圆或圆弧的箭头的直径尺寸线组成。如果系统变量 DIMCEN 未设置为零，AutoCAD 将绘制一个圆心标记。

启动直径标注的方法有：

（1）选择菜单栏中"标注"→"直径"命令；

（2）单击"标注"面板中的"直径"按钮；

（3）在命令行中输入并执行"dimdiameter（DDI）"命令。

直径标注如图 10.14 所示。

在非圆视图上标注直径时，只能用"dimlinear"命令，并加上前缀符号"Φ"，在提示"指定尺寸线位置："时，可直接拖动鼠标，屏幕将显示其变化，以确定尺寸线的位置。

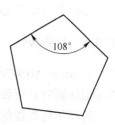

图 10.14　直径标注

10.3.3　角度标注

角度标注用于准确地标注对象之间的夹角或圆弧之间的夹角。

启动角度标注的方法有：

（1）选择菜单栏中"标注"→"角度"命令；

（2）单击"标注"面板中的"角度"按钮；

（3）在命令行中输入并执行"dimangular（DAN）"命令。

角度标注如图 10.15 所示。

使用角度标注命令对圆弧进行角度标注时，系统会自动计算并标注圆弧的角度，若选择圆、直线或按下空格键，则会继续提示选择目标和尺寸线位置。角度标注尺寸线为弧线。

图 10.15　角度标注

10.3.4　圆心标注

圆心标注用于标注圆或圆弧的圆心点。

启动圆心标注的方法有：

（1）选择菜单栏中"标注"→"圆心标记"命令；

（2）单击"标注"面板中的"圆心标记"按钮；

（3）在命令行中输入并执行"dimcenter（DCE）"命令。

圆心标注如图 10.16 所示。

圆心标记可以是小十字也可以是中心线，由系统变量 DIMCEN
确定。当 DIMCEN = 0 时，没有圆心标记；当 DIMCEN > 0 时，圆心
标记微小十字；当 DIMCEN < 0 时，圆心标记为中心线。数值绝对
值的大小决定标记的大小。

图 10.16　圆心标注

10.3.5　坐标标注

坐标标注也称基准标注。坐标标注沿一条简单的引线显示指定点的坐标值，包括 X
或 Y 坐标。

启动坐标标注的方法有：

（1）选择菜单栏中"标注"→"坐标标注"命令；

（2）单击"标注"面板中的"坐标标注"按钮；

（3）在命令行中输入并执行"dimordinate（DOR）"命令。

执行以上任意一种操作后，命令行中将提示"指定坐标点："，在该提示下指定需要
进行坐标标注的点对象。选择对象后，系统将会提示"指定引线端点或[X 基准（X）/Y 基
准（Y）/多行文字（M）/文字（T）/角度（A）]："，其中各选项含义如下。

"引线端点"：使用点对象位置和引线端点的坐标差可以确定它是 X 坐标标注还是 Y
坐标标注。

"X 基准"：用于测量 X 坐标并确定引线和标注文字方向。

"Y 基准"：用于测量 Y 坐标并确定引线和标注文字方向。

"多行文字"：用于改变多行标注文字，或者为多行
标注文字添加前缀或后缀。

"文字"：用于改变当前标注文字，或者给标注文字
添加前缀或后缀。

"角度"：用于修改标注文字的角度。

坐标标注结果如图 10.17 所示。

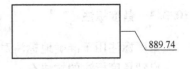

图 10.17　坐标标注

10.3.6　折弯线性

在 AutoCAD2007 以后版本中新增了"折弯线性"标注，可以在线性标注或对齐标注
中添加或删除折弯线。

启动折弯线性的方法有：

（1）单击"标注"面板中的"折弯线性"按钮；

（2）在命令行中输入并执行"dimjogline"命令。

折弯线性如图 10.18 所示。

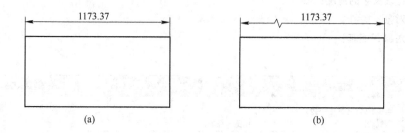

(a)　　　　　　　　　　　　(b)

图 10.18　折弯线性

（a）线性标注；（b）折弯标注

在执行折弯标注命令的过程中，各选项含义如下。

"选择要添加折弯的标注"：指定要向其添加折弯的线性标注或对齐标注，系统将提示用户指定折弯的位置。

"指定折弯位置"（或按 Enter 键）：指定一点作为折弯位置，或按 Enter 键将折弯放在标注文字和一条尺寸界线之间的中点处，或基于标注文字位置的尺寸线的中点处。

"删除"：指定要从中删除折弯的线性标注或对齐标注。

10.4　编 辑 标 注

在创建尺寸标注后，如果需要对其进行修改，可以使用标注样式对所有标注进行修改，也可以单独修改图形中部分标注对象。使用"标注"面板中的相应工具可以对标注进行相应的编辑修改。

10.4.1　修改标注样式

如果在进行尺寸标注后，发现标注的样式不适合当前的图形，则可以对当前的标注样式进行修改。修改标注样式的操作如下：

（1）在命令行输入并执行"dimstyle"命令，打开"标注样式管理器"对话框，如图 10.19 所示。

（2）在"标注样式管理器"对话框中选中需要修改的标注样式，然后单击"修改"按钮，将打开"修改标注样式"对话框，即可在该对话框中对标注的各部分的样式进行修改，如图 10.20 所示。

（3）修改好标注样式后，按"确定"按钮即可。

10.4.2　编辑尺寸标注

"dimedit"命令用于修改一个或多个标注对象上的文字标注和尺寸界线。命令执行过程如下：

命令：dimedit

输入标注编辑类型［默认(H)/新建(N)/旋转(R)/倾斜(O)］＜默认＞：r

指定标注文字的角度：50

选择对象：找到 1 个

选择对象：(回车)

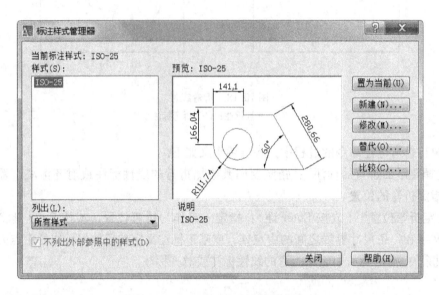

图 10.19　启动"标注样式管理器"

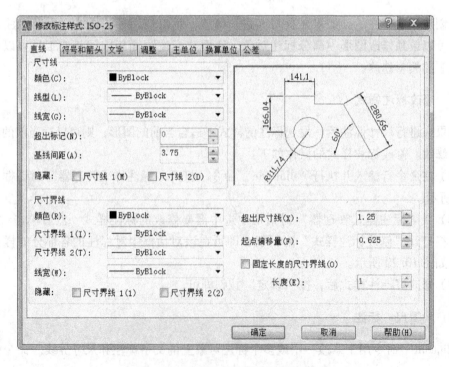

图 10.20　"修改标注样式"对话框

执行"dimedit"命令后，系统将提示"输入标注编辑类型［默认（H）/新建（N）/旋转（R）/倾斜（O）］＜默认＞："，其中各选项的含义如下。

"默认（H）"：将旋转标注文字移回默认位置。

"新建（N）"：使用"多行文字编辑器"修改编辑标注文字。

"旋转（R）"：旋转标注文字。

"倾斜（O）"：调整线性标注尺寸界线的倾斜角度。

调用"dimedit"命令，对标注文字旋转50°，结果如图 10.21 所示。

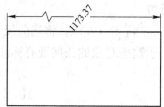

图 10.21　旋转标注文字结果

10.4.3　编辑标注文字

"dimtedit"命令用于移动和旋转标注文字。执行"dimtedit"命令后，命令行中出现以下提示：

命令:dimtedit
选择标注：
指定标注文字的新位置或［左(L)/右(R)/中心(C)/默认(H)/角度(A)］：

上述各标注文字编辑类型的含义如下。

"新位置"：拖拽时动态更新标注文字的位置。

"左（L）"：沿尺寸界线左对正标注文字。

"右（R）"：沿尺寸界线右对正标注文字。

"中心（C）"：将标注文字放在尺寸线的中间。

"默认（H）"：将标注文字移回默认位置。

"角度（A）"：修改标注文字的角度。

10.4.4　更新标注

"dimstyle"命令用于更新标注的样式。执行"dimstyle"命令后，命令行中出现以下提示：

命令：dimstyle
当前标注样式：ISO-25　注释性：否
输入标注样式选项
［注释性(AN)/保存(S)/恢复(R)/状态(ST)/变量(V)/应用(A)/?］＜恢复＞：
输入标注样式名、［?］或 ＜选择标注＞：
选择标注：

上述各标注编辑类型的含义如下。

"保存（S）"：将标注系统变量的当前设置保存到标注样式。

"恢复（R）"：将标注系统变量设置恢复为选定标注样式的设置。

"状态（ST）"：显示所有标注系统变量的当前值。列出变量后，"dimstyle"命令结束。

"变量（V）"：列出某个标注样式或选定标注的标注系统变量设置，但不修改当前设置。

"应用（A）"：将当前尺寸标注系统变量设置应用到所选定的标注对象，永久替代应用于这些对象的任何现有标注样式。

10.5　采矿工程图纸中的标注要求

10.5.1　矿图标注的一般要求

（1）坐标值、标高、方向等，应根据计算结果填写。计算坐标过程中，角度精确到秒，角度函数值一般精确到小数点后 6 ~ 8 位。计算结果的坐标值以 m 为单位，精确到小数点后 3 位。

（2）除井（硐）口及简单图纸外，坐标值一般不直接标注在图线上，而应填入图旁的坐标表中。如坐标点多，占用图幅面积大时，可另用图纸附坐标表。

（3）凡是与方向有关的采矿及井建工程图都必须标注指北针，如井筒断面图、马头门平面图、井底车场图、阶段平面图、坑内外复合平面图、露天开采设计平面图等。地下和露天开采平面图指北针标注在图纸右上角，如图 10.22 所示。表示井筒、马头门及车场方位的指北针用箭头表示，如图 10.23 所示。

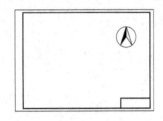

图 10.22　平面图指北针标注方法

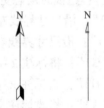

图 10.23　车场方位指北针标注方法

（4）线段方位角和方向角的标注方法为：北偏东 60°写为 N60°E，南偏西 30°写为 S30°W，线段的方位角及方向角如图 10.24 所示。

（5）图样的尺寸应以标注的尺寸数值为准，同一尺寸一般只标注一次，并应标注在表示该结构最清晰的图形上；对表达设计意图没有意义的尺寸，不应标注。

（6）图中所标尺寸，标高必须以 m 为单位，其他尺寸以 mm 为单位。当采用其他单位时应在图样中注明。

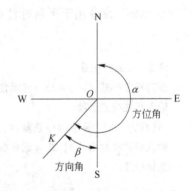

图 10.24　线段方位角及方向角标注方法

（7）尺寸线与尺寸界线应用细实线绘制。尺寸线起止符号可用箭头、圆点、短斜线绘制，如图 10.25 所示。同一张工程图中，一般宜采用一种起止符号形式，当采用箭头位置不够时，可用圆点或斜线代替。半径、直径、角度和弧度的尺寸起止符宜用箭头表示。

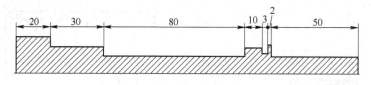

图 10.25　尺寸标注画法（一）

（8）水平尺寸线数字应标注在尺寸线的上方中部，垂直方向尺寸线数字应标注在尺寸线的左侧中部，当尺寸线较密时，最外边的尺寸数字可标于尺寸线外侧，中部尺寸数字可将相邻的数字标注于尺寸线的上下或左右两边，如图 10.25 和图 10.26 所示。

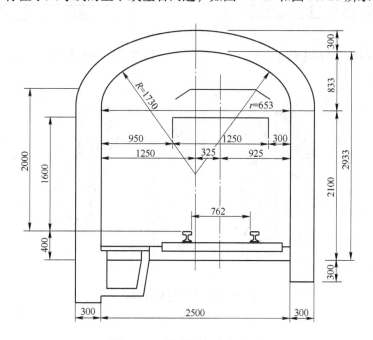

图 10.26　尺寸标注画法（二）

（9）尺寸界线应超出尺寸线，并保持一致。

（10）在标注线性尺寸时，尺寸线必须与所需标注的线段平行。尺寸界线应与尺寸线垂直，当尺寸界线过于贴近轮廓线时，允许倾斜画出，如图 10.27 所示。

（11）当用折断方法表示视图、剖视、剖面时，尺寸也应完全画出，尺寸数字应按未折断前的尺寸标注。如果视图、剖视或剖面只画到对称轴线或断裂部分处，则尺寸线应画过对称线或断裂线，而箭头只需画在有尺寸界线的一端，如图 10.28 所示。

（12）斜尺寸数字应按图 10.29（a）所示方向填写，并应尽量避免在图示 30° 的阴影范围内标注尺寸，当无法避免时可按图 10.29（b）所示标注。

（13）表示半径、直径、球面、弧时，应在数字前加"$R(r)$"、"$\varphi(D)$"、"球 R"、"⌒"。标注圆的半径（或直径）时，按图 10.30 标注，小圆及小圆弧（$R \leqslant 6mm$）可按

图 10.31 标注。

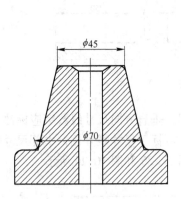

图 10.27　尺寸标注画法（三）

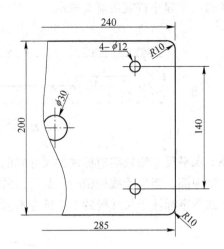

图 10.28　有折断线时的尺寸标注

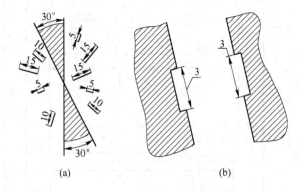

(a)　　　　　　　　　　(b)

图 10.29　斜尺寸标注样式

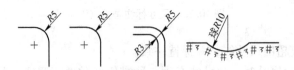

图 10.30　半径标注

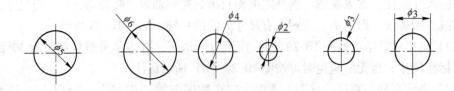

图 10.31　小圆及小圆弧标注

（14）标注角度的数字，应填写在尺寸线的中断处，必要时可填写在尺寸线的上方或外面，位置不够时也可用引线引出标注，如图 10.32 所示。

（15）凡要素相同，距离相等时，相关尺寸可按图 10.33 所示标注。

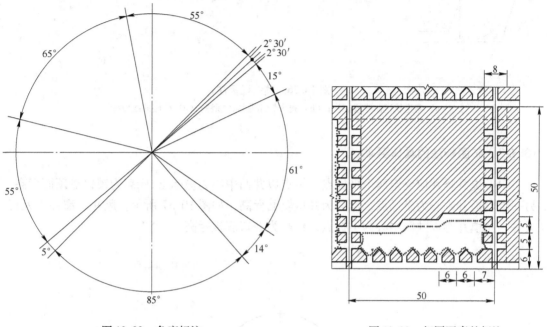

图 10.32　角度标注　　　　　　　　　　　　图 10.33　相同要素的标注

（16）采矿图上表示巷道、路堑、水沟坡度时，应将标注坡度的箭头指向下坡方向，箭头上方标注坡度的数值，变坡处应标出变坡的界线，如图 10.34 所示。

（17）表示斜度或锥度时，其斜度与锥度的数字应标注在斜度线上，如图 10.35 所示。

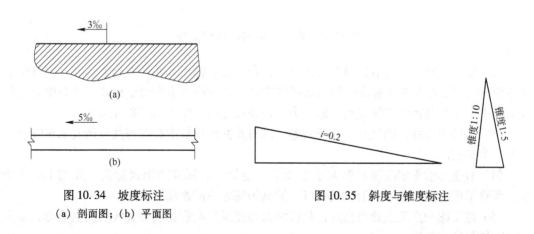

图 10.34　坡度标注　　　　　　　　　图 10.35　斜度与锥度标注
（a）剖面图；（b）平面图

（18）巷道轨道曲线段的标注方法一般如图 10.36（a）所示，露天铁路曲线段的标注方法一般如图 10.36（b）所示，公路曲线段的标注方法一般如图 10.36（c）所示。

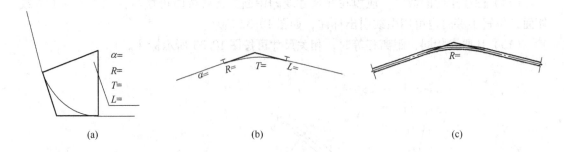

图 10.36　曲线段标注

（a）巷道轨道曲线段标注；（b）露天铁路曲线段标注；（c）公路曲线段标注

10.5.2　矿图标注的具体要求

（1）提升竖井应给定两个坐标点：一点以井筒中心为坐标点，标高为锁口盘顶面标高；另一点以提升中心为坐标点，标高为井口轨面标高，如图 10.37 所示。风井、溜井、人行天井、充填井等以井筒中心为坐标点，标高为井口底板标高。

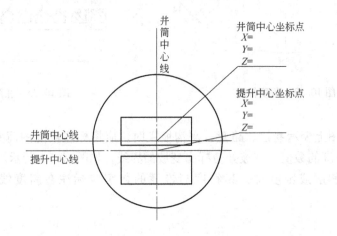

图 10.37　提升竖井坐标点标注方法

（2）提升斜井井口应给出两个坐标点：提升中心坐标点和井筒中心坐标点。提升中心为井筒提升中心线和轨面竖曲线两条切线的交点，其标高为水平切线标高。井筒中心为斜井底板中心线与底板水平线交点，标高为井口底板标高，如图 10.38 所示。

（3）不铺轨斜井，如风井、人行井等，以斜井井筒底板中心线与井口地面水平线交点为井口坐标点。

（4）有轨运输平硐在硐口轨面中心线上设坐标点，标高为轨面标高，如图 10.39 所示。无轨平硐在硐口中心线上设坐标点，标高为底板或路面标高。

（5）施工图中交叉点处坐标点，只标注叉心点及分岔后切线与直线的交点坐标，如图 10.40 中的①、②点。

（6）采用罐笼提升时，井筒出车的方位角系由北向起顺时针量至与矿车的出车方向相平行的井筒中心线（标注为××°），如图 10.41 所示。

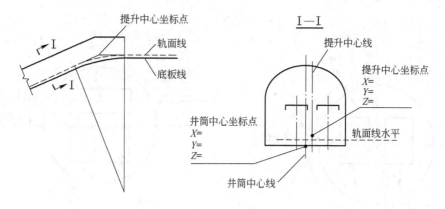

图 10.38　提升斜井井口坐标点标注方法

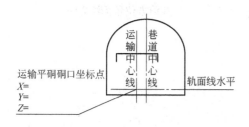

图 10.39　有轨运输平硐硐口
坐标点标注方法

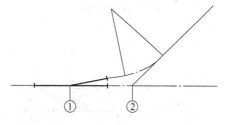

图 10.40　交叉点处坐标点标注方法

（7）采用箕斗提升时，井筒的卸载方位角系由北向起顺时针量至与箕斗在井口卸载方向相平行的井筒中心线（标注为××°），如图 10.42 所示。

（8）采用罐笼和箕斗混合井提升时，井筒方位角以罐笼出车方向为准，由北向起顺时针量至与罐笼出车方向相平行的井筒中心线，如图 10.43 所示。

（9）无提升设备时，井筒方位角的标定必须在图上注明，如图 10.44 所示。

（10）斜井及平硐方位角由北向起沿顺时针量至延深方向中心线止，以 0°～360° 表示（方向角由北（或南）向起量至延深方向中心线上，以 N××°E、N××°W、S××°E、S××°W 表示），如图 10.45 所示。

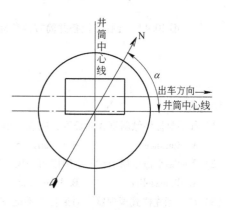

图 10.41　罐笼提升井筒出车方位角
标注方法

10.6　小　　结

本章主要介绍了尺寸的标注方法，包括设置标注尺寸样式、标注图形、编辑标注等内容。通过学习本章知识，读者应熟练操作尺寸标注，为精确制图、规范制图打下基础。

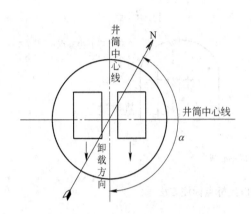

图 10.42　箕斗提升井筒卸载
方位角标注方法

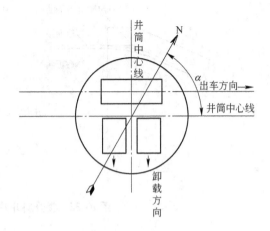

图 10.43　罐笼和箕斗混合井提升
井筒方位角标注方法

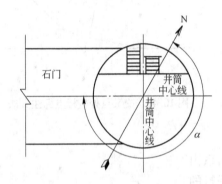

图 10.44　无提升设备井筒方位角标注方法

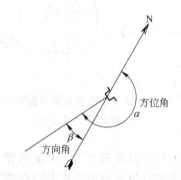

图 10.45　斜井及平硐方位角标注方法

习　　题

1. 选择题

（1）如果要标注倾斜直线的长度，应该选用下面哪个命令？（　　　）

　　A. dimlinear　　　　　　B. dimaligned　　　　　　C. dimordinate　　　　　　D. qdim

（2）下面哪个命令用于在图形中以第一尺寸线为基准标注图形尺寸？（　　　）

　　A. dimbaseline　　　　　B. dimcontinue　　　　　　C. qleader　　　　　　　D. qdim

（3）在"标注样式管理器"对话框中不能完成的是（　　　）。

　　A. 创建新标注样式　　B. 设置当前标注样式　　C. 修改标注样式　　　D. 查阅标注的尺寸对象

（4）创建新的标注样式时不需要做的操作是（　　　）。

　　A. 基于当前标注样式进行设置　　　　　　　B. 选择"基础样式"

　　C. 制定新标注样式的应用范围　　　　　　　D. 为新标注样式命名

（5）控制尺寸线超过尺寸界线的距离的选项是（　　　）。

　　A. 基线间距　　　　　B. 超出标记　　　　　　C. 隐藏尺寸线　　　　D. 尺寸线线型

（6）不能设置尺寸界线的（　　　）。

　　A. 超出尺寸线值　　　　　　　　　　　　　B. 起点偏移量

　　C. 固定长度的尺寸界线长度值　　　　　D. 起点标记符号

（7）不能通过"标注样式管理器"设置尺寸线中（　　　）。

　　A. 文字的格式　　　　　　　　　　　　B. 文字的字体、大小

　　C. 文字的倾斜角度、放置位置　　　　　D. 文字的下划线

（8）如何设置尺寸对象中的数字小数位？（　　　）

　　A. 设置"标注样式"的"精度"选项　　　B. 执行"units"命令

　　C. 通过"选项"对话框设置　　　　　　 D. 标注尺寸时设定

（9）通常将尺寸对象的颜色设置成"随层"的原因是（　　　）。

　　A. 比"随块"方便　　　　　　　　　　 B. 有利于使用颜色

　　C. 便于使用笔式绘图仪输出图纸　　　　D. AutoCAD 默认设置为"随层"

（10）标注好尺寸后，不可以修改的是（　　　）。

　　A. 标注样式　　　　B. 尺寸文本　　　　C. 尺寸界线位置　　　　D. 尺寸对象颜色

2. 填空题

（1）在 AutoCAD 中标注的线性尺寸一定有＿＿＿＿＿、＿＿＿＿＿、＿＿＿＿＿，它们同旁引线、指引线等对象一样，都是＿＿＿＿＿的组成部分。

（2）在设置单位精度的过程中，最多可设置＿＿＿＿＿位小数。

（3）想要标注倾斜直线的实际长度，应该选用＿＿＿＿＿标注。

（4）"标注样式管理器"对话框的"＿＿＿＿＿"列表里，显示了当前＿＿＿＿＿使用的各种标注样式，初始时只有 ISO – 25 与"Stadard"标注样式可用，这些是按＿＿＿＿＿制定的标注样式，它们各自标注的结果可在此对话框中的＿＿＿＿＿框中看到。

（5）尺寸线中的文本样式内容包括＿＿＿＿＿的格式、字体、大小、倾斜角度、放置位置、对齐方式等。指定＿＿＿＿＿高度后，AutoCAD 将根据该值设置文字高度。如果高度设置为＿＿＿＿＿，此后每次用该样式输入文字时，AutoCAD 都将＿＿＿＿＿输入文字高度。输入大于 0.0 的高度值则为该样式设置固定的文字高度。

3. 思考题

（1）标注时的比例因子与整体比例如何控制？

（2）在工程制图中，一个完整的尺寸标注应由哪些部分组成？

（3）绘制图 10.46 所示图形并完成标注练习。

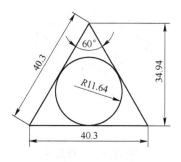

图 10.46　思考题（3）

11　采矿工程三维制图

本章要点：(1) 三维制图的基础知识；(2) 三维建模的基本方法；(3) 采矿工程中的图纸变换；(4) 采矿工程中三维模型的建立；(5) 三维实体的编辑。

AutoCAD 具有极为强大的三维建模功能，能够精确、便捷地创建各种平面和三维图形。设计人员能够在 AutoCAD 的三维空间中直接生成与实际物体基本相同的三维模型，可形象直观地查看设计结果，并能在此基础上进一步创建具有真实感的模型渲染图像，以更好地表达设计目的。因此，利用 AutoCAD 建立采矿工程中的三维模型，可以直观、立体、形象地表示出地下工程的空间分布情况。

11.1　三维制图的基本知识

11.1.1　三维对象

AutoCAD 中的三维对象分为线框对象、曲面对象和实体对象三种类型，每种类型的对象的特点和作用都有所不同。

(1) 三维线框对象。线框对象是指用点、直线和曲线表示三维对象边界的 AutoCAD 对象。使用线框对象构建三维模型，可以很好地表现出三维对象的内部结构和外部形状，但不能支持隐藏、着色和渲染等操作。此外，构成线框模型的每个对象都必须单独绘制和定位，这种建模方式最为费时，如图 11.1 (a) 所示。

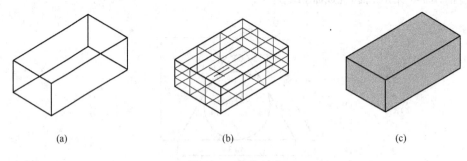

(a)　　　　　　　　　(b)　　　　　　　　　(c)

图 11.1　三维对象
(a) 三维线框；(b) 曲面对象；(c) 实体模型

(2) 三维曲面对象。曲面对象不仅包括对象的边界，还包括对象的表面。由于曲面对象具有面的特性，因此曲面对象支持隐藏、着色和渲染等功能。在 AutoCAD 中，曲面对象使用多边形网格来定义，因此网格的密度决定了曲面的光滑程度。网格的密度越大，曲面越光滑。AutoCAD 提供了多种预定义的三维曲面对象，包括长方体表面、楔体表面、棱锥面、圆锥面、球面、下半球面、上半球面、圆环面和网格等，如图 11.1（b）所示。

（3）三维实体对象。实体对象不仅包括对象的边界和表面，还包括对象的体积，因此具有质量、体积和质心等质量特性。使用实体对象构建模型比线框和曲面对象更为容易，而且信息完整，歧义最少。此外，还可以将 AutoCAD 的实体模型数据，提供给 CAE 程序使用或进行有限元分析，如图 11.1（c）所示。AutoCAD 提供了多种预定义的三维实体对象，包括长方体、球体、圆柱体、圆锥体、楔体和圆环体，如图 11.2 所示。

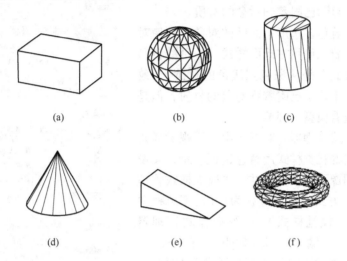

（a）　　　　　　　　（b）　　　　　　　　（c）

（d）　　　　　　　　（e）　　　　　　　　（f）

图 11.2　预定义的三维实体对象
（a）长方体；（b）球体；（c）圆柱体；（d）圆锥体；（e）楔体；（f）圆环体

11.1.2　视觉样式

视觉样式用于改变模型在视口中的显示外观，是一组控制模型显示方式的设置，这些设置包括面设置、环境设置及边设置等。面设置控制视口中面的外观，环境设置控制阴影和背景，边设置控制如何显示边。当选中一种视觉样式时，AutoCAD 在视口中按样式规定的形式显示模型。同时，AutoCAD 提供了 5 种视觉样式，如图 11.3 所示。

视觉样式的命令调用方式和执行过程为：（1）菜单栏中选择"视图"→"视觉样式"→"二维线框（2）"、"三维线框（3）"、"三维隐藏（H）"、"真实（R）"、"概念（C）"、"视觉样式管理器（V）"；（2）命令行输入"vscurrent"命令。

命令:vscurrent
输入选项［二维线框(2)/三维线框(3)/三维隐藏(H)/真实(R)/概念(C)/其他(O)]＜当前＞:

（1）二维线框。显示用直线和曲线表示边界的对象。光栅和 OLE 对象、线型和线宽均可见。即使将系

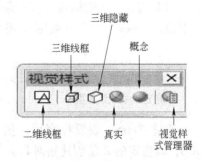

图 11.3　视觉样式

统变量 COMPASS 的值设置为 1，打开坐标球，面和渲染的体也不会出现在二维线框视图中。

（2）三维线框。显示用直线和曲线表示边界的对象。显示一个已着色的三维 UCS 图标。可将 COMPASS 系统变量设置为 1 来查看坐标球。

（3）三维隐藏。显示用三维线框表示的对象并隐藏表示后向面的直线。

（4）真实。着色多边形平面间的对象，并使对象的边平滑化。显示已附着到对象的材质。

（5）概念。着色多边形平面间的对象，并使对象的边平滑化。着色使用古氏面样式（一种冷色和暖色之间的过渡而不是从深色到浅色的过渡）。效果缺乏真实感，不显示已附着到对象的材质，但是可以更方便地查看模型的细节。

（6）视觉样式管理器。对图形中可用视觉样式进行管理。选定的视觉样式用黄色边框表示，其设置显示在样例图像下方的面板中。"视觉样式管理器"的命令调用方式和执行过程为：1）菜单栏中选择"视图"→"视觉样式"→"视觉样式管理器（V）"；2）命令行输入"visualstyles"命令；3）工具栏中选择"视觉样式"→"视觉样式管理器"。

在"视觉样式管理器"中，可以随时选择视觉样式并更改其设置，所做的更改反映在应用视觉样式的视口中。有关面设置、环境设置和边设置的详细信息，以及对视觉样式所做的任何更改都将保存在图形中，如图 11.4 所示。

图 11.4　视觉样式管理器

11.1.3　标高与厚度

11.1.3.1　标高

标高指三维空间中物体距离大地水准面的真实高差。三维绘图时，当仅指定三维点的 X 值和 Y 值时，当前标高为新对象的默认 Z 值。AutoCAD 默认情况下绘图标高为 0，命令行中输入"elev"命令（或′elev 用于透明使用）可指定新的默认标高。

```
命令：elev
指定新的默认标高 <0.0000>：100
指定新的默认厚度 <10.0000>：
```

通过"elev"设置标高后，所有视口的标高设置都相同，并相对于视口中的当前 UCS，以指定的 Z 值创建新对象。"elev"只控制新对象，而不影响现有对象。每次将坐标系更改为世界坐标系（WCS）时，标高都将重置为 0.0。

11.1.3.2　厚度

对象的厚度是指图形对象在平面垂直方向上的拉伸距离。正的厚度表示向上拉伸，负的厚度则表示向下拉伸。线框对象厚度不为零时，可以使线框对象生成表面，并能够进行消隐、着色和渲染。

AutoCAD 中默认的厚度设置为 0，所创建的对象均使用系统默认的厚度设置。该值保存在系统变量 THICKNESS 中，可以通过修改该变量的取值来改变当前的默认厚度值。此外，可使用"elev"命令设置系统的默认厚度值。对于已有的对象，可以通过特性窗口来查看和修改其厚度设置。

注意：矩形本身有厚度，因此，矩形对象不能通过厚度设置来显示。三维面、三维多段线、三维多边形网格、文本、属性、标注和视口等对象不能有厚度，也不能被拉伸。

11.2　三维建模方法

11.2.1　基本体建模

11.2.1.1　长方体

长方体实体是指长方体所包括的三维空间，其中也包括立方体实体。创建长方体实体的命令调用方式和执行过程如下。

（1）菜单："绘图"→"建模"→"长方体"。

（2）工具栏："建模"→"长方体"。

（3）命令行：box。

```
命令:box
指定长方体的角点或 [中心点 (CE)] <0,0,0>:
指定角点或 [立方体(C)/长度(L)]:
```

使用"box"命令创建的长方体实体，其底面始终与当前 UCS 的 XY 平面相平行，并且长方体的长度、宽度和高度分别与当前 UCS 的 X、Y 和 Z 轴平行。在指定长方体的长度、宽度和高度时，正值表示向相应的坐标值正向延伸，负值表示向相应的坐标值负向延伸。图 11.5 显示了构成长方体的各个几何要素。

11.2.1.2　球体

球体实体是指球体所包含的三维空间。创建球体实体的命令调用方式和执行过程如下。

（1）菜单："绘图"→"建模"→"球体"。

（2）命令行：sphere。

```
命令: sphere
当前线框密度: ISOLINES = 4
指定球体球心 <0,0,0>:
指定球体半径或 [直径(D)]:
```

使用"sphere"命令创建的球体实体，其纬线始终与当前 UCS 的 *XY* 平面相平行，并且中心轴与当前 UCS 的 *Z* 轴平行。图 11.6 显示了构成球体的各个几何要素。

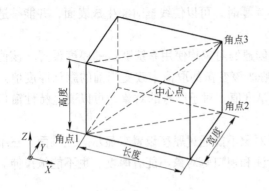 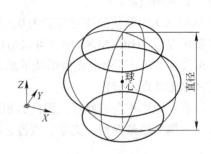

图 11.5　创建长方体实体　　　　　　图 11.6　创建球体实体

当球体实体显示为线框形式时，将利用球体的经线与纬线表示。线框的密度由系统变量 ISOLINES 确定，默认值为 4。

11.2.1.3　圆柱体

圆柱体实体是指圆柱体所包含的三维空间，其中也包括椭圆柱体。创建圆柱体实体的命令调用方式和执行过程如下。

（1）菜单："绘图"→"建模"→"圆柱体"。

（2）命令行：cylinder。

```
命令: cylinder
当前线框密度: ISOLINES = 4
指定圆柱体底面的中心点或 [椭圆(E)] <0,0,0>:
指定圆柱体底面的半径或 [直径(D)]:
指定圆柱体高度或 [另一个圆心(C)]:
```

使用"cylinder"命令创建的圆柱体实体，如果根据其底面的圆心、半径以及圆柱体的高度进行定义，那么其底面始终与当前 UCS 的 *XY* 平面相平行，并且高度与当前 UCS 的 *Z* 轴平行。图 11.7 显示了构成圆柱体的各个几何要素。

此外，在指定了圆柱体一个底面的圆心和半径后，可以选择"另一个圆心（C）"命令选项指定另一个底面的圆心，AutoCAD 将采用与第一个底面半径相同的值确定第二个底面的半径，并根据两个底面圆心的连线确定圆柱体的高度和方向。

除了圆柱体之外，"cylinder"命令还可以创建椭圆柱体，具体方法与创建圆柱体类似。图 11.8 显示了构成椭圆柱体的各个几何要素。

11.2.1.4　圆锥体

圆锥体实体是指圆锥体所包含的三维空间，其中也包括椭圆锥体。创建圆锥体实体的命令调用方式和执行过程如下：

（1）菜单："绘图"→"建模"→"圆锥体"。

（2）命令行：cone。

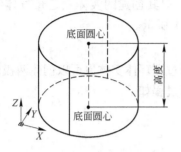

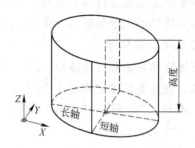

图 11.7　创建圆柱体实体　　　　　　　图 11.8　创建椭圆柱体实体

命令:cone

当前线框密度: ISOLINES = 4

指定圆锥体底面的中心点或 [椭圆(E)] <0,0,0 >:

指定圆锥体底面的半径或 [直径(D)]:

指定圆锥体高度或 [顶点(A)]:

　　使用 "cone" 命令创建圆锥体实体的过程与创建圆柱体实体类似。图 11.9 显示了构成圆锥体的各个几何要素。

　　此外,在指定了圆锥体底面的圆心和半径后,可以选择 "顶点 (A)" 命令选项指定圆锥体的顶点,AutoCAD 将根据顶点与底面圆心的连线确定圆锥体的高度和方向。同样, "cone" 命令还可以创建椭圆锥体,具体方法与创建圆锥体类似。图 11.10 显示了构成椭圆锥体的各个几何要素。

　　圆锥体实体同样根据系统变量 ISOLINES 的值控制线框的密度。

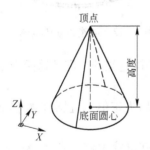

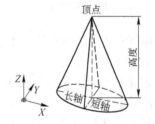

图 11.9　创建圆锥体实体　　　　　　　图 11.10　创建椭圆锥体实体

11.2.1.5　楔体

　　楔体实体是指将长方体沿对角面分开后所得到的半个长方体。创建楔体实体的命令调用方式和执行过程如下。

　　(1) 菜单: "绘图"→"建模"→"楔体"。

　　(2) 命令行: wedge。

命令: wedge

指定楔体的第一个角点或 [中心点(CE)] <0,0,0 >:

指定角点或[立方体(C)/长度(L)]:

　　楔体实体的创建过程与长方体实体完全相同，但其创建的实体只是长方体实体的一半，并且楔体的斜面部分正对着角点 1，如图 11.11 所示。

11.2.1.6　圆环体

　　圆环体实体是指圆环体所包含的三维空间，通过圆环体实体也可以创建两极凹陷或突起的球体。创建圆环体实体的命令调用方式和执行过程如下。

　　（1）菜单："绘图"→"建模"→"圆环体"。

　　（2）命令行：torus。

```
命令: torus
当前线框密度: ISOLINES = 4
指定圆环体中心 <0,0,0 >:
指定圆环体半径或 [直径(D)]:
指定圆管半径或 [直径(D)]:
```

　　使用"torus"命令创建的圆环体实体，其圆管中心所在平面与当前 UCS 的 XY 平面平行，图 11.12 显示了构成圆环体的各个几何要素。

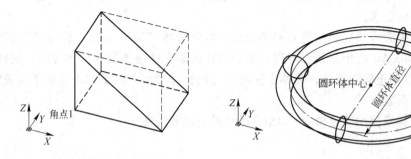

图 11.11　创建楔体实体　　　　　　　　图 11.12　创建圆环体实体

　　由于圆环体实体是根据圆环体半径和圆管半径共同定义的，因此这两个半径的相关大小将影响整个圆环体的形状。

　　（1）在通常情况下，当圆环体半径和圆管半径均为正值，且圆环体半径大于圆管半径时，可以得到图 11.12 所示的带有中心孔的圆环体。

　　（2）如果两个半径都是正值，且圆管半径大于圆环体半径，可以得到两极凹陷的球体，如图 11.13 所示。

　　（3）如果圆环体半径为负值，而圆管半径为正值，而且圆管半径大于圆环体半径的绝对值，则可以得到类似于图 11.14 所示的两极尖锐突出的球体。

11.2.2　组合体建模

　　在二维绘图时，可以对多个面域对象进行并集、差集和交集等操作。同样，对于 AutoCAD 的实体对象，也可以使用这些命令，并根据多个实体对象创建各种组合的实体模型。

11.2.2.1　创建实体的并集

　　在 AutoCAD 中，对于已有的两个或多个实体对象，可以使用并集命令将其合并为一

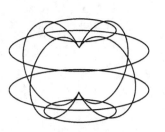

图 11.13　创建两极凹陷的球体实体

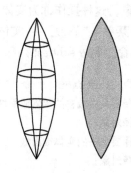

图 11.14　创建两极尖锐突出
的球体实体

个组合的实体对象，新生成的实体包含了所有原实体对象所占据的空间。这种操作称为实体的并集。创建实体并集的命令调用方式和执行过程如下。

（1）菜单："修改"→"实体编辑"→"并集"。

（2）命令行：union。

命令: union

选择对象：　　　　　　　//选择要进行并运算的实体,可选择多个对象,选择以回车和空格结束(选择 A 对象)

选择对象：　　　　　　　//选择要进行并运算的实体,可选择多个对象,选择以回车和空格结束(选择 B 对象)

　　创建实体的并集时，AutoCAD 会连续提示用户选择多个对象进行合并，按回车键结束选择。用户至少要选择两个及以上的实体对象才能进行并集操作。

　　无论所选择的实体对象是否具有重叠的部分，都可以使用并集操作将其合并为一个实体对象。其中如果原实体对象有重叠部分，则合并后的实体将删除重叠处多余的体积和边界。利用实体并集可以轻松地将多个不同实体组合起来，构成各种复杂的实体对象。例如，图 11.15 中的三维模型由两个实体对象构成，可以使用并集命令将其组合为一个实体对象。

图 11.15　实体的并集

11.2.2.2　创建实体的差集

在 AutoCAD 中，可以将一组实体的体积从另一组实体中减去，剩余的体积形成新的组合实体对象，这种操作称为实体的差集。创建实体差集的命令调用方式和执行过程如下。

（1）菜单："修改"→"实体编辑"→"差集"。

（2）命令行：subtract。

> 命令：subtract
> 选择要从中减去的实体或面域...
> 选择对象：
> 选择要减去的实体或面域 ..
> 选择对象：

创建实体的差集时，首先需要构造被减去的实体选择集 A，按回车键结束选择后再构造要减去的实体选择集 B，然后按回车键结束选择，此时 AutoCAD 将删除实体选择集 A 中与选择集 B 重叠的部分体积以及选择集 B，并由选择集 A 中剩余的体积生成新的组合实体。利用实体差集可以很容易地进行切削、钻孔等操作，便于形成各种复杂的实体表面。例如，图 11.16 中矿体和巷道进行差集后，生成新的对象。

图 11.16　实体的差集

11.2.2.3　创建实体的交集

在 AutoCAD 中，可以提取一组实体的公共部分，并将其创建为新的组合实体对象，这种操作称为实体的交集。创建实体交集的命令调用方式和执行过程如下。

（1）菜单："修改"→"实体编辑"→"交集"。

（2）命令行：intersect。

> 命令：intersect
> 选择对象：找到 1 个
> 选择对象：

创建实体的交集时，至少要选择两个及以上的实体对象才能进行交集操作。如果选择的实体具有公共部分，则 AutoCAD 根据公共部分的体积创建新的实体对象，并删除所有原实体对象。如果选择的实体不具有公共部分，则 AutoCAD 将其全部删除。图 11.17 显示了矿体与巷道相交的结果。

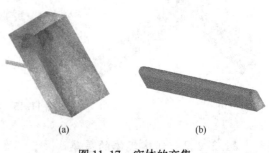

(a)   (b)

图 11.17　实体的交集

（a）巷道与矿体；（b）相交的结果

11.2.3　拉伸建模

对于 AutoCAD 中的平面三维面和一些闭合的对象，可以将其沿指定的高度或路径进行拉伸，根据被拉伸对象所包含的面和拉伸的高度或路径形成一个三维实体，即 AutoCAD 的拉伸实体对象。创建拉伸实体的命令调用方式和执行过程如下。

（1）菜单："绘图"→"建模"→"拉伸"。

（2）命令行：extrude。

> 命令：extrude
> 当前线框密度：ISOLINES = 4
> 选择对象：
> 指定拉伸高度或[路径(P)]：
> 指定拉伸的倾斜角度 < 0 > :

在使用"extrude"命令创建拉伸实体之前，需要先创建进行拉伸的平面、三维面或闭合对象。能够用于创建拉伸实体的闭合对象包括面域、圆、椭圆、闭合的二维和三维多段线与样条曲线等。对于要进行拉伸的闭合多段线，其顶点数目必须在 3 ~ 500 之间。如果多段线具有宽度，AutoCAD 将忽略其宽度并从多段线路径的中心线处拉伸。

在选择被拉伸的对象时，AutoCAD 会连续提示选择一个或多个对象进行拉伸，按回车键结束选择。图 11.18 中显示了一个用于创建拉伸实体的多段线对象。

在进行拉伸时，如果指定拉伸高度，则 AutoCAD 将在与被拉伸对象所在平面相垂直的方向上进行拉伸。正的拉伸高度将沿坐标轴正方向进行拉伸，负的拉伸高度将沿坐标轴负方向进行拉伸。

指定拉伸高度后，还可以进一步指定拉伸实体的倾斜角度。拉伸实体的倾斜角度是指拉伸的侧面与拉伸方向之间的夹角，默认角度 0 表示在拉伸过程中始终保持原拉伸对象的形状。正的倾斜角度将在拉伸时从轮廓平面开始向内倾斜，形成一个由粗到细的拉伸实体对象；反之将形成一个由细到粗的拉伸实体对象。例如，对图 11.18 中的多段线对象进行拉伸时，如果指定正的倾斜角度，可以得到图 11.18（c）所示的拉伸实体；如果指定负的倾斜角度，可以得到图 11.18（d）所示的拉伸实体。

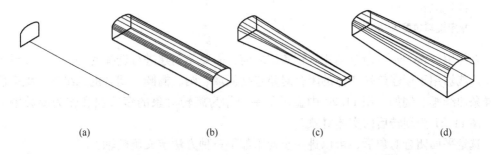

(a)　　　　　　　　(b)　　　　　　　　(c)　　　　　　　　(d)

图 11.18　固定断面拉伸和倾斜角度关系

（a）固定断面和拉伸高度线；（b）倾斜角度为 0°；（c）倾斜角度为 + 3°；（d）倾斜角度为 − 3°

除了指定拉伸高度之外，也可以选择"路径（P）"命令选项指定拉伸路径。拉伸路径可以是直线、圆、圆弧、椭圆、椭圆弧、多段线或样条曲线等，且不能与被拉伸的对象共面。例如，在图 11.19 中，如果将图中左侧的巷道断面作为拉伸对象，样条曲线作为拉伸路径，则可以创建图中右侧所示的拉伸实体。

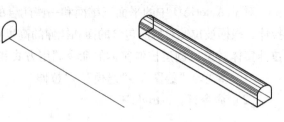

根据指定路径创建拉伸实体时，需要注意以下两点：

图 11.19　指定拉伸路径

（1）当拉伸路径的一个端点位于拉伸平面上时，AutoCAD 将直接根据该路径从轮廓平面开始进行拉伸；如果拉伸路径的端点不在拉伸平面上，AutoCAD 则会将路径端点移动到轮廓的中心点后再进行拉伸。

（2）如果拉伸路径是一条样条曲线，而其端点不与轮廓所在的平面垂直时，AutoCAD 将旋转轮廓使其与样条曲线路径垂直，然后再进行拉伸。

在拉伸实体的线框模型中，拉伸侧面的线框密度是根据系统变量 ISOLINES 确定的，其默认值为 4。如果需要改变拉伸实体侧面的线框密度，则需要在创建拉伸实体之前修改 ISOLINES 的取值。

11.2.4　旋转建模

在 AutoCAD 中可以将某些闭合的对象绕指定的旋转轴进行旋转，由被旋转对象包含的面和旋转的路径形成一个三维实体，即 AutoCAD 的旋转实体对象。创建旋转实体的命令调用方式和执行过程如下。

（1）菜单："绘图"→"建模"→"旋转"。

（2）命令行：revolve。

```
命令：revolve
当前线框密度：ISOLINES = 4
选择对象：
选择对象：
指定旋转轴的起点或定义轴依照 [对象(O)/X 轴(X)/Y 轴(Y)]：
指定轴端点：
指定旋转角度 <360>：
```

在使用"revolve"命令创建旋转实体之前，需要先创建进行选择的平面三维面或闭合对象。能够用于创建旋转实体的闭合对象包括面域、圆、椭圆、闭合的二维和三维多段线与样条曲线等。例如，图 11.20 中显示了一个作为旋转对象的多段线和作为旋转轴的直线，图 11.21 为旋转后的实体对象。

选定平面闭合对象后，可以进一步使用如下三种方法定义旋转轴：

（1）直接指定旋转轴的起点和端点，AutoCAD 将沿着从起点到端点的方向按右手定则确定正方向。

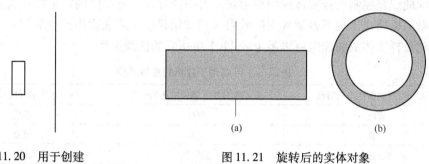

图 11.20　用于创建
　旋转实体的对象

图 11.21　旋转后的实体对象
　（a）主视图；（b）俯视图

（2）选择"对象（O）"命令选项，可以选择直线或多段线中的直线段作为旋转轴。旋转的方向与选择点位置有关，AutoCAD 以距离选择点较近的端点作为起点来确定旋转方向。

（3）选择"X 轴（X）"或"Y 轴（Y）"命令选项，将以当前 UCS 的 X 轴或 Y 轴作为旋转轴进行旋转。

在创建旋转实体时，被旋转的二维对象所在平面为旋转角度的 0 位置，并从该位置开始按用户指定的旋转角度进行旋转。正的旋转角度将按旋转轴逆时针方向旋转，负的旋转角度将按旋转轴顺时针方向旋转。

11.2.5　放样建模

放样建模，可以利用包含两个或两个以上横截面边界的一组曲线来创建三维实体或曲面。横截面定义了结果实体或曲面的轮廓。横截面（曲线或直线）可以是开放的，也可以是闭合的。放样建模用于在横截面之间的空间内绘制实体或曲面。进行放样建模时，必须至少指定两个横截面，如图 11.22 所示。

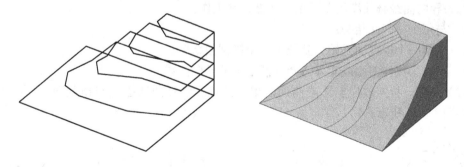

图 11.22　横截面和用横截面创建的放样实体

如果对一组闭合的横截面曲线进行放样，则生成实体。如果对一组开放的横截面曲线进行放样，则生成曲面。放样时使用的曲线必须全部开放或全部闭合，不能使用既包含开放曲线又包含闭合曲线的选择集。

放样时，可以指定放样操作的路径，以便更好地控制放样实体或曲面的形状，建议路径曲线始于第一个横截面所在的平面，止于最后一个横截面所在的平面。

　　导向曲线是控制放样实体或曲面形状的另一种方式，可以使用它来控制点如何匹配相应的横截面以防止出现不希望看到的效果（例如结果实体或曲面中产生皱褶）。

　　创建放样实体或曲面时可以参考表 11.1 中所列的曲线类型。

表 11.1　可以用于放样的曲线类型

可以作为横截面使用的对象	可以作为放样路径使用的对象	可以作为引导使用的对象
直线	直线	直线
圆弧	圆弧	圆弧
椭圆弧	椭圆弧	椭圆弧
二维多段线	样条曲线	二维样条曲线
二维样条曲线	螺旋	三维样条曲线
圆	圆	二维多段线
椭圆	椭圆	三维多段线
点（仅第一个和最后一个横截面）	二维多段线	
	三维多段线	

　　放样建模的命令调用方式和执行过程如下。

　　（1）菜单："绘图"→"建模"→"放样"。

　　（2）命令行：loft。

　　命令:loft
　　按放样次序选择横截面:
　　输入选项 [引导(G)/路径(P)/仅横截面(C)] <仅横截面>:

　　放样建模操作如下：

　　（1）引导。指定控制放样实体或曲面形状的导向曲线。导向曲线可以是直线或曲线，也可以通过添加其他线框信息来进一步定义实体或曲面的形状，如图 11.23 所示。

　　每条导向曲线必须满足以下条件才能正常工作：

　　1）与每个横截面相交；

　　2）从第一个横截面开始，到最后一个横截面结束；

　　3）可以为放样曲面或实体选择任意数量的导向曲线。

　　（2）路径。指定放样实体或曲面的单一路径，路径曲线必须与横截面的所有平面相交，如图 11.24 所示。

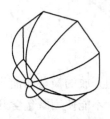  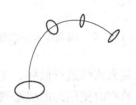 

图 11.23　通过横截面和引导创建的放样实体　　　图 11.24　通过横截面和路径创建的放样实体

　　（3）仅横截面。表示仅通过横截面来创建放样实体，可通过系统变量 LOFTNORMALS

进行控制。"放样设置"对话框如图 11.25 所示。

图 11.25 "放样设置"对话框

1）直纹。指定实体或曲面在横截面之间通过直纹连接，并且在横截面处具有鲜明边界。

2）平滑拟合。在指定的横截面之间通过平滑曲线相连接，并且在起点和终点横截面处具有鲜明边界。

3）法线指向。控制实体或曲面在其通过横截面处的曲面法线。

起点横截面：指定曲面法线为起点横截面的法向。

终点横截面：指定曲面法线为端点横截面的法向。

起点和终点横截面：指定曲面法线为起点和终点横截面的法向。

所有横截面：指定曲面法线为所有横截面的法向。

4）拔模斜度。拔模斜度是为了方便出模而在模腔两侧设计的斜度。通过它可以控制放样实体或曲面的第一个和最后一个横截面的拔模斜度和幅值（见图 11.26）。拔模斜度为曲面的开始方向。0°定义为从曲线所在平面向外；1°和 180°之间的值表示向内指向实体或曲面（见图 11.26（b））；181°和 359°之间的值表示向外指向实体或曲面（见图 11.26（c））；可通过系统变量 LOFTNORMALS 进行控制。

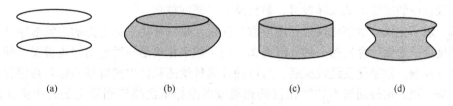

图 11.26 不同拔模斜度的三维图

（a）放样对象；（b）拔模斜度 45°，幅值 45°；（c）拔模斜度 90°；（d）拔模斜度 135°，幅值 45°

"起点角度"：指定起点横截面的拔模斜度。

"起点幅值"：在曲面开始弯向下一个横截面之前，控制曲面到起点横截面在拔模斜度方向上的相对距离。

"终点角度"：指定终点横截面拔模斜度。

"终点幅值"：在曲面开始弯向上一个横截面之前，控制曲面到端点横截面在拔模斜度方向上的相对距离。

5）闭合曲面或实体。闭合和开放曲面或实体。使用该选项时，横截面应该形成圆环形图案，以便放样曲面或实体可以形成闭合的圆管。

6）预览更改。将当前设置应用到放样实体或曲面，然后在绘图区域中显示预览。

系统变量 DELOBJ 控制是否在创建实体或曲面后自动删除横截面、路径和导向，以及是否在删除轮廓和路径时进行提示。

11.3   三 维 制 图

11.3.1   图纸数字化

相对于传统的纸质图纸，能被计算机识别、编辑、复制、索引、输出的数字文件，称之为数字图纸或者电子图纸。数字图纸的生成抛弃了传统图纸绘制时使用的绘图板、铅笔、橡皮等绘图工具，转而借助于计算机绘图软件平台和绘图软件系统来实现图纸的绘制、编辑、修改，这种绘图模式大大地提高了绘图的效率和图纸的质量。首先由于采用标准的、通用的绘图工具，使矿山图纸在绘制过程中大大地降低了个人习惯带来的影响，使得图纸的标准化和规范化程度得以提高。其次由于数字图纸保存格式的数字化特性，使其复制、备份工作变得异常快捷，可以方便地在公司内部信息网络上流通，如此大大节省了人力、物力，提高了工效。数字图纸的保存媒介不再是纸张而是现代的光、磁存储介质。数字图纸占用体积小，其保存媒介不需要占用大量的空间，易于保存。

所谓矿图数字化是指采用各种方法将传统的纸质矿图矢量化，使之成为能够用计算机进行处理的数字文件。通常矿图数字化有人工输入绘制、数字化仪数字化、工程图纸扫描仪、数码相机光栅图像数字化以及图像自动生成等方法。下面具体的介绍这几种方法。

（1）人工输入。人工输入就是在纸质图纸上按照一定的取点规则顺序量取或计算图纸中各个图元的特征点，记录这些点的坐标及相互之间的关系，按照图纸的比例尺系数折算成实际长度后，在计算机绘图软件上按照原始顺序顺次连接对应的特征点，形成该图纸的电子图纸。利用人工输入方法进行图纸数字化，操作简单，仅需尺子、量角器等基本量器和计算机及其对应的绘图软件。但人工输入数字化效率低、人为误差较大，精度较低。图纸精度依赖原始纸质图纸取样数目，数目越多，精度越高。

（2）数字化仪。数字化仪全称图形数字化仪，是一种将平面上点的位置数字化并将坐标数据显示或送给计算机的一种外部设备。由于数字化仪是一种绝对定点设备，使用之前需要进行校准。数字化仪经校准后，可以使计算机绘图软件中的屏幕坐标与数字化仪上的坐标保持一致，这样通过用数字化仪的光笔或者游标依次捕获图纸上的各个图元的特征点，即可将这些点的坐标传入对应的作图软件，再利用作图软件的绘图工具，将对应的图元进行绘制。利用数字化仪进行数字化与人工输入数字化相比，利用数字化仪与绘图软件通讯功能，直接传输获取的特征点位，替代了人工计算坐标点然后输入计算机的过程，相对人工输入而言，提高了数字化的速度和精度。数字化仪数字化需要专门的数字化仪器，现在数字化仪的价位在万元左右，相对而言，数字化的成本仍然较高，且数字化后的图纸的精度同样依赖于数字化取点的密度和数字化操作人员的水平。

（3）工程图纸扫描仪。扫描仪是 20 世纪 80 年代兴起的电子科技产品，经过 20 余年的快速发展已成为计算机不可缺少的输入设备。扫描仪是图像信号输入设备，它对原稿进行光学扫描，然后将光学图像传送到光电转换器中变为模拟电信号，之后再将模拟电信号变换为数字电信号，最后通过计算机接口送至计算机中，转化为光栅图像。扫描仪经历了黑白、灰度、彩色三个阶段，已形成了台式扫描仪、手持式扫描仪、大幅面工程图纸扫描仪和馈纸扫描仪 4 大门类，其中大幅面工程图纸扫描仪被广泛地应用于矿山图纸数字化中。

工程图纸扫描仪首先将 A0 以下图纸扫描转化成光栅图像，再利用矢量化软件将光栅图像进行矢量化，转化为计算机可以识别和处理的图形，从而完成矿山图纸的数字化。使用工程图纸扫描仪就是将原始图纸转化为光栅点阵位图，从而在计算机中得到识别，然后借助于 VPStudio/VPRaster Pro、RxAutoImage Pro 2000 、VPHybridCADV8 或者 Power TRACE 等软件转化为矢量图，完成数字化。

利用工程图纸扫描仪结合矢量化软件对图纸进行数字化，速度快，效率高，同时借助矢量化软件的一些辅助功能可以去除原图中的蓝色背景、污渍、斑点、完成自动倾斜校正、调整，因而对图纸具有适量的修复功能，可以提高数字图纸的质量。但是工程图纸扫描仪本身价格昂贵，由此会导致图纸数字化成本的上升。

（4）数码相机数字化。数码相机是一种能够进行拍摄，并通过内部处理把拍摄到的景物转换成以数字格式存放的图像的特殊照相机。通过数码相机对原始图纸进行近距离拍照，获得原始图纸的点阵（光栅）位图，此后，一种方法是借助于光栅图像处理软件，如同工程图纸扫描仪处理方式一样，进行数字化处理，转化为矢量化图纸；另一种方法是借助于常用的 AutoCAD 软件。通过插入光栅图像，在 AutoCAD 下对图像通过旋转、放缩、平移等图形变形操作，将图形的位置调整到合适的位置；再利用 AutoCAD 的用户坐标系功能，将图纸中的坐标系变换为与 AutoCAD 的坐标一致，此时利用 AutoCAD 下的直线、多段线、样条曲线等工具将对应的光栅图形中的线条逐条进行模拟绘制，将相应的地物绘制在图纸上，形成数字化图纸。采用数码相机进行图纸数字化，相对于工程图纸扫描仪来讲，设备成本较低，耗费较少，而且只要所采用的数码相机的镜头畸变系数较小，对工程图纸所要求的精度而言，其误差就可以控制在能够接受的范围内。如果采用手工图纸处理，还可以同时多台计算机多人处理，速度较高。

（5）程序自动生成。当前矿山辅助设计软件大多具有自动图纸生成功能，例如 Datamine、Surpac、MicorMine、MineSight。但这些矿山辅助设计软件在自动成图之前，需要完成前期建模工作。利用矿山基础的地质勘探资料建立起矿山地质体模型，井下工程模型，利用这些现有的模型，完成矿山断面图、剖面图、投影图的自动生成。利用程序自动生成数字化图纸，是未来矿山图纸产生的发展方向。这种方法不但快捷、迅速，而且准确，减少了人为因素的干扰。但是鉴于当前的数字矿山建设水平限制，利用程序自动生成的图纸仍然需要人工干预，必须进行适当的调整和修正，才能满足生产的需要。

11.3.2　图纸变换

11.3.2.1　坐标变换

一般的矿山图纸都有自己的矿区坐标。在 AutoCAD 的绘图环境中进行三维建模时，对平面图纸均需要将图纸的矿区坐标与绘图环境中的坐标系调整为一致，即调整后，鼠标在图纸中任何位置显示的坐标必须和屏幕显示坐标保持一致。如图 11.27 所示，图中点 P (41320,510520) 对应的屏幕坐标为（1283.4854，－412.5671）。该图纸坐标的调整步骤如下。

A　建立用户坐标系

通过用户坐标系 UCS 指定 3 点的方式，确定新坐标系的 X 轴、Y 轴和坐标原点。建立用户坐标系时，先判断图纸的增量方向，并依据左手或右手坐标建立规则确定好图纸的 X 轴和 Y 轴。选择新坐标系的原点时，最好选择图纸中坐标网的交叉点，同时记录下该点的坐标。

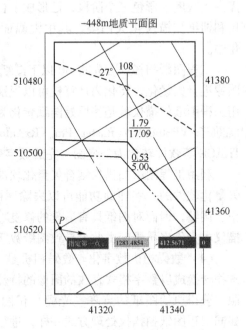

图 11.27　原矿图

命令:UCS
当前 UCS 名称:＊没有名称＊
指定 UCS 的原点或［面（F）/命名（NA）/对象（OB）/上一个（P）/视图（V）/世界（W）/X/Y/Z/Z 轴（ZA）]＜世界＞:3
指定新原点 ＜0,0,0＞:
在正 X 轴范围上指定点 ＜2781.2059,－322.1727,0.0000＞:(在屏幕中 X 增量方向选择一点)
在 UCS XY 平面的正 Y 轴范围上指定点 ＜2779.7059,－321.3067,0.0000＞:(在屏幕中 Y 增量方向选择一点)

建立好的用户坐标系如图 11.28 所示，图纸中点 P 为坐标原点，新坐标系下坐标为 (0，0，0)，左上为 X 轴方向，右下为 Y 轴方向。

B　平移坐标系

建立用户坐标系后，新坐标系的原点在矿图上实际坐标是 (41320,510520,0)，将图纸空间反向移动相应的距离，即可使得新建用户坐标系与图纸坐标系相一致。利用"UCS"命令，输入"m"（平移坐标系），输入平移的距离，注意输入距离时，要反向平移，即输入的是原有坐标值的负数。具体操作为:

命令:UCS
当前 UCS 名称:＊没有名称＊
指定 UCS 的原点或［面（F）/命名（NA）/对象（OB）/上一个（P）/视图（V）/世界（W）/X/Y/Z/Z 轴（ZA）]＜世界＞:m
指定新原点或［Z 向深度（Z）]＜0,0,0＞:－41320,－510520

坐标变换后的效果如图 11.29 所示。

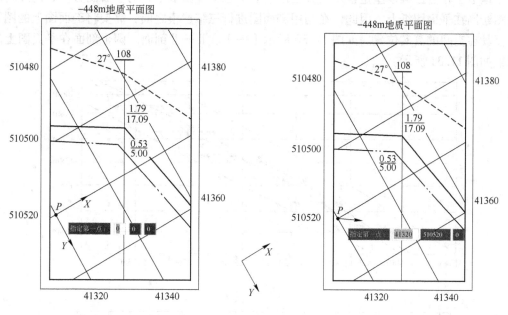

图 11.28　UCS 坐标变换　　　　　图 11.29　坐标变换后的矿图

C　保存坐标系

坐标系平移后，使得新建的用户坐标系与图纸坐标系相一致。但是当用户切换视图时，用户所建立的坐标系会被指定的视图所代替。为了方便使用新建的用户坐标系，在实现图纸坐标变化后，还要将所建的用户坐标系进行保存。保存方法为：

命令：UCS
当前 UCS 名称：＊没有名称＊
指定 UCS 的原点或［面(F)/命名(NA)/对象(OB)/上一个(P)/视图(V)/世界(W)/X/Y/Z/Z 轴(ZA)］＜世界＞：NA
输入选项［恢复(R)/保存(S)/删除(D)/?］：S
输入保存当前 UCS 的名称或［?］：-448 坐标系
命令：UCS
当前 UCS 名称：-448 坐标系
指定 UCS 的原点或［面(F)/命名(NA)/对象(OB)/上一个(P)/视图(V)/世界(W)/X/Y/Z/Z 轴(ZA)］＜世界＞：NA
输入选项［恢复(R)/保存(S)/删除(D)/?］：R
输入要恢复的 UCS 名称或［?］：-448 坐标系

此外，可以通过新建图纸实现坐标转化后图纸的永久保存。新建一个图纸，复制所有变换完毕的图形，在新图纸中选择粘贴到原坐标，保存后新图纸的位置就再不随视图的切换而发生变化。

11.3.2.2　剖面图恢复其真实位置

剖面图是采矿工程设计生产中所依据的基础资料之一。剖面图所表示的是地下工程在指定剖面位置的截面和投影图,代表着地下工程在空间的分布情况。因此,利用剖面图来建立地下工程的三维模型是常用的方法之一。但在工程图纸中,为了看图方便,已经将剖面图绘制在平面图纸上,因此,在利用剖面图进行三维建模之前,需要将剖面图上的图元恢复其在空间的真实位置。如图 11.30 所示 I — I 、 II — II 剖面。两个剖面在平面图上的位置如图 11.31 所示。

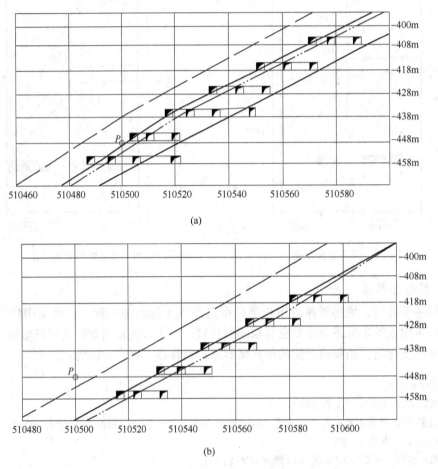

图 11.30　矿山剖面图

（a）I — I 剖面；（b）II — II 剖面

要想将 I 至 II 剖面恢复其在空间的真实位置需要进行下列操作:

（1）基点选择。在坐标变换后的平面图上,测量目标剖面线的方位角。如 I — I 剖面,方位角为 302°、122°。剖面线与水平线夹角为 32°,该夹角将作为后期图形旋转的角度。平面图所在的高程为 –448m 水平,在平面图中寻找剖面线与剖面图上横坐标数值一致的坐标线交点,如 I — I 剖面中的横坐标为 510500。因此,在平面图中寻找 510500 坐标线与剖面线的交点 P（510500, 41343.958, –448）,并以此点作为后期图形旋转的基点。

（2）视图切换。剖面图本身代表地下工程在地下不同高程的分布情况,其在平面图中将显示为一条直线,如图 11.32 所示。将俯视图中的剖面图切换到主视图中,具体操作如下：在平面图中绘制一条与横坐标线平行的直线，延长横坐标为510500的坐标线与其相交于 P_1 点。在剖面图中以510500为横坐标，绘制辅助线，与 −448m 标高线相交于 P_2，则 P_2 点即为 P 点在剖面图上的对照点。绘制完毕后，先切换到俯视图，选择剖面图，以带基点复制，选择 P 点。切换到主视图后，选择粘贴，以 P_1 点为参照点，粘贴剖面图。此时，再切换到俯视图，剖面图显示为一条直线，如图11.33所示。

（3）旋转剖面图。在俯视图中，选择基点 P_1，按照旋转角32°，顺时针旋转剖面图，如图 11.34 所示。旋转方向要与剖面图所表示的方向一致，原则是旋转后使剖面图上表示的方位角度数与俯视图中剖面线的方向一致。

（4）平移剖面图。在俯视图中，选择剖面图，通过平移命令，选择基点 P_1，平移至平面图中基点 P 处，如图11.35所示。

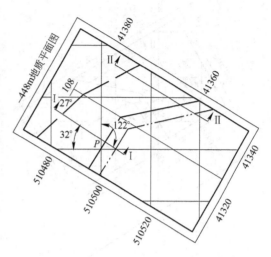

图11.31   剖面在平面上的位置

图11.32   主视图中的图纸切换到俯视图后

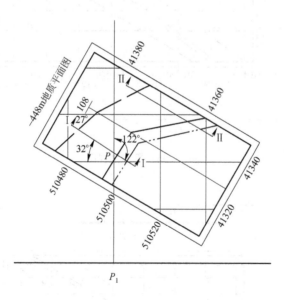

图11.33   视图切换

（5）平移标高。旋转后的剖面图，其平面位置已经正确，切换到主视图后，需要调整剖面图的标高。如图11.36所示，切换到主视图后，P_1 点高程位于 0 标高处。从基点 P_1 作高程线，移动到真实标高位置 P_2 处（−448m），如图11.37所示。

通过以上5步，即可将剖面图恢复到空间真实位置，如图11.38所示。

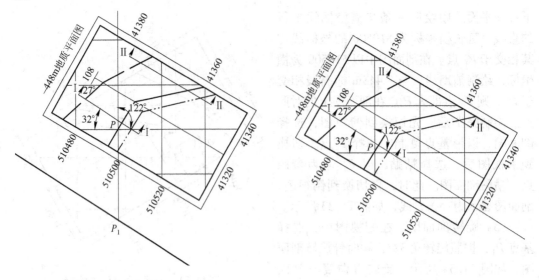

图 11.34   旋转剖面图   图 11.35   平移剖面图

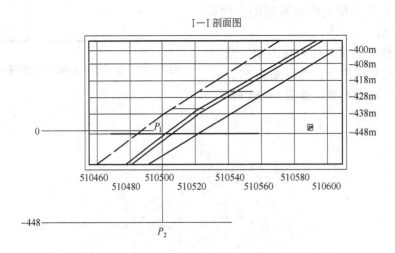

图 11.36   平移剖视图

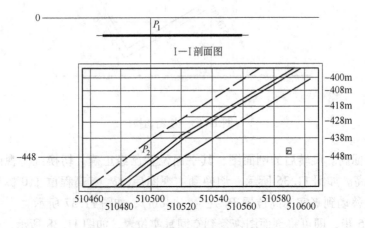

图 11.37   平移标高

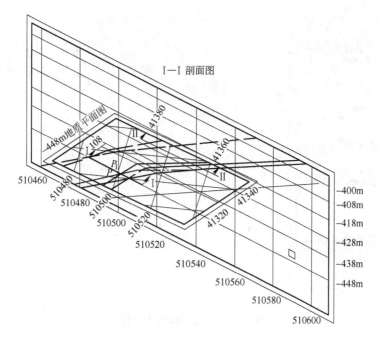

I—I 剖面图

448m地质平面图

41380
41360
41340
41320

510460
510480
510480
510500
510520
510520
510540
510560
510580
510600

-400m
-408m
-418m
-428m
-438m
-448m

图 11.38　调整后的真实位置

11.3.2.3　平面图恢复真实标高

采矿工程设计中,各中段平面图代表地下工程、地质界线在该标高上的分布情况。但是通常的电子图纸所表示的中段平面图多位于 0 标高位置,不代表工程的真实位置。在完成坐标变换后,通常在高程上有差别。因此可以通过"工具"→"快速选择工具"将平面图中所有的图元分类设置在对应的标高中,即可完成平面图对应的标高设置,如图 11.39 所示。

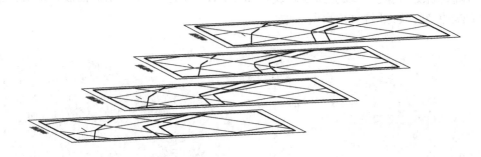

图 11.39　恢复到空间位置的中段图

11.3.2.4　等高线恢复其真实位置

等高线是地面上标高相同的各点用标高投影法投射到水平面上并顺次连接形成的线,其高程均位于 0m 平面上。地形图中等高线上均标有其高程。等高线多用多段线来表示。如果是二维多段线,可以通过设置其高程来设置其真实的位置。如果是样条曲线和三维多段线,则可以在属性面板中,通过顶点序号设置不同顶点的高程,将其恢复到空间真实位置,如图 11.40 所示。

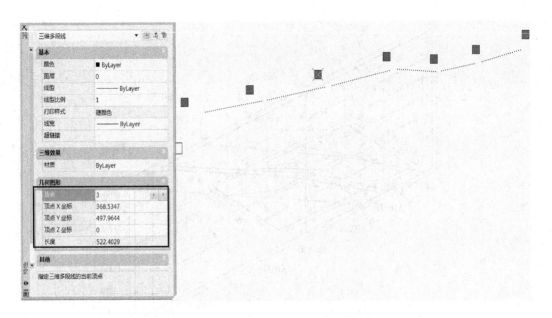

图 11.40   三维多段线夹点高程设置

11.3.3   采矿工程三维建模

11.3.3.1   基于 CAD 的地表 DTM 模型

利用地形图构建地表 DTM 模型时，最好有地质测量部门提供的真实地表测点数据，或者测量部门形成的三维等高线数据，或者将数字化后成为平面图纸的等高线通过手动的方式赋以标高，使其恢复到空间真实的位置。这些原始测点或者等高线可以作为形成三维 DTM 模型的原始数据。三维空间等高线如图 11.41 所示。可以利用曲面放样的方式生成地表 DTM 模型，如图 11.42 所示。

图 11.41   地表地形三维空间等高线图

图 11.42   地表 DTM 模型

11.3.3.2   基于拉伸和放样的井巷建模

地下矿山井巷图纸分为两类，一类是井巷实测图纸，一类是尚未施工的设计图纸。把矿山已有的井巷构建成三维空间实体模型，可直观、形象地反映出已有井巷间的空间位置关系，并能在此基础上指导后期生产设计。把尚未施工的设计井巷转化成三维空间实体模型，可以检验所设计的井巷与已有的井巷之间的位置是否冲突、设计是否合理、是否能够满足生产的需求。

A 实测巷道实体模型构建

实测巷道图纸是指矿山生产过程中已经掘进的巷道的图纸，它是在井巷设计图纸及施工图纸的指导下实际施工后，由矿山地质测量部门实际测量绘制而形成的描述井巷工程实际掘进施工位置信息的图纸。实测巷道图纸所描绘的巷道具有描述井巷边界真实、准确的特点。

矩形断面实测巷道的形成过程不同于拱形断面的形成过程。矩形断面的形成可以采用复制实测巷道边界后，按照设计标高抬升到指定的高度形成巷道的上边沿；再利用上下边沿放样即可形成矩形断面的实测巷道，如图 11.43 和图 11.44 所示，整个阶段的巷道三维模型如图 11.45 所示。

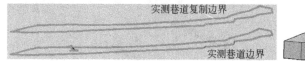

图 11.43　面形成示意图　　　　　　图 11.44　矩形断面实测巷道结果图

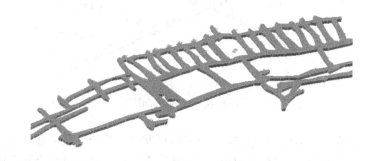

图 11.45　阶段巷道三维模型图

B 设计巷道实体模型构建

采矿设计是按照采矿学的理论，依照矿床赋存条件，设计合理的巷道断面形式及其布置位置，最终连续、安全地把矿石开采出来。所以绘制采矿设计图纸时，可以自由地控制设计的线型以及设计对象所放置的图层，设计巷道具有以下特点：

（1）设计图纸中的图元分图层存放。进行采矿设计时，设计图纸中文字、巷道、井、构筑物、标注、图框应该分图层存放，根据图层进行管理。

（2）设计图纸上巷道用多段线来描述，具有中心线和两个边帮线。

（3）设计图纸上具有勘探线以及坐标网等相应的参照信息。

针对设计图纸的特点，利用巷道的中心线构建巷道断面，利用拉伸建模功能构建巷道模型，如图 11.46 和图 11.47 所示。

C 井实体模型构建

对矿山而言，井型构筑物分为地表井如主井、副井、风井等和盲井如采场溜井、充填

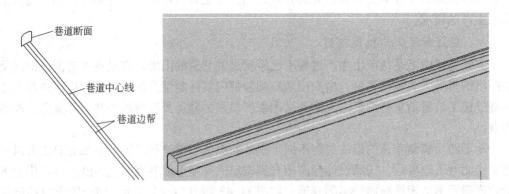

图 11.46　采矿设计拉伸示意图

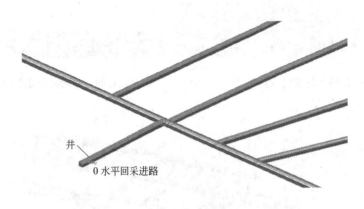

图 11.47　拉伸结果图

井、泄水井等。地表井开口于地表，按照一定的角度向下延伸，其构建方法为固定断面沿中心线拉伸；而地下井由于贯穿多个分层，并且其实际位置多通过各个平面图来反映，故其构建方法为利用不同断面放样生成实体模型。

　　a　地表井构建

　　这类井在图纸中用一个图标表示井巷开口位置，用文字说明其半径或边长大小、名称。因此根据井口坐标，在井口位置构建井口断面形状作为拉伸对象，根据井的延伸深度和井的倾斜角度、方位角确定井的中心线，利用拉伸功能，即可生成井巷实体模型。

　　b　不规范类实测井实体模型构建

　　不规范类井主要指矿山实际施工完成后实测的井。这类实测井通常由于受限于地质条件和施工条件，其施工结果与设计结果有出入，描述形式通常以实测验收为准。在实测井所贯穿的中段平面图中都会有对应的井口标志，即实测井在不同标高处的位置是确定的，并且其实际掘进完成后的断面形状也是确定的。因此，利用这些不同标高的实测断面图形作为基础界限，利用放样建模即可分段生成实测井模型，再将各分段进行布尔操作，即可构建成完整的实体井。如图 11.48 所示，中段巷道模型与井巷模型复合而成，形成图

11.49 所示井巷复合实体模型图。

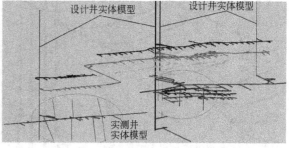

图 11.48　实测井构建模型　　　　　　　　图 11.49　井巷复合实体模型

D　全矿开拓系统及通风系统构建

图 11.50 和图 11.51 就是通过上述功能形成的矿山开拓系统示意图。

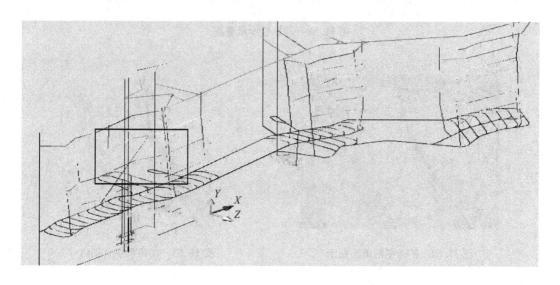

图 11.50　全矿开拓系统西南等轴测视图

11.3.3.3　基于放样的矿体模型构建

A　矿体模型构建

三维地质实体模型构建中所依赖的基础资料，第一种类为勘探线地质剖面图。部分矿山处于纸质图纸作业阶段，其使用的图纸如图 11.52 所示。在进行三维建模时，应先采用数字化仪、工程图纸扫描仪或数码照相描图法将其数字化为电子图纸，结果如图 11.53 所示。利用图纸复位算法，将其恢复到空间真实位置，结果如图 11.54 所示。

利用放样建模的方法，将同层矿体顺次连接，形成矿体模型，结果如图 11.55（a）所示。同理可以生成其他矿层的图纸，如图 11.55（b）、（c）、（d）所示。

B　全矿三维实体模型图

在完成了地表构建筑物实体模型、地表 DTM 模型、矿山真三维地质实体模型及井巷

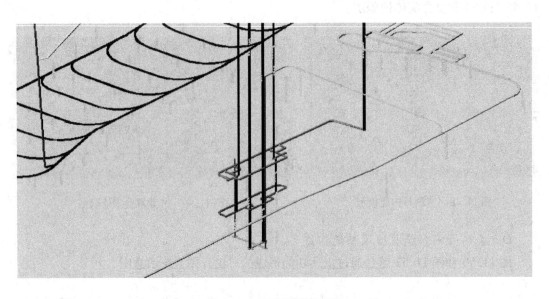

图 11.51   局部放大示意图

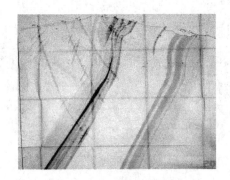

图 11.52   矿山平面纸质图纸

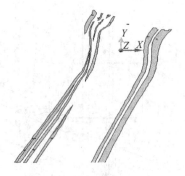

图 11.53   矿山数字化图纸

实体模型构建后，就可以将这些模型合并在一起形成矿山整体三维实体模型图，结果如图 11.56 所示。

C   采矿方法三维模型

采矿方法是研究矿块的开采方法，包括采准、切割和回采三项工作。根据回采工作的需要，设计采准和切割巷道的数量、位置与结构并加以实施，开掘与之相适应的切割空间，为回采工作创造良好的条件。采矿方法图通常用三视图来表示。阅读采矿方法三视图，需要借助于采矿专

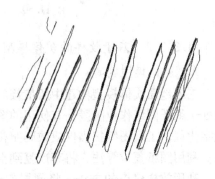

图 11.54   恢复到空间真实位置的断面图

业知识以及工程制图相关知识，才能想象出采准切割工程的空间位置。对于缺乏相关知识的非专业人员和采矿初学者，则很难读懂

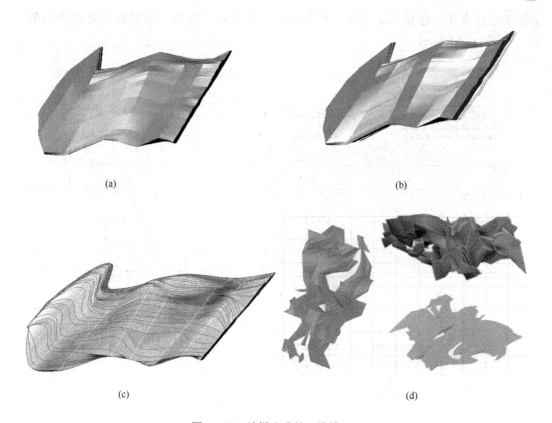

(a)

(b)

(c)

(d)

图 11.55 放样生成的三维模型图

（a）单层矿体构建结果；（b）多层矿体构建结果；（c）拟合后的单层矿体；
（d）矿山三维实体模型

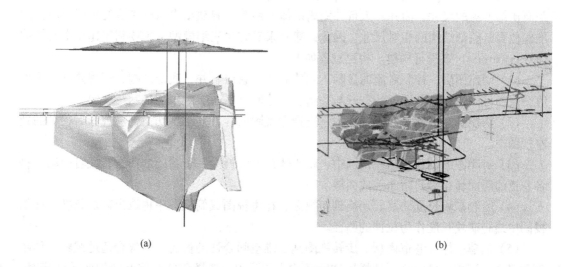

(a)

(b)

图 11.56 矿山整体三维实体模型

（a）全矿模型矿体；（b）某金矿实体模型

其所表示的含义。建立采矿方法三维模型，可以直观、立体、形象地表达该方法的本质，如图 11.57 所示。

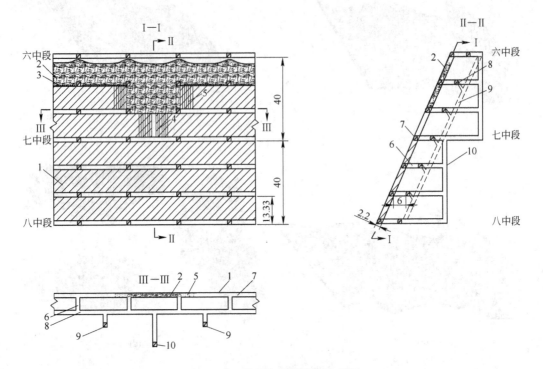

图 11.57 薄矿脉分段崩落采矿法

1—矿体；2—覆盖岩；3—残留矿石；4—切割井；5—炮孔；6—出矿川；7—脉内巷；

8—分段运输巷道；9—溜井；10—设备井

如图 11.57 所示，左视图体现出矿体的倾向、厚度、阶段高度、分段高度，沿脉巷道距离矿体下盘的尺寸，溜井、人行井距离矿体的距离。俯视图表示出矿块的长度、溜井的准确位置、底部结构的相对尺寸。因此，建立采矿方法三维模型，主要利用建模中的拉伸命令（extrude）来进行构建。构建过程如下：

（1）创建图层、控制对象的显隐。创建矿体、巷道、井、底部结构、切割井巷、围岩等图层。可以通过这些图层的打开与关闭，来控制这些图层对象的显示与关闭。

（2）切换到左视图。在俯视图中，选择左视图内容，复制，切换到左视图后，粘贴到左视图中。

（3）封闭图形创建。在左视图中，将矿体边界转换为一个封闭的曲线，或者面域。将各巷道的断面转化为封闭曲线或面域。

（4）绘制矿块长度曲线。切换到俯视图，在主视图或俯视图中提取出矿块长度。在俯视图中绘制矿块长度作为拉伸的路径。

（5）创建矿体、巷道模型。旋转视图到三维空间合适的位置，能够合适地观察矿体断面和路径。调用拉伸命令，选择矿体断面输入路径 P，选择矿体拉伸路径创建矿体模型。同理创建巷道模型。

（6）切换到俯视图。借助俯视图中的平面图所描述的底部工程、井的准确位置，同理通过拉伸命令来构建底部结构和井巷工程、切割工程。

（7）视觉样式和三维旋转。所有工程准确构建完毕，利用视觉样式和三维旋转来控制三维模型的显示，如图 11.58 和图 11.59 所示。

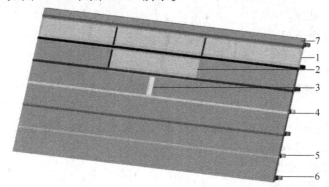

图 11.58　分段崩落采矿法三维示意图（一）

1—废石覆盖层；2—下分段废石层；3—切割井；4—凿岩巷；5—分段运输巷；6—阶段运输巷；7—顶柱

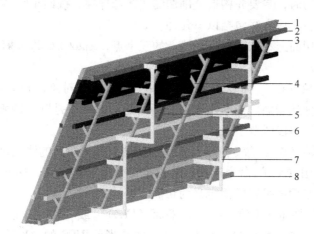

图 11.59　分段崩落采矿法三维示意图（二）

1—顶柱；2—上阶段运输巷；3—废石覆盖层；4—溜井；5—切割井；

6—分段联络巷；7—设备井；8—下阶段运输巷

11.4　三维实体的编辑

对于 AutoCAD 的实体对象，可以根据指定的剖切平面将其分割为两个独立的实体对象，并可以继续剖分，将其任意切割为多个独立的实体对象。此外，还可以指定一个与实体相交的平面，并在该平面上创建实体的截面。

11.4.1　实体的剖切

从实体的差集和交集等操作中可知，AutoCAD 的实体对象具有可分割性。在 AutoCAD 中，分割实体的常用方法是利用一个与实体相交的平面将其一分为二，这个平面称为切面，这个操作称为实体的剖切。实体被剖切后将得到两个独立的实体对象，并可以根据用户的要求删除其中的一个或全部保留。剖切实体命令的调用方式和执行过程如下。

（1）菜单："修改"→"三维操作"→"剖切"。

（2）命令行：slice。

执行"slice"命令后，命令行提示如下：

> 命令:slice
> 选择对象:（选择要剖切的三维实体,回车或空格表示选择结束）
> 选择对象:
> 指定切面上的第一个点,依照［对象(O)/Z 轴(Z)/视图(V)/XY 平面(XY)/YZ 平面 (YZ)/ZX 平面(ZX)/三点(3)］＜三点＞:
> 指定平面上的第二个点:
> 指定平面上的第三个点:
> 在要保留的一侧指定点或［保留两侧(B)］:

在进行实体剖切时，需要先构造被剖切的实体选择集，按回车键结束选择后，可进一步定义实体的切面，具体方法包括以下几种：

（1）分别指定切面上不在同一条直线上的三个点，AutoCAD 将根据用户指定的三个点计算出切面的位置。

（2）选择"对象（O）"命令选项，然后指定某个二维对象，则 AutoCAD 将该对象所在的平面定义为实体的切面。能够用于定义切面的对象可以是圆、圆弧、椭圆、椭圆弧、二维样条曲线或二维多段线等。

（3）选择"Z 轴（Z）"命令选项，然后指定两点作为切面的法线，从而定义切面。

（4）选择"视图（V）"命令选项，并指定切面上任意一点，AutoCAD 将通过该点并与当前视口的视图平面相平行的面定义为切面。

（5）选择"XY 平面（XY）"、"YZ 平面（ YZ）"或"ZX 平面（ZX）"命令选项，并指定切面上任意一点，AutoCAD 将通过该点并与当前 UCS 的 *XY* 平面、*YZ* 平面或 *ZX* 平面相平行的平面定义为切面。

定义了切面后，AutoCAD 会根据切面将被选中的实体分割为两个部分，并要求用户指定需要保留的实体部分。如果在切面的某一侧任意指定一点，则这一侧的实体部分将被保留，而另一侧的实体部分将被删除。如果希望将剖切后的各个实体全部保留下来，则选择"保留两侧（B）"命令选项即可。剖切后的实体将保留原实体的图层和颜色特性。

例如，对于图 11.60 中左侧的实体对象，如果使用剖切命令将其沿中部一分为二，并保留双侧部分，则可以得到图 11.60 右侧所示的实体对象。

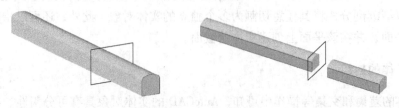

图 11.60　实体的剖切

11.4.2 创建实体截面

与实体剖切的操作过程类似，可以定义一个与实体相交的平面，AutoCAD 将在该平面上创建实体的截面。该截面用面域对象表示。创建实体截面的命令调用方式和执行过程如下。

命令行：section。

命令执行后，命令行提示如下：

命令：section
选择对象：
选择对象：
指定截面上的第一个点,依照［对象(O)/Z 轴(Z)/视图(V)/XY 平面(XY)/YZ 平面 (YZ)/ZX 平面(ZX)/三点(3)］＜三点＞：
指定平面上的第二个点：
指定平面上的第三个点：

创建实体截面的操作过程与实体剖切基本相同，但实体截面命令中实体不会被切割，而是创建面域对象以表示实体的截面。如果选择了多个实体来创建截面，则 AutoCAD 将分别使用相对独立的面域对象来表示每一个实体的截面。如果实体对象与用户指定的平面不相交，则不会根据该实体对象创建截面。

例如，对于图 11.61 中左侧的实体对象，如果在垂直于该对象轴线的平面上创建截面，可以得到如图 11.61 右侧所示的面域对象。

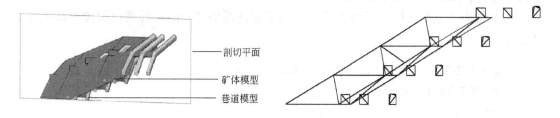

剖切平面
矿体模型
巷道模型

图 11.61　创建实体截面

对于模型空间中的实体对象，可以在布局中创建布局视口来显示其各种视图，如正交视图、辅助视图等，并且可以根据这些视图进一步创建实体的轮廓图和剖视图等。

11.4.3 实体轮廓创建

对于 AutoCAD 的实体对象，可以在布局中用正投影法创建实体对象的基本视图、辅助视图和剖视图等各种视图，并可创建布局视口来显示这些视图。

11.4.3.1　solview

设置视图命令的调用方式和执行过程如下。

（1）菜单："绘图"→"建模"→"设置"→"视图"。

（2）命令行：solview。

命令：solview

输入选项［UCS(U)/正交(O)/辅助(A)/截面(S)］：

"solview" 命令必须在布局中使用。该命令可以使用以下 4 种方法创建视图和用于显示该视图的布局视口。

（1）选择"UCS（U）"命令选项，可以根据指定的 UCS 创建投影视图。AutoCAD 将实体对象向指定 UCS 的 *XY* 平面上投影创建其轮廓视图，并且在该视图中 *X* 轴指向右，*Y* 轴垂直向上。

输入选项［UCS(U)/正交(O)/辅助(A)/截面(S)］：U

输入选项［命名(N)/世界(W)/?/当前(C)］＜当前＞：　　//当前

输入视图比例＜1＞:1

指定视图中心：

指定视图中心＜指定视口＞：　　　　　　　　　　//在窗口中选择一点，作为视图的中心

指定视口的第一个角点：　　　　　　　　　　　　//窗口中指定左上角点，作为视图一个点

指定视口的对角点：　　　　　　　　　　　　　　//窗口中指定右下角点，作为视图一个点

输入视图名：左视图　　　　　　　　　　　　　　//视图名字，保存视图

也可以选择命名的 UCS、WCS 或当前的 UCS 来创建投影视图，在进一步指定视图的缩放比例和中心点位置后，AutoCAD 将根据用户的设置创建实体的轮廓视图，同时创建布局视口显示该视图。用户可以通过指定布局视口的两个对角点确定其在布局中的位置。例如，图 11.62 中左侧的布局视口显示了当前的实体模型，右侧则显示了一个根据当前 UCS 创建的视图及其相应的布局视口。

（2）选择"正交（O）"命令选项，可以根据布局中已有的布局视口创建与其正交的视图。

输入选项［UCS(U)/正交(O)/辅助(A)/截面(S)］：O

指定视口要投影的那一侧：

指定视图中心：

指定视图中心＜指定视口＞：

指定视口的第一个角点：

指定视口的对角点：

输入视图名：

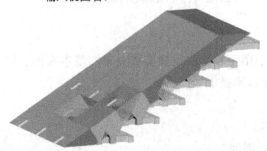
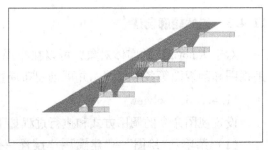

图 11.62　根据 UCS 创建视图

也可以选择已有视口的某一条边，AutoCAD 将实体对象向垂直该视口并与选中的边平行的平面上进行投影，创建实体的投影视图，并根据用户指定的位置创建布局视口以显示该视图。例如，图 11.63（a）为已有的布局视口，在创建正交视图时选择该视口右侧的边，则可以创建与该边平行的正交视图及其相应的布局视口，结果如图 11.63（b）所示；选择该视口下侧的边，结果如图 11.63（c）所示。

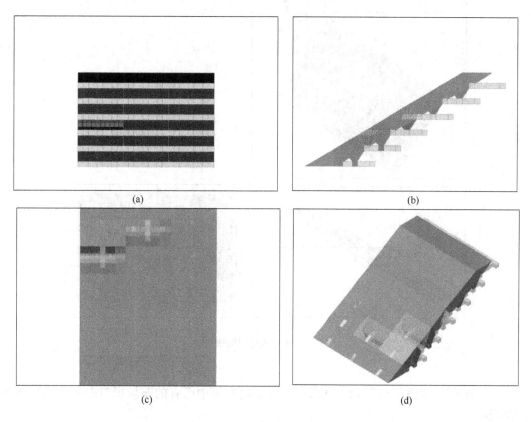

(a)　　　　　　　　　　　　　　　(b)
(c)　　　　　　　　　　　　　　　(d)

图 11.63　创建正交视图
(a) 主视图；(b) 左视图；(c) 俯视图；(d) 轴测图

（3）选择"辅助（A）"命令选项，可以根据布局中已有的布局视口来创建实体模型的辅助视图。

```
输入选项［UCS（U）/正交（O）/辅助（A）/截面（S）］:A
指定斜面的第一个点：
指定斜面的第二个点：
指定要从哪侧查看：
指定视图中心：
指定视图中心＜指定视口　＞：
指定视口的第一个角点：
指定视口的对角点：
输入视图名：
```

　　用户需要在已有视口中指定两点，AutoCAD 将实体对象向垂直该视口并通过这两点连线的面上进行投影，创建实体的投影视图，并根据用户指定的位置创建布局视口以显示该视图。例如，在图 11.64 的下部显示了一个已有的布局视口，在创建辅助视图时，可以在该布局视口中指定投影方向，如图中箭头所示，则可以得到图中上部的辅助视图及其相应的布局视口。

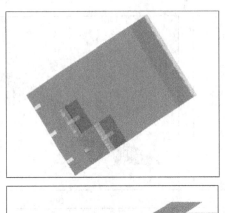

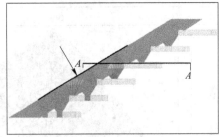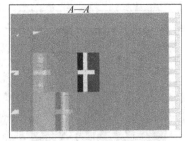

图 11.64　创建辅助视图

　　（4）选择"截面（S）"命令选项，可以根据布局中已有的布局视口来创建实体模型的剖视图。

```
输入选项 [UCS(U)/正交(O)/辅助(A)/截面(S)]：S
指定剪切平面的第一个点：
指定剪切平面的第二个点：
指定要从哪侧查看：
输入视图比例 <1>：
指定视图中心：
指定视图中心 <指定视口 >：
指定视口的第一个角点：
指定视口的对角点：
输入视图名：
```

　　这一方法的操作过程与创建辅助视图基本相同，主要区别在于 AutoCAD 将垂直指定视口并通过用户指定两点连线的平面作为剪切平面，创建实体的剖视图。该视图可以和"soldraw"命令结合使用，通过图案填充创建实体的剖视图，具体过程详见 11.4.3.2 节。

通过以上 4 种方法创建视图和布局视口时，AutoCAD 将自动创建各种图层，用以放置"solview"命令所产生的各种对象。具体的图层设置如表 11.2 所示。

表 11.2　"solview"命令创建的图层

图 层 名	对象类型	图 层 名	对象类型
视图名_ VIS	可见线	视图名_ HAT	填充图案（用于截面）
视图名_ HID	隐藏线	VPORTS	布局视口
视图名_ DIM	标注		

注意：不要在"视图名_ VIS"、"视图名_ HID"和"视图名_ HAT"图层中放置永久图形信息，因为运行"soldraw"命令时将删除和更新存储在这些图层上的信息。

在使用"solview"命令创建的布局视口中，可以进一步根据该视口所显示的视图创建实体的轮廓图和剖视图。

11.4.3.2　soldraw

创建实体轮廓图和剖视图的命令调用方式和执行过程如下。

（1）菜单："绘图"→"建模"→"设置"→"图形"。

（2）命令行：soldraw。

```
命令：soldraw
选择要绘图的视口...
选择对象：
选择对象：
```

"soldraw"命令只能在用"solview"命令生成的布局视口中使用。该命令根据布局视口的视图创建实体轮廓图和剖视图，并在剖视图中剪切平面和实体相交的部分用图案填充进行表示。如图 11.65 所示为使用布局视口创建实体模型轮廓图的示例。

当"soldraw"命令在剖视图中创建图案填充时，将分别根据系统变量 HPNAME、HP-SCALE 和 HPANG 确定图案填充的图案名称、比例和角度。

11.4.4　创建实体剖视图

除了使用"soldraw"命令创建实体的轮廓图之外，AutoCAD 还提供了另一个创建实体轮廓图的命令"solprof"。该命令可以在布局视口中根据当前视图创建指定实体对象的轮廓图。创建实体轮廓图命令的调用方式和执行过程如下。

（1）菜单："绘图"→"建模"→"设置"→"轮廓"。

（2）命令行：solprof。

```
命令：solprof
选择对象：
选择对象：
是否在单独的图层中显示隐藏的轮廓线？［是(Y)/否(N)］＜是＞：
是否将轮廓线投影到平面？［是(Y)/否(N)］＜是＞：
```

是否删除相切的边？［是(Y)/否(N)］＜是＞:

已选定一个实体。

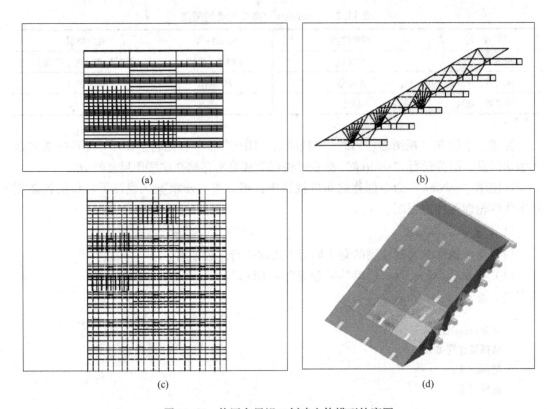

(a)　　　　　　　　　　　　　　　　(b)

(c)　　　　　　　　　　　　　　　　(d)

图 11.65　使用布局视口创建实体模型轮廓图

(a) 主视图；(b) 左视图；(c) 俯视图；(d) 轴测图

　　"solprof" 命令同样只能在布局中使用，而且需要通过布局中的布局视口访问模型空间，才能使用该命令创建指定实体对象的轮廓图。

　　"solprof" 命令根据指定实体对象在当前视图中的轮廓，创建块参照对象进行表示，并将生成的块参照对象放置在指定的图层中。其中，如果在单独的图层中指定显示隐藏的轮廓线时，AutoCAD 将生成两个块参照对象，一个用于表示所有选中实体对象的可见轮廓，用 "随层" 线型绘制，并放置在 "PV-视口句柄" 图层中；另一个用于表示实体的隐藏线，如果加载了 "HIDDEN" 线型，则其用该线型绘制，否则用 "随层" 线型绘制，并被放置在 "PH-视口句柄" 图层中。

　　如果不要求在单独的图层中显示隐藏的轮廓线，则 "solprof" 命令将实体对象的所有轮廓均作为可见线，并为每一个选中的实体对象分别创建块参照对象以表示其轮廓，并将这些块参照对象放置在 "PV-视口句柄" 图层中。如图 11.66 所示为在布局视口创建实体模型轮廓图的示例。

　　"solprof" 命令还可以指定是否将轮廓线投影到平面。选择 "是（Y）" 命令选项时，AutoCAD 将实体的三维轮廓投影到一个与视图方向垂直并且通过用户坐标系原点的平面上，并用二维对象创建该平面上的投影；选择 "否（N）" 命令选项时，AutoCAD 将使用三维对象创建实体对象的三维轮廓线。

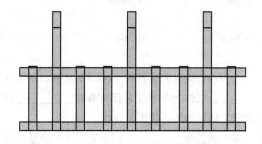 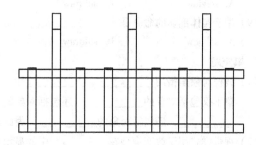

图 11.66 创建实体模型轮廓图

11.5 小 结

AutoCAD 提供了直接绘制三维实体的功能,并支持多种三维实体的绘制方法。在采矿工程设计和绘图过程中,将二维信息以三维可视化的图形效果直观、形象地表达出来,建立逼真的空间立体模型,可以有效地指导实际生产活动,提高采矿专业技术人员的识图能力,提高其工作效率。通过对本章三维制图的基础知识、基本方法及编辑命令的学习,同时结合采矿工程中三维模型实例的绘制,可使读者快速掌握一定的三维图形看图和绘图能力。

习 题

1. 选择题

(1) 对象的"标高"指的是( )。

    A. 构造平面所在处的 Z 坐标值   B. 图形对象的高度

    C. 图形对象的 Z 坐标值   D. 坐标系统的原点高度

(2) 对象的"厚度"指的是( )。

    A. 构造平面的高度   B. 图形对象沿其标高方向的拉伸距离

    C. 图形对象的 Z 坐标值   D. 三维图形对象的高度

(3) 设置标高的方法是( )。

    A. 执行"elev"命令   B. 执行"change"命令

    C. 在"特性"选项板中设置   D. 通过"图层管理器"设置

(4) 布尔运算不包括( )。

    A. 差集   B. 交集   C. 和集   D. 并集

(5) 执行"extrude"命令时不能定义拉伸路径的操作是( )。

    A. 设置当前 Z 轴方向与厚度   B. 指定一个拉伸高度值

    C. 指定两点确定一条直线   D. 指定一条曲线对象

(6) "extrude"命令没有提供的选项是( )。

    A. 方向   B. 指定高度   C. 对象   D. 路径

(7) 截面对象的用途是( )。

    A. 从三维模型体中创建截面视图   B. 剪切并删除三维实体图形

    C. 创建剖视图并删除无用部分图形   D. 动态观察三维模型体的内部结构

（8）用于实体轮廓创建的命令是（　　　）。

    A. solview   B. soldraw   C. solprof   D. slice

（9）用于实体剖切的命令是（　　　）。

    A. solview   B. soldraw   C. solprof   D. slice

2. 填空题

（1）线框对象是指用＿＿＿＿＿＿、＿＿＿＿＿＿和＿＿＿＿＿表示三维对象边界的 AutoCAD 对象。曲面对象不仅包括对象的＿＿＿＿＿＿，还包括对象的＿＿＿＿＿＿。实体对象不仅包括对象的＿＿＿＿＿＿和＿＿＿＿＿＿，还包括对象的＿＿＿＿＿＿，因此具有质量、体积和质心等质量特性。

（2）视觉样式用于改变模型在＿＿＿＿＿＿中的显示外观，是一组控制＿＿＿＿＿＿的设置，这些设置包括面设置、环境设置及边设置等。AutoCAD 提供了 5 种默认视觉样式，它们是＿＿＿＿＿＿、＿＿＿＿＿＿、＿＿＿＿＿＿、＿＿＿＿＿＿和＿＿＿＿＿＿。

（3）三维建模方法有基本体建模、＿＿＿＿＿＿、＿＿＿＿＿＿、＿＿＿＿＿＿、放样建模等方法，其中 Auto-CAD 提供的基本体建模类型有＿＿＿＿＿＿、＿＿＿＿＿＿、＿＿＿＿＿＿、＿＿＿＿＿＿、＿＿＿＿＿＿6 种类型。

（4）AutoCAD 的实体对象具有可分割性。在 AutoCAD 中，分割实体的常用方法是利用一个与实体相交的＿＿＿＿＿＿将其一分为二，这个平面称为＿＿＿＿＿＿，这个操作称为＿＿＿＿＿＿，对应的命令是＿＿＿＿＿＿。实体被剖切后将得到两个独立的＿＿＿＿＿＿，并可以根据用户的要求删除其中的一个或全部保留。

（5）创建实体截面的操作过程与实体剖切基本相同，但实体截面命令中实体＿＿＿＿＿＿，而是创建＿＿＿＿＿＿以表示实体的截面。如果选择了多个实体来创建截面，则 AutoCAD 将分别使用相对独立的＿＿＿＿＿＿来表示每一个实体的截面。

3. 思考题

（1）用拉伸的方法绘制三维图形的操作特点是什么？

（2）线框对象、曲面对象和实体对象的适用条件是什么？

（3）绘制一个三维巷道图，要求断面为三心拱，宽 4m，全高 3.2m，1/4，巷道长 10m。利用剖切命令，将巷道沿长度方向分成 3 份；利用截面命令，沿垂直长度方向获得巷道的横剖面图，沿长度轴线方向获得纵剖面图。

12 图形打印与输出

+·+

本章要点：（1）输出比例与图幅的选择；（2）打印样式与页面设置；（3）模型空间图纸输出；（4）布局创建、编辑与管理及布局输出；（5）DWG 文件的格式转换。

本章详细介绍了 AutoCAD 的图形打印与输出功能。通过对本章学习，需要掌握输出比例、图幅选择、打印样式、页面设置、模型空间与图形空间中图形输出方法。

+·+

12.1 打印相关概念

采用 AutoCAD 绘制工程图纸的过程中常常遇到三个问题：图形单位的选取、图幅的确定以及输出比例间的关系。

12.1.1 图形单位

AutoCAD 的模型空间是用户建立模型（即绘制二维或三维图形）时所处的一种环境，也可以理解为现实物体的真实空间。该空间没有单位，只有图形单位，在用户进行绘图前首先要确定图形单位所表征的现实物体的尺寸单位，即 1 个图形单位代表 1m、1cm 还是 1mm 等，默认情况下 AutoCAD 以 mm 为单位，即 1 个图形单位代表 1mm。以下论述中都将图形单位理解为"mm"单位，不再做重复解释。

AutoCAD 的图纸空间（布局）是规划出图布局的一种环境，可以理解为是真实图纸所代表的空间，在该空间中用户需要根据自己选用的打印机和纸张进行图纸单位的设置，分为公制（mm）和英制（in）两种。

12.1.2 图纸图幅

采矿工程各设计阶段图纸的幅面及图框尺寸，应符合图 12.1 ~ 图 12.3 及表 12.1 的规定。特殊情况时可将表 12.1 和表 12.2 中的 A0 ~ A3 图纸的长度或宽度加长。A0 图纸只能加长长边，A1 ~ A3 图纸的长、宽边都可加长，加长部分应为原边长的 1/8 及其整数倍数，可按图幅规格表 12.2 选取。

表 12.1 图纸幅面及图框尺寸 （mm）

幅面代号	A0	A1	A2	A3	A4
$B \times L$	841 × 1189	594 × 841	420 × 594	297 × 420	210 × 297
a			25		
c		10			5
规格系数	2	1	0.5	0.25	0.125

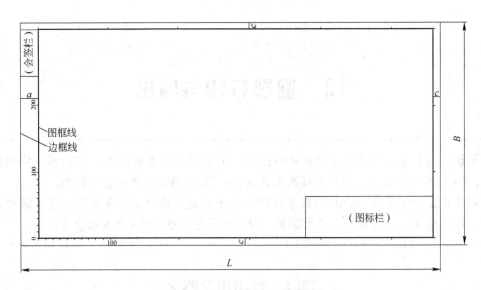

图 12.1　A0～A3 图纸横式幅面

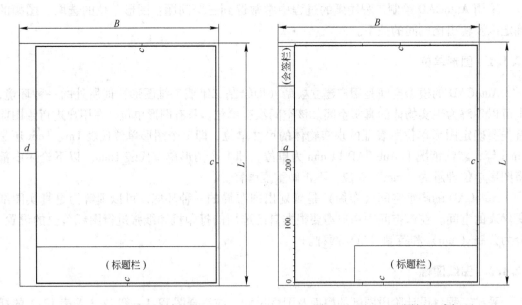

图 12.2　A4 图纸立式幅面　　　　　　图 12.3　A1～A3 图纸立式幅面

表 12.2　图幅规格　　　　　　　　　　　（mm）

基本幅面		长边延长		短边延长		两边放大	
代号	规格系数	$B \times L$	规格系数	$B \times L$	规格系数	$B \times L$	规格系数
$B \times L$							
A0　2		841×1337	2.25				
		841×1486	2.5				
841×1189		841×1635	2.75				
		841×1783	3.0				

续表 12.2

| 基本幅面 | | 长边延长 | | 短边延长 | | 两边放大 | |
代号 / 规格系数 / $B \times L$		$B \times L$	规格系数	$B \times L$	规格系数	$B \times L$	规格系数
A1 / 1 / 594×841		594×946	1.125	668×841	1.125	668×946	1.27
		594×1051	1.25	743×841	1.25	743×1051	1.56
		594×1156	1.375	817×841	1.375	817×1156	1.89
		594×1261	1.5	892×841	1.5		
		594×1336	1.625				
		594×1472	1.75				
A2 / 0.5 / 420×594		420×743	0.625	525×594	0.625		
		420×892	0.75	631×594	0.75		
		420×1040	0.875	736×594	0.875		
		420×1189	1.0				
		420×1337	1.125				
		420×1486	1.25				
A3 / 0.25 / 297×420		297×525	0.3125	371×420	0.3125		
		297×631	0.375				
		297×736	0.4375				
		297×841	0.5				
		297×946	0.5625				
		297×1051	0.625				
A4 / 0.125 / 210×297		210×297					

A0～A2 图纸内框应有准确标尺，标尺分格应以图内框左下角为零点，按纵横方向排列。尺寸大格长 100mm，小格长 10mm，分别以粗实线和细实线标界，标界线段长分别为 3mm 和 2mm。标尺数值应标于大格标界线附近。

12.1.3 输出比例

12.1.3.1 绘图比例

A 绘图比例的定义

绘图比例指将现实物体绘制在 AutoCAD 软件中对应的比例。绘图比例 = AutoCAD 中物体的尺寸/实际物体的真实尺寸。如实际尺寸为 1000mm 的一条线，如果在 AutoCAD 中绘制成 1000 个图形单位的线，绘图比例为 1:1，如果绘制成 1 个图形单位的线，则绘图比例为 1:1000。

B 绘图比例的确定

AutoCAD 的绘图区域宽为 2^{32}，高为 2^{32}，近似于无限大的一张图纸，可以以不同的比例来描述现实世界中的事物。因此，利用 AutoCAD 软件绘制现实世界的物体时，用户可以选择任意的比例。利用 AutoCAD 绘图时，通常情况下选择 1∶1 绘图比例进行绘图。

C　按照 1∶1 绘图

绘制图形时通常按照对象的实际的尺寸进行绘图，正如第 8 章的文字大小设置中所述，采用 1∶1 比例绘图时，图面上标注的文字、图框、符号等须考虑输出时的比例。如打印比例为 1∶100 时，对 4mm 高的小号文字，在 AutoCAD 中须绘制 400 个单位高，A1 图框在 AutoCAD 中须绘制 84100×59400 个单位。

D　按照指定比例绘图

按照指定比例绘图是依照确定好的绘图比例，将实物的尺寸换算成图纸上的尺寸后，绘制在 AutoCAD 的绘图环境中。如按 1∶50 比例绘制 4000mm×3000mm 的巷道断面，换算后图纸中巷道断面尺寸为 80×60 个单位。

按照指定比例绘图的方法不是一个值得推荐的方法，尤其对如 1∶30、1∶20、1∶150 等非 10 倍关系的比例，比例换算复杂，每绘制一根线条均需人工计算尺寸，不能体现 AutoCAD 绘图的优势。特别是需要不同比例输出同一个图形时，按照指定比例绘图，就需要分别重新绘制。如需要 1∶50 和 1∶20 三心拱断面的巷道断面图，按照指定比例方法，则需要如下步骤：

（1）绘制 A3（420mm×297mm）图框，即图框矩形为长 420 个图形单位、宽 297 个图形单位。

（2）按 1∶50 换算比例绘制 4000mm×3000mm 的巷道断面，即在图中绘制 80×60 个单位的三心拱断面；按 1∶20 换算比例，绘制 200×150 个单位的三心拱断面，如图 12.4 所示。

（3）标注 1∶20 巷道断面图。以 1∶1 标注风格为基础，创建新的 1∶20 标注风格，修改测量长度比例因子为 20，并设定此风格为当前风格，标注巷道断面尺寸。

（4）标注 1∶50 巷道断面图。以 1∶1 标注风格为基础，创建新的 1∶50 标注风格，修改测量长度比例因子为 50，并设定此风格为当前风格，标注井巷断面尺寸。

（5）打印图纸，按 1∶1 比例打印。通过以上步骤，即可在 A3 图纸上绘制出 1∶50 和 1∶20 巷道断面图形。

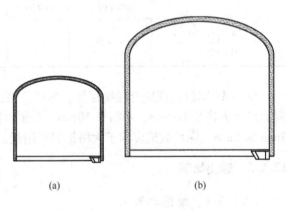

图 12.4　按照指定比例绘图
(a) 1∶50；(b) 1∶20

12.1.3.2　打印比例

如前文所述，绘图比例可以任意选择，但是绘图设备是有大小的，通常使用的小型打印机只能输出 A4、A3 幅面的图纸，大型绘图仪使用卷筒纸，可以输出 A4～A0 加长幅面的图纸。工程图纸的幅面有对应的尺寸，绘图之前，根据实际工程之需，选择对应的图幅。那么自然就存在一个将 AutoCAD 中的图形输出到纸质媒介中的比例，这个比例就是打印比例。

A　打印比例

打印比例指将 AutoCAD 中的对象输出到纸质媒介时，媒介中 1mm 单位所代表的 AutoCAD 屏幕中的图形单位的数目。如打印时纸质媒介中 1mm 代表 AutoCAD 中 1000 个图形单位，则打印比例为 1:1000。通过打印比例，可以调节输出对象的大小。如 AutoCAD 中 42000×29700 个图形单位的一个图框以及包括里面的图形打印比例采用 1:100，则打印出来的图框为 420mm×297mm，可以选择在 A2 图纸上进行打印。

当绘图比例与图纸比例不同时，需要通过打印比例来调节。打印比例不同，就会使 AutoCAD 绘图环境中的长度、文字、标注等的高度在输出的图形中发生对应变化，因此在绘制图形之前还须确定图形的打印比例。

B　打印比例设置

大多数图形需要以精确的比例打印。设置打印比例的方法取决于用户是从"模型"选项卡打印还是从"布局"选项卡打印。

在"模型"选项卡上，可以在"打印"对话框中建立打印比例。此比例代表打印图纸中单位与 AutoCAD 环境中的图纸单位间的对应关系。打印时所选图纸尺寸决定了单位类型（英寸或毫米），例如图纸单位类型是"毫米"，在"毫米"下输入 1，然后在"单位"下输入 10，则打印的图纸中 1mm 代表 10 个图形单位，打印比例为 1:10。

需要注意的是绘图单位对打印比例的影响。在打印时，如 1 个图形单位代表 1mm，则 1:100 的打印比例设置为 1mm=100 个图形单位；如 1 个图形单位代表 1m，则 1:100 的打印比例设置为 1m=100 个图形单位，但是由于打印对话框上没有单位"m"，则应设置为 1000mm=100 个图形单位，即 10mm=1 个图形单位。

在"布局"中输出图形，多基于绘图比例为 1:1 绘制的图形，一般通过布局空间中的视口来设置打印比例，设置图纸尺寸与视口中的模型尺寸之间的对应关系。如图 12.5 所示为按 1:1 绘制并以 1:30、1:50、1:100 三种不同比例打印的井巷断面。

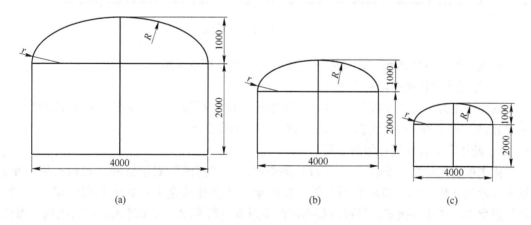

(a)　　　　　　　　　(b)　　　　　　　　(c)

图 12.5　不同打印比例的相同图形

(a) 1:30；(b) 1:50；(c) 1:100

C 打印比例设置的步骤

a 按图纸尺寸缩放图形的步骤

依次单击菜单栏"文件"→"打印"菜单项。在"打印"对话框的"打印比例"下，选择"布满图纸"选项，如图 12.6 所示，AutoCAD 将自动计算出打印比例，并在"比例"组合框中显示"自定义"，"单位"中显示出打印单位与图形单位之比，单击"确定"以打印图形。

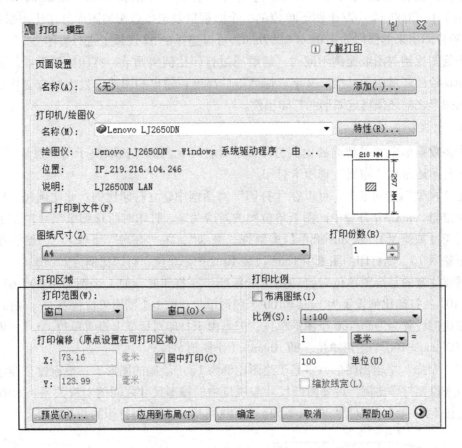

图 12.6 "打印"对话框

注意：当"打印区域"设置为"布局"时，此选项不可用。

b 使用实际比例打印的步骤

依次单击菜单栏"文件"→"打印"菜单项。在"打印"对话框的"打印比例"下，从"比例"框中指定一个比例，单击"确定"以打印图形。

c 使用自定义比例打印的步骤

依次单击菜单栏"文件"→"打印"菜单项，在"打印"对话框的"打印比例"下，输入自定义比例。比例要求有两个值：打印单位（英寸或毫米）数量和图形单位数量。单位类型由绘图单位决定，但可以在列表框中对其进行修改。如果输入自定义比例，即使输入的比例与列表中的标准比例相同，"比例"框中也将自动选定"自定义"。自定义比例是打印图纸中单位与 AutoCAD 中图形单位之比。例如，1：12 和 2：24 将以相同比例打印。单击"确定"以打印图形。

d 在布局中设置打印比例的步骤

选择要为其设置打印比例的"布局"选项卡，依次单击"文件"→"页面设置管理器"，或在命令行提示下输入"pagesetup"命令。在"页面设置管理器"的"页面设置"区域中，选择要修改的页面设置，单击"修改"。在"页面设置"对话框的"打印比例"下，从"比例"列表中选择一个比例。

打印布局时默认的比例设置为 1 : 1。要设置自定义打印比例，请在"英寸"或"毫米"框和"单位"框中输入自定义值。单位类型由绘图单位确定，但是可以在列表框中对其进行修改。当用户指定打印比例时，可以从实际比例列表中选择比例、输入所需比例或者选择"布满图纸"，以缩放图形将其调整到所选的图纸尺寸。

12.1.3.3 图纸比例

图纸比例指纸质媒介中一个单位的图上长度代表实际物体的长度。图纸比例 = 物体图上的尺寸/物体实际的尺寸。通过量测图纸上尺寸，即可计算出实际物体的尺寸。

不同的比例尺对应不同的精度。当图纸比例确定后，该比例下绘图精度已经确定，如图纸比例 1 : 1000 时，对应的精度为 0.1m，那么对于实际物体的尺寸描述的精度只能是0.1m。同理，根据要描述对象的精度，可以用来选择合适的图纸比例尺。如要表示4.25m 宽的巷道断面，则绘图的最小单位为 0.05m，那么需要精度为 0.05m 的比例尺才能表示出该图纸的精度，对应于 0.05m 精度的比例尺为 1 : 500。

确定了图纸比例后，可依据要描述的事物的最大尺寸，确定所需要的绘图图幅。如中段平面图中走向长 500m，按照 1 : 500 图纸比例，图纸中需要最大尺寸为 1000mm，则 A0图纸（1189mm × 841mm）才能容下该图。

采矿工程制图中，图纸必须按比例绘制，不能按比例绘制时，要加以说明，通常使用的图纸比例应遵循如下规则：

（1）应适当选取制图比例，使图面布局合理、美观、清晰、紧凑，制图比例宜按 1 : $(1, 2, 5) \times 10^n$ 系列选用，特殊情况时可取其间比例。

（2）比例的表示方法和注写位置应符合下列规定。

1）表示方法：比例必须采用阿拉伯数字表示，如 1 : 2、1 : 50 等。

2）注写位置：全图只有一种比例时，应将比例注写在标题栏内。不同视图比例注写在相应视图名的下方，应符合图 12.7 所示样式。

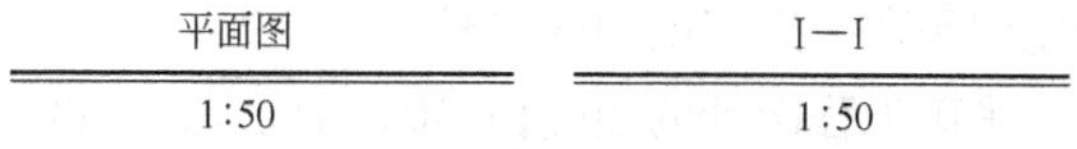

平面图	I—I
1:50	1:50

图 12.7 视图比例标注法

（3）采矿制图常用比例宜按表 12.3 选取。

表 12.3 采矿制图常用比例

序号	图纸类别	常用比例
1	露天开采终了平面图、地下开拓系统图、阶段平面图	1 : 2000、1 : 1000、1 : 500
2	竖井全貌图、采矿方法图、井底车场图	1 : 200、1 : 100
3	硐室图、巷道断面图	1 : 50、1 : 30、1 : 20
4	部件及大样图	1 : 20、1 : 10、1 : 5、1 : 2、1 : 1、2 : 1

12.1.3.4　输出比例之间的关系

从前述分析可知

$$绘图比例 = \frac{AutoCAD 尺寸}{实际尺寸}$$

$$打印比例 = \frac{图纸尺寸}{AutoCAD 尺寸}$$

$$图纸比例 = \frac{图纸尺寸}{实际尺寸}$$

因此

$$图纸比例 = \frac{图纸尺寸}{实际尺寸} = \frac{AutoCAD 尺寸}{实际尺寸} \times \frac{图纸尺寸}{AutoCAD 尺寸}$$

即　　　　　　图纸比例 = 绘图比例 × 打印比例

同时需要注意绘图单位对打印比例修的正关系。

绘图工作中尽量用 1:1 比例绘图，此时，图纸比例与打印比例相同，通过调整打印比例，即可实现希望的图纸比例。

需要注意的是，在实际绘图操作中，能够选择的是图幅和图纸比例。正如前文所说，图纸比例的选择受被描述物体的精度所限制。精度确定，则图纸比例的范围确定，依照要绘制目标的最大尺寸，便可计算出图纸的最大尺寸，进而选择图幅。反之，也可以根据自己打印机的打印能力，选择图幅后，根据所绘制对象的最大尺寸，来计算图纸比例。图纸比例和图幅是一种互相制约的关系。描绘同样的事物，图纸比例大，需要的图幅就大，描绘的物体精度就高；图纸比例小，所需图幅就小，描绘的物体精度就小。

12.1.3.5　输出比例与图幅选择

A　图纸比例与图幅

图纸比例指的是纸质类媒介中图上距离与实际距离的比值。在采矿工程中，对不同工程图纸的图纸比例有不同的要求，通常在一定范围内进行选择。换而言之，工程图纸的图纸比例是在一定范围内的变量。

采矿工程图纸的图幅由 A0、A1、A2、A3、A4 及其加长、加宽图纸组成。各种图幅均具有固定的尺寸，进行工程图纸输出时，通常需要输出到一个固定的图幅中。在制图标准中不同的图幅，对应着不同的图框。如输出到 A0 图幅的图纸中，则需要配套一个 A0 的图框。不同类型的图框具有不同的固定尺寸。由此可见，图幅或图框在工程制图的输出时，同样属于在一定范围内的变量。

图形打印时，依照图形输出方向分为两种情况：图形横向、图形纵向。所谓调整打印方向就是等同于在图形下面旋转图纸，使得图形更好地分布于图纸中。如图 12.8 所示，横向打印时，图纸的长边是水平的，纵向打印时，图纸的短边是水平的。"反向打印"控制打印图形顶部还是图形底部，该选项只有打印时方能生效。

在 AutoCAD 中，采用绘图比例 1:1 绘制完毕的图形的最大长、宽分别记为 $L_长$、$B_宽$，选择的图幅的长、宽分别记为 $l_长$、$b_宽$，图纸比例记为 M。

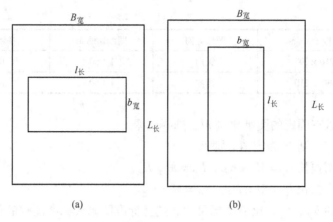

图 12.8 打印方向

(a) 纵向打印；(b) 横向打印

工程图纸的打印存在以下两种情况：

（1）工程图纸输出时，图幅固定，需要计算并选择图纸比例 M。

图幅固定，则输出图纸的 $l_长$、$b_宽$ 固定，那么

纵向打印：$M = [\min(l_长/B_宽、b_宽/L_长)]$，二者比值中较小的值向下取整后，在满足工程图纸范围中选取。

横向打印：$M = [\min(l_长/L_长、b_宽/B_宽)]$，二者比值中较小的值向下取整后，在满足工程图纸范围中选取。

例如，在 AutoCAD 中绘制一个矩形，长 10000 个图形单位，宽 8000 个图形单位，输出到 A0 图纸（1189mm×841mm）中，则图纸比例 M 的计算过程如下：

图形纵向输出：

$$M = [\min(841/10000, 1189/8000)] = [\min(0.0841, 0.148625)] = [0.0841]$$
$$= 1:11.89 \approx 1:20。$$

图形横向输出：

$$M = [\min(1189/10000, 841/8000)] = [\min(0.1189, 0.1051)] = [0.1051] = 1:9.51 \approx 1:10$$

同理，输出到 A1~A4 图形，所需比例如表 12.4 所示。

表 12.4　图纸输出比例

图　幅	尺寸/mm×mm	图形方向	图纸比例 M	备注图框放大 $1/M$
A0	841×1189	纵向	1:20	23780×16820
	1189×841	横向	1:10	11890×8410
A1	594×841	纵向	1:20	16820×11880
	841×594	横向	1:20	16820×11880
A2	420×594	纵向	1:30	17820×12600
	594×420	横向	1:20	11880×8400
A3	297×420	纵向	1:50	21000×14850
	420×297	横向	1:30	12600×8910

续表 12.4

图　幅	尺寸/mm×mm	图形方向	图纸比例 M	备注图框放大 1/M
A4	210×297	纵向	1:50	10500×14850
	297×210	横向	1:50	14850×10500

（2）工程图纸有固定的图纸比例 M，选择图幅。

图纸比例固定，则 M 为定值，那么

图纸纵向：图幅长 $l_{长}=M\times B_{宽}$，$b_{宽}=M\times L_{长}$。

图纸横向：图幅长 $l_{长}=M\times L_{长}$，$b_{宽}=M\times L_{宽}$。

根据计算出的 $b_{宽}$、$l_{长}$，比照图幅尺寸，选择标准图幅或标准图幅的加长版本。

例如，在 AutoCAD 中绘制一个矩形，长 100000 个图形单位，宽 80000 个图形单位的图形，以 1:10、1:20、1:50、1:100、1:1000 比例输出时，需要的图幅如表 12.5 所示。

表 12.5　输出图幅选择

图纸比例	折算后长×宽	可选图纸规格/mm×mm	图形方向	选择图幅
1:10	10000×8000	无	—	—
1:20	5000×4000	无	—	—
1:50	2000×1600	无	—	—
1:100	1000×800	1189×841	横向	A0
1:200	500×400	594×420	横向	A2
		594×841	纵向	A1
1:500	200×160	297×210	纵/横	A4
1:1000	100×80	297×210	纵/横	A4
1:2000	50×40	297×210	纵/横	A4
1:5000	20×16	297×210	纵/横	A4
1:10000	10×8	297×210	纵/横	A4

通过以上两个例子，可以看出如何根据需要选择图幅和图纸比例。如果用户同时固定了图幅和比例，就要校验一下选定的图幅能否容下选定的图纸比例折算后的图形。从表 12.4 和表 12.5 可以看出，同样一幅图形，在比例小于 1:200 时，采用 A1 纵向打印和 A2 横向打印均可，此时，A2 图纸打印出来就比较饱满，A1 图纸打印出来，必然留有大量的空白。因此，图幅选择不仅是要容下按比例折算的图形，而且还要求打印后的图形在图幅中位置合适、大小合适，达到准确、美观的目的。

当用户确定了图幅和图纸比例 M 后，可按照如下方法进行工程图纸输出：

（1）将图幅对应的标准图框放大 $1/M$ 倍后，将所有图形框入图框内。此时绘图比例是 1:1，图纸比例即为 M，按照 M 打印比例打印即可。

（2）将所有图形选择，放大 M 倍，将所有图形移动到图框内部。此时，绘图比例变为 M，打印比例为 1:1，则图纸比例是 M。同时，按前文所述，将标注样式中"全局比例"调整为 M 倍，保证标注与图形的比例一致。

B　图纸比例与绘图单位

打印时候，会遇到如下问题：AutoCAD 设定绘图单位是 mm，绘制一个 1000mm 长，800mm 宽的 A 对象，屏幕上绘制出的图形是 1000 个图形单位长，800 个图形单位宽。当绘图单位为 m 后，绘制一个 1000m 长，800m 宽的 B 对象，屏幕上绘出的图形同样是 1000 个图形单位长，800 个图形单位宽。那么这两个图形打印时，图幅与比例的区别如下：

（1）绘图单位与图幅选择。绘图单位的设定在绘图之前，代表现实世界中物体折算到 AutoCAD 屏幕空间中的对应关系。一旦图形绘制完毕，该图形在屏幕空间的大小也就固定，不会随绘图单位的变化而发生变化。基于此，A、B 对象的屏幕对象大小一样，输出时对打印图幅选择没有任何影响。

（2）绘图单位与图纸比例选择。图纸比例的定义是图纸上单位长度与现实世界中物体单位长度的比值。上述 A、B 对象均输出到 A0 图纸（1189mm×841mm）中，打印比例 1∶1，则 A 图形的图纸比例为 1∶1。B 图形的图纸比例为 1∶1000。可以这么理解，A 图形输出到 A0 图纸后，图纸中 1mm 的单位长度对应 1 个图形单位（mm），因此图纸比例为 1∶1，B 图形输出到 A0 图纸后，图纸中 1mm 的单位长度对应 1 个图形单位（m），因此，图纸比例为 1mm∶1m = 1∶1000。

从上述分析可知，若绘图单位是 mm 的 k 倍（k 取 1、10、100、1000 等，对应于 mm、cm、dm、m 等），则图纸比例计算后是原来的 $1/k$ 倍。

12.2　打　印　样　式

在 AutoCAD 中绘图时，将不同的对象绘制在不同的图层里，各图层里有各自不同的颜色、线型、线宽。如果打印输出时，没有彩色打印机，只能输出成黑白图纸时，不同的颜色会以不同深度的黑色线条表示，如图 12.9（a）所示，导致图纸层次不甚分明，线宽表现不够。这种情况下可以重新在图层中设置各图层的颜色为黑色，重新设置线宽、线型。此外，也可以通过打印样式来实现将不同颜色的对象转化成不同的线宽、线型输出，如图 12.9（b）就是通过打印样式中的"monoch. ctb"输出的结果。

打印样式表主要的作用是可以指定 AutoCAD 图纸里的线条、文字、标注等各个图形对象在打印时的颜色、线宽等属性。打印样式表有两种类型：颜色相关打印样式表和命名打印样式表。

（1）颜色相关打印样式表（CTB）。颜色相关打印样式表里包含了 255 个打印样式，每个打印样式对应一种颜色，使用这种打印样式表以后，图纸文件里的各种颜色的图形对象就会按照打印样式表里面的对应颜色的样式进行打印，即如果黄色打印样式设置为打印成黑色、打印出的线条宽度是 0.1mm，青色打印样式设置为打印成黑色、打印出的线条宽度是 0.4mm，那么图纸文件里的黄色图形对象就会被打印成线宽 0.1mm 的黑色图形，青色图形对象就会被打印成线宽 0.4mm 的黑色图形。

（2）命名打印样式表（STB）。命名打印样式表里包含若干命名的打印样式，如"实线"打印样式、"细实线"打印样式等，这些打印样式可以任意增添或删减。画图的时候将命名打印样式表里的某个打印样式指定给某个图层，打印的时候该图层上的图形对象就会按照

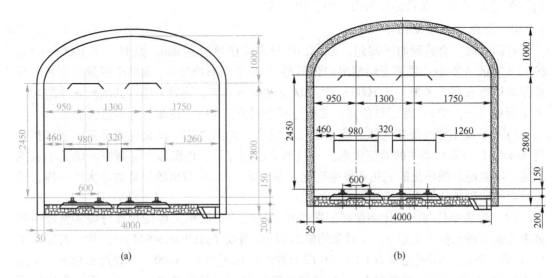

(a)　　　　　　　　　　　　(b)

图 12.9　彩色图纸输出黑白图纸

（a）用颜色区分对象；（b）颜色打印样式表输出结果

指定的打印样式进行打印。也可以在画图的时候将命名打印样式表里的某个打印样式指定给某个图形对象，打印的时候该图形对象也会按照指定的打印样式进行打印。

12.2.1　颜色打印样式

在 AutoCAD 中，颜色相关打印样式是以对象的颜色为基础，用颜色来控制线型和线宽等参数。通过使用颜色相关打印样式来控制对象的打印方式，可确保所有颜色相同的对象以相同的方式打印。该打印样式是由颜色相关打印样式表所定义的，文件扩展名为".ctb"。

用户若要使用颜色相关打印样式的模式，可通过下面的操作来进行设置。

（1）执行"工具"→"选项"命令，打开"选项"对话框，在该对话框中进入"打印和发布"选项卡，如图 12.10 所示。

（2）在"打印和发布"选项卡中单击"打印样式表设置"按钮，打开"打印样式表设置"对话框，如图 12.11 所示。

（3）在"新图形的默认打印样式"选项组中选择"使用颜色相关打印样式"选项，则 AutoCAD 就处于颜色相关打印样式的模式。而已有的颜色相关打印样式和各种模式就存放在其下方的"当前打印样式表设置"选项组中的"默认打印样式表"中，可以在此下拉列表框中选择所需的颜色相关打印样式。

（4）如果在"默认打印样式表"中没有用户所需要的颜色相关打印样式，就需要创建颜色相关打印样式表以定义新的颜色相关打印样式。

（5）颜色打印样式表注意事项。

1）必须使用索引色（256 色）。要想利用 CTB 控制输出线宽和颜色，图层或图形必须使用索引色（256 色），如果使用了真彩色，输出颜色和线宽便无法控制，因为 CTB 中只有针对索引色的设置。

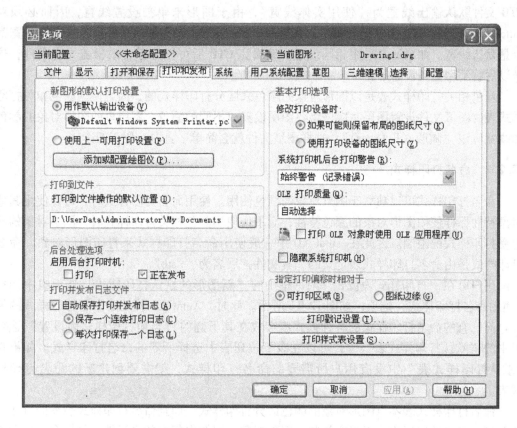

图 12.10   "打印和发布"选项卡

2）不要使用太多颜色，特别是需要设置打印线宽的图形。用颜色可以在图面上很好地区分不同类型的图形，AutoCAD 共提供了 256 种索引色，但建议不要使用太多颜色，用 1~7 号色就基本够了。一般一张图纸中线宽设置也就 2~4 种，重点要表现的图形颜色用几种就可以，这样在打印样式表中（*.ctb）设置输出线宽时就会简单一点，出错的概率也会小一点。

3）必须选择合适的 CTB 文件。要用颜色控制输出线宽，图形肯定五颜六色，但大多数图纸会黑白输出，即使使用的是黑白打印机，也要选择合适的 CTB 文件（monochrome.ctb）。如果自己认为打印机就是黑白的，而没有选择单色 CTB 文件，彩色线条会被打印机转换为灰色而不是黑色，从而导致线条打印不清晰。

4）需要对默认 CTB 文件进行编辑。

图 12.11   "打印样式表设置"对话框

CTB 文件默认输出线宽为"使用实体线宽"，由于图形未单独设置线宽，因而必须对 AutoCAD 自带的 CTB 文件进行编辑，调整特定颜色的输出线宽，否则图形的输出线宽都会是默认线宽。如果通常采用相同设置，编辑完 CTB 后可以另存为或覆盖原有文件，这样以后就不用重复设置了。

颜色相关打印样式表是以图形对象的颜色来区分打印样式的，因此使用颜色相关打印样式表的图纸文件设置图层时应该将各图层设置成不同的颜色，图层里的图形对象的颜色和线宽应该"随层（ByLayer）"，这样图纸文件就会简单、直白，便于阅读。

12.2.2　命名打印样式

命名打印样式可以独立于图形对象的颜色使用。使用命名打印样式时，可像使用其他对象特性那样使用图形对象的颜色特性，而不像使用颜色相关打印样式时，图形对象的颜色受打印样式的限制。因此在 AutoCAD 中一般使用命名打印样式来打印图形对象。命名打印样式是由命名打印样式表定义的，其文件扩展名为"．stb"。

用户可在"打印样式表设置"对话框中的"新图形的默认打印样式"选项组中选择"使用命名打印样式"选项，如图 12.11 所示。此时，AutoCAD 就处于命名打印样式的模式。而已有的命名打印样式的各种模式就存放在其下侧的"当前打印样式表设置"选项组中的"默认打印样式表"中，可以在该下拉列表中选择所需的命名打印样式。如果在"默认打印样式表"中没有用户所需要的命名打印样式，就需要创建新的命名打印样式表。

命名打印样式表不以图形对象的颜色区分打印样式，而且命名打印样式表里的打印样式既可以指定给图层也可以指定给某个图形对象，因此有很大的灵活性。使用命名打印样式表的图纸文件里不但不同图层允许有相同的颜色，而且同一图层里的图形对象也可以选用不同的颜色和线宽。但这样容易引起混乱，阅读图纸文件时不易一目了然。

12.2.3　添加打印样式表

如果 AutoCAD 所提供的默认打印样式表中没有用户所需的颜色相关打印样式或命名打印样式，可通过"打印样式管理器"来添加新的打印样式表。

（1）执行"文件"→"打印样式管理器"命令，打开"打印样式管理器"，也就是 Plot Styles 文件夹，如图 12.12 所示。

（2）在"打印样式管理器"中，双击"添加打印样式表向导"选项，打开"添加打印样式表"对话框，如图 12.13 所示。

（3）单击"下一步"按钮，打开"添加打印样式表 - 开始"对话框，如图 12.14 所示。

（4）选择"创建新打印样式表"选项为选择状态，单击"下一步"按钮，打开"添加打印样式表 - 选择打印样式表"对话框，如图 12.15 所示。

（5）在该对话框中可选择创建新的颜色相关打印样式表或命令打印样式表。选择"颜色相关打印样式表"选项，然后单击"下一步"按钮，打开"添加打印样式表 - 文件名"对话框，如图 12.16 所示。

（6）设置文件名为"Custom"，然后单击"下一步"按钮，打开"添加打印样式表 - 完成"对话框，如图 12.17 所示。

图 12.12　打印样式管理器

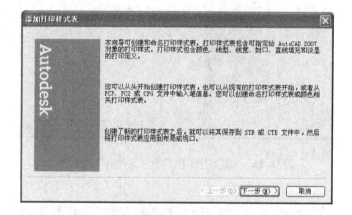

图 12.13　"添加打印样式表"对话框

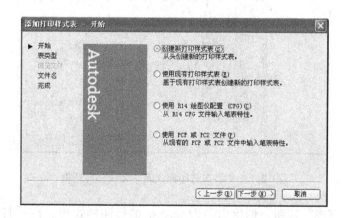

图 12.14　"添加打印样式表－开始"对话框

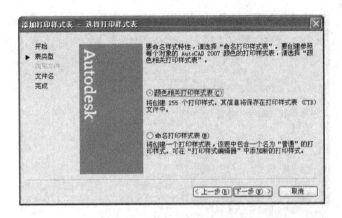

图 12.15　"添加打印样式表 – 选择打印样式表"对话框

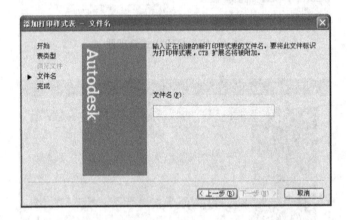

图 12.16　"添加打印样式表 – 文件名"对话框

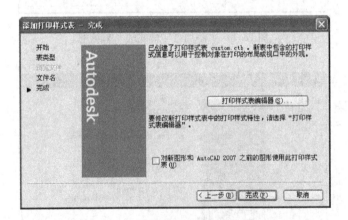

图 12.17　"添加打印样式表 – 完成"对话框

　　(7) 单击"完成"按钮，创建出名为 Custom 的打印样式表。在"打印样式管理器"对话框中将出现 Custom. stb 文件，如图 12.18 所示。

图 12.18 Custom. stb 文件

12.2.4 设置图形对象的打印样式

在 AutoCAD 中，用户可参照以下步骤，通过"打印样式管理器"设置图形对象的打印样式。

（1）在"打印样式管理器"对话框中双击 Custom. std 文件，打开"打印样式表编辑器"对话框，如图 12.19 所示。

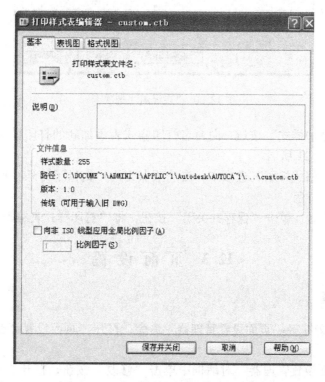

图 12.19 "打印样式表编辑器"对话框

（2）在"基本"选项卡中列出了打印样式表的文件名、说明、版本号、位置（路径名）和表类型。在"说明"文本框中可以为打印样式表添加说明。

（3）切换到"表视图"选项卡，如图 12.20 所示。该选项卡列出了打印样式表中的所有打印样式及其设置。提示：由于设置的是新创建的打印样式表，该打印样式表中只包含了一个"普通"打印样式，它表示对象的默认特性（未应用打印样式），对于该样式用户既不能删除也不能编辑。

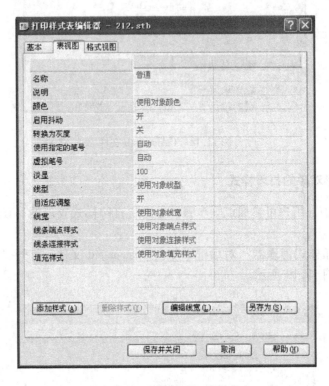

图 12.20　"表视图"选项卡

（4）单击"添加样式"按钮，向命名打印样式表添加新的打印样式。然后对各选项进行设置，如图 12.21 所示。

（5）切换到"格式视图"选项卡，该选项卡为用户提供了另外一种修改打印样式的方法，如图 12.22 所示。

（6）设置完毕后，单击"保存并关闭"按钮，将"打印样式表编辑器"对话框关闭。

12.3　页　面　设　置

12.3.1　基本设置

（1）执行"文件"→"页面设置管理器"命令，打开"页面设置管理器"对话框，如图 12.23 所示。

（2）在"页面设置管理器"对话框中单击"修改"按钮，打开"页面设置－模型"对话框，如图 12.24 所示。

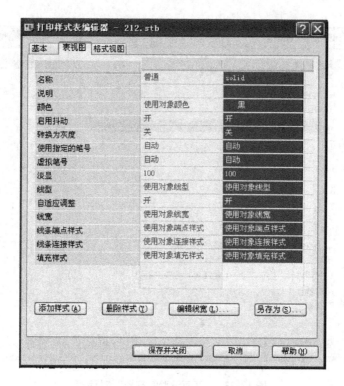

图 12.21　添加、设置打印样式

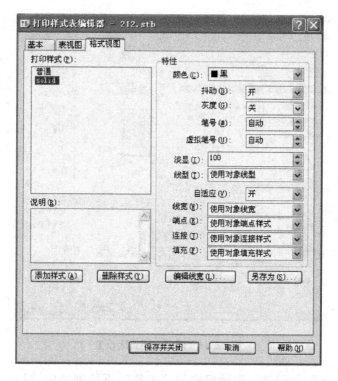

图 12.22　"格式视图"选项卡

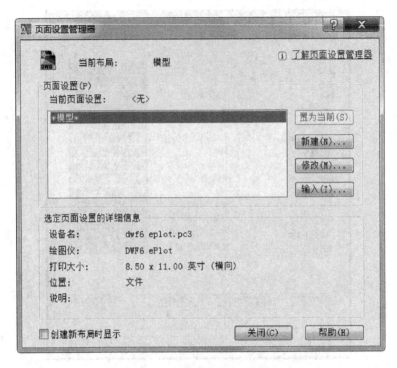

图 12.23　"页面设置管理器"对话框

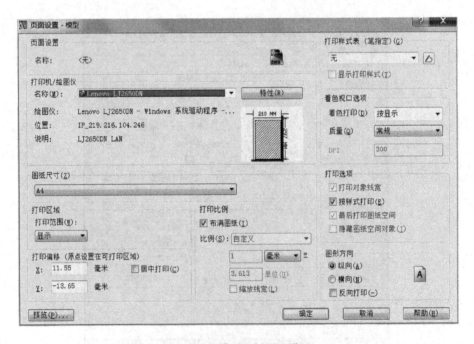

图 12.24　模型空间页面设置

（3）在"打印机/绘图仪"选项组中的"名称"下拉列表中选择一种打印机，如图 12.25 所示。

图 12.25　设置打印机

（4）在"打印样式表"下拉列表中选择"acad. stb"打印样式，这时将会弹出"问题"对话框，在对话框中单击"是"按钮即可，如图 12.26 所示。

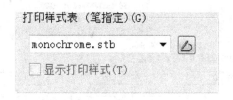

图 12.26　设置打印样式

（5）在"图纸尺寸"选项组的下拉列表中选择"ISO A4（297.00×210.00 毫米）"选项，然后在"打印范围"下拉列表中选择"图形界限"选项，如图 12.27 所示。

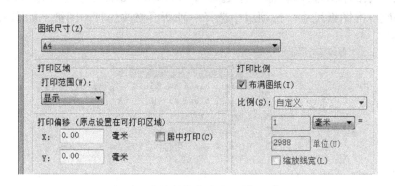

图 12.27　设置图纸尺寸和打印区域

（6）最后单击"确定"按钮，完成模型空间的基本打印页面设置。这样就可以进行从模型空间中开始打印输出二维图形的工作了。

12.3.2　绘图仪特性修改

打印机在 AutoCAD 默认情况下能够在选定的图纸范围打印图形，超出该打印区域的图形对象，则打印不出来。实际上，每一种打印机都有其打印页面规定的默认可打印区域，但该可打印区域是可以进行修改的。可根据不同情况修改打印机的可打印区域。

（1）在"页面设置 – 模型"对话框中的"打印机/绘图仪"选项组中单击"特性"按钮，打开"绘图仪配置编辑器"对话框，如图 12.28 所示。

图 12. 28　"绘图仪配置编辑器"对话框

（2）在"绘图仪配置编辑器"中选择"修改标准图纸尺寸（可打印区域）"选项，接着在"修改标准图纸尺寸"选项组中选择一种所要修改的打印图纸，如图 12. 29 所示。

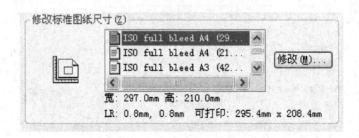

图 12. 29　选择要修改的打印图纸

（3）单击"修改"按钮，打开"自定义图纸尺寸 – 可打印区域"对话框，如图 12. 30 所示。

（4）将"上""下""左""右"数值框的值均设置为 0，然后单击"下一步"按钮，打开"自定义图纸尺寸 – 文件名"对话框，如图 12. 31 所示。

（5）在"PMP 文件名"文本框中输入一个名称，然后单击"下一步"按钮，打开"自定义图纸尺寸 – 完成"对话框，如图 12. 32 所示。

（6）最后单击"完成"按钮，返回到"绘图仪配置编辑器"对话框。在该对话框中单击"另存为"按钮，打开"另存为"对话框，在该对话框中设置文件名称，如图 12. 33 所示。

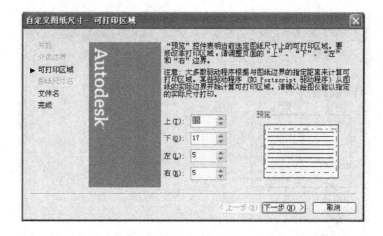

图 12.30　"自定义图纸尺寸－可打印区域"对话框

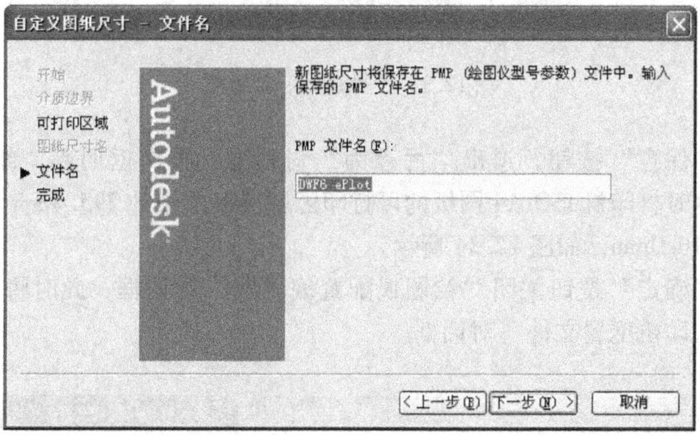

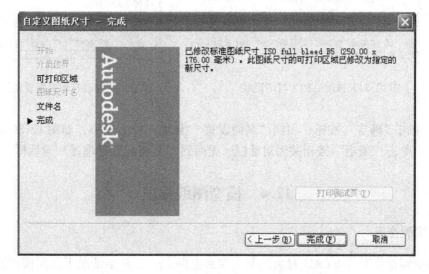

图 12.31　"自定义图纸尺寸－文件名"对话框

图 12.32　"自定义图纸尺寸－完成"对话框

图 12.33 "另存为"对话框

（7）单击"保存"按钮，退出"另存为"对话框，再次返回到"绘图仪配置编辑器"对话框，这时打印机 ISO A4 图纸的可打印区域将由原来的 295.4mm×208.4mm 修改为 297.0mm×210.0mm，如图 12.34 所示。

（8）单击"确定"按钮关闭"绘图仪配置编辑器"对话框，此时将弹出如图 12.35 所示的"修改打印机配置文件"对话框。

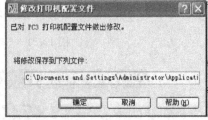

图 12.34 修改后的可打印区域   12.35 "修改打印机配置文件"对话框

（9）单击"确定"按钮，回到"页面设置–模型"对话框中，如图 12.36 所示。在该对话框中单击"确定"按钮关闭对话框，返回到"页面设置管理器"对话框。

12.4 模型图纸输出

12.4.1 模型空间

模型空间是放置 AutoCAD 对象的两个主要空间之一。典型情况下几何模型放置在称为模型空间的三维坐标空间中，而包含模型特定视图和注释的最终布局则位于图纸空间。

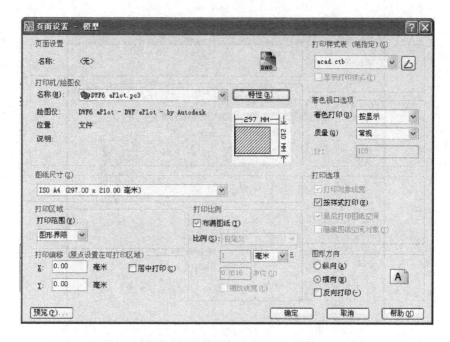

图 12.36　"页面设置 – 模型"对话框

图纸空间用于创建最终的打印布局而不用于绘图或设计工作。可以使用"布局"选项卡设计图纸空间视口，而模型空间用于创建图形。最好在"模型"选项卡中进行设计工作。如果仅仅绘制二维图形文件，那么在模型空间和图纸空间没有太大差别，都可以进行设计工作。但如果是三维图形设计，则只能在图纸空间进行图形的文字编辑、图形输出等工作。

12.4.2　模型空间输出

在模型空间中将图形对象绘制完成，并将模型空间打印输出页面设置完毕后，接下来就是要完成打印输出图形的过程。

（1）执行"文件"→"打印"命令，或者在"标准"工具栏中单击"打印"按钮，打开"打印 – 模型"对话框，如图 12.37 所示。

（2）在"打印机/绘图仪"选项组中的"名称"下拉列表中选择前面保存的"Custom.pc3"选项，然后在"打印偏移"选项组中启用"居中打印"复选框，如图 12.38 所示。

（3）在"打印区域"选项组中的"打印范围"下拉列表中选择"窗口"选项，对话框将暂时关闭，此时可在绘图区域内移动光标至图框的左下方 A 点处单击，然后拖动光标至图框的右上方 B 点处单击，如图 12.39 所示。"打印范围"下拉列表中各项含义如下。

"图形界限"：设置打印区域为图形界限（图纸中必须预先设置图形界限）。

"范围"：设置打印区域为图形最大范围。

"显示"：设置打印区域为屏幕显示结果。

"视图"：设置某视图为打印范围。

图 12.37　"打印 – 模型"对话框

"窗口"单选框：输出一窗口范围。

"窗口"按钮：重新定义一窗口来确定输出范围。

（4）单击对话框左下角的"预览"按钮预览打印效果，如果用户的打印机处于开机状态，在打印机上加入 A4 的空白纸，然后单击"确定"按钮即可直接打印输出图纸。

（5）打印样式表。根据当前设置的是颜色相关打印样式还是命名打印样式，从中选择打印时采用的打印样式表。

（6）图形方向。如图 12.40 所示，在"图形方向"栏中可指定图形输出的方向。图纸制作会根据实际的绘图情况来选择图纸是纵向还是横向，所以在图纸打印时一定要注意设置图形方向，否则可能会出现部分超出纸张的图形无法打印出来。该栏中各选项的含义如下。

"纵向"：图形以水平方向放置在图纸上。

"横向"：图形以垂直方向放置在图纸上。

"反向打印"：指定图形在图纸上倒置打印，即将图形旋转 180°打印。

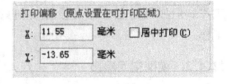

图 12.38　设置打印偏移

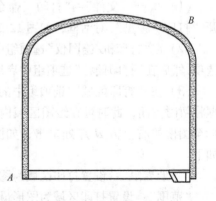

图 12.39　设置打印范围

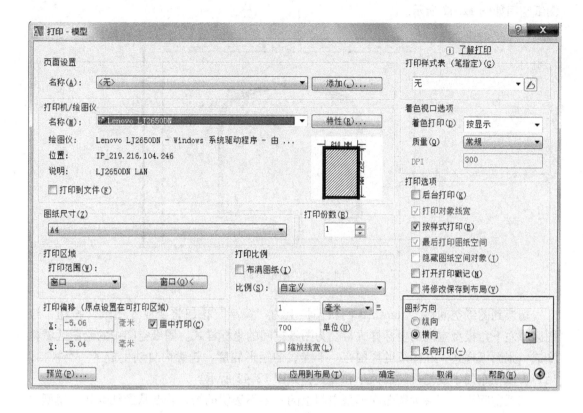

图 12.40 图形方向设置

打印输出图形时，先打开 AutoCAD 的页面设置→选中打印机→打印机特征→设备和文档设置→自定义特征→设定→设置打印机所用的尺寸是 A3 还是 A4，再设置成横向或纵向（AutoCAD 图是横向的就设置成横向的，是竖向的就设置成竖向的），确定保存（还可以修改标准图纸的尺寸）；再确定退出特征，保存文件（最好是另外保存一个名称，以便记忆，如在这个名称后加 A3 或 A4），回到页面设置，选择设置的打印机，图形方向选择横向或纵向（和上面设置的一样），选择图纸的尺寸，设置好打印比例，打印区域等，就可以打印了。

12.5 图纸空间输出

12.5.1 图纸空间

图纸空间是一个二维空间，它用于模拟一张图纸，用来完成图形输出。把模型空间绘制的图，在图纸空间进行调整、排版，这个过程称为"布局"，因此，图纸空间也称布局。绘图窗口的底部是"模型"选项按钮和两个默认的布局选项按钮"布局 1"、"布局 2"，如图 12.41 所示。用户可以通过单击它们实现在模型空间与图纸空间之间的切换，切换后的

图 12.41 "模型"与"布局"选项按钮

图纸空间如图 12.42 所示。

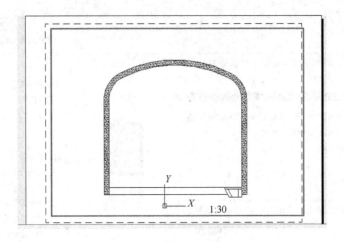

图 12.42　图纸空间

　　切换到图纸空间后，AutoCAD 的状态栏上的"模型"按钮将变成"图纸"按钮，绘图区域左下角模型空间的坐标样式将变为图纸空间的坐标样式。图纸空间中的绘图区域将变成一张图纸样式，在图纸的周围有一个虚线的矩形轮廓，轮廓内自动生成了一个视口。用户可以在布局中规划视图的大小和位置，如图 12.42 所示。

　　图纸空间可以理解为覆盖在模型空间上的一层不透明的纸，若要从图纸空间看模型空间的内容，必须进行"开窗"操作，也就是建立"视口"。"视口"是在图纸空间这张"纸"上开的一个口子，这个口子（视口）的大小、形状可以随意指定。在视口里面对模型空间的图形进行缩放（zoom）、平移（pan）、改变坐标系（UCS）等的操作，可以理解为拿着这张开有窗口的"纸"放在眼前，然后进行改变距离模型空间对象远近（等效 zoom）、左右移动（等效 pan）、旋转（等效 UCS）等操作，由于这些操作是针对图纸空间这张"纸"的，所以在图纸空间进行操作对模型空间中的对象是没有影响的。如果不希望改变布局，"锁定视口"即可。

　　需要注意的是，使用诸如"stretch""trim""move""copy"等编辑命令对对象所作的修改，等效于直接在模型空间修改对象，有时为了使单张图纸的布局更加紧凑、美观，就需要从图纸空间进入模型空间，进行适当的编辑操作。

　　用户可以设置多个布局，并可以在布局中设置不同的图纸比例。在布局中不仅可以打印输出一个视图中的图形对象，还可以打印输出布局在模型空间中各个不同视角下产生的同一比例的多个视图。另外还可以将不同比例的两个以上的视图安排在一张图纸上，并为它们添加图框、标题栏、文字注释等内容。

　　图纸空间中的图纸指出了当前所配置的打印机可以打印的图纸尺寸，图纸上的虚线矩形框则指出了图纸的可打印区域的界限。打印机只能打印虚线框内所绘制的图形，虚线框外的图形是不能打印的。在虚线框内显示的实线框是系统默认自动形成的视口。视口边界在 AutoCAD 2007 以前版本中是可以打印出来的，如果想不打印视口边界，则需要建立视口图层，设置打印属性为"不可打印"即可。

12.5.2　图纸空间操作

如果两个布局满足不了用户的需要，可创建新的布局，并可对布局进行编辑。

（1）在任意一个布局标签名称上右击，然后在弹出的菜单中选择"新建布局"选项，即可创建出一个新布局。

（2）在多余的布局标签名称上右击，然后在弹出的菜单中选择"删除"选项，这时将会打开 AutoCAD 警示对话框，如图 12.43 所示，单击"确定"按钮即可将选定的布局删除。

（3）用户还可以在布局标签名称上双击，或者右击在弹出的菜单中选择"重命名"选项，对当前布局的名称进行更改。

图 12.43　删除布局警示对话框

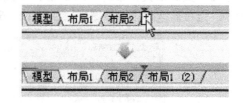

图 12.44　复制布局

（4）按住 Ctrl 键的同时依次单击各个布局的标签名称，可同时选择多个布局进行操作。如果按住 Ctrl 键的同时拖动当前布局标签，光标会变成带有"＋"号的指针，至合适位置后松开鼠标可对当前布局进行复制，如图 12.44 所示。

（5）用户还可通过拖动的方式来调整布局的顺序，也可以通过在布局标签上右击，在弹出的菜单中选择"移动或复制"选项，打开"移动或复制"对话框，如图 12.45 所示。在该对话框中可对当前布局的顺序进行调整，如果启用"创建副本"复选框，可以创建当前布局的副本。

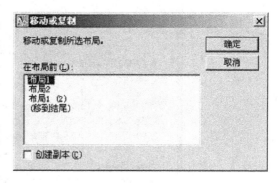

图 12.45　"移动或复制"对话框

12.5.3　图纸空间打印

12.5.3.1　视口创建

当进入 AutoCAD 的图纸空间后，系统会自动产生一个未被激活的浮动视口。如果用户不想使用系统自动创建的视口，可以通过"删除"命令，将视口边框删除，然后再创建新视口。用户可以执行"工具"→"选项"命令，打开"选项"对话框，在"显示"选项卡的"布局元素"选项组中禁用"在新布局中创建视口"复选框。用户可以创建布满整个布局的单一布局视口，也可以在布局中创建多个布局视口。创建视口后，用户可以根据需要更改其大小、特性、比例以及对其进行移动。

系统自动产生的未被激活的视口中的对象是不能直接进行调整的。如果想调整视口中的对象，将光标移动到要激活的浮动视口内双击，该视口即可被激活，在活动视口区域外空白处双击，可取消视口的激活状态。通过"zoom"命令可以对浮动视口内各视口显示比例进行调整。当激活一个视口后，如果想要激活另一个视口，可直接将光标移动到想要激活的视口上单击，即可完成当前视口的切换。当用户在当前激活的浮动视口中将所绘制的图形对象的位置布置合理，并且将模型空间与图纸空间的比例调整完毕后，只要单击状态栏上的"模型"按钮，使其变成"图纸"按钮，一张确定比例和调整好图形对象位置的图纸就在布局中完成，接下来就可以对图纸进行打印。

12.5.3.2　布局打印

（1）设置好布局的页面。进入"页面设置管理器"，选择"新建"或者"输入"选项，进入"页面设置 – 布局"对话框，设置好图纸尺寸，在"打印样式表"中选择好打印样式，为布局空间设置好图纸，如图 12.46 和图 12.47 所示。

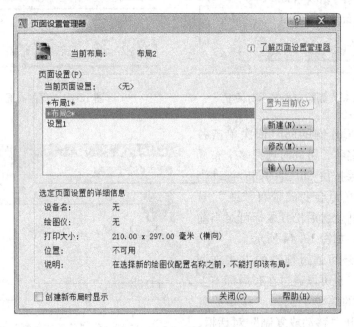

图 12.46　布局页面设置

（2）视口创建。利用"视图"→"视口"命令创建一个或多个视口。可以在布局中添加多个视口，视口边界既可以是矩形，也可以是多边形。双击视口的边界，激活当前视口，可以调用对应的视图操作命令，如图 12.48 所示。

（3）设置视口比例。创建视口后，通过视口比例的设置，来控制打印的比例。选择视口边界，右键菜单选择特性窗口，显示视口特性窗口，如图 12.49 所示，列出视口的特性。在视口特性窗口，可以修改绘图的比例。

"标准比例"：下拉列表框中选择视口中图纸的标准打印比例。显示的 1∶50 等含义为 1mm 代表 50 个图形单位。

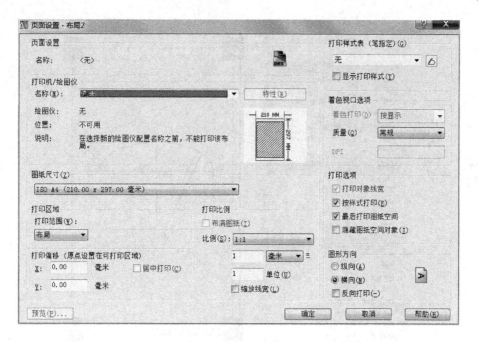

图 12.47 页面设置打印

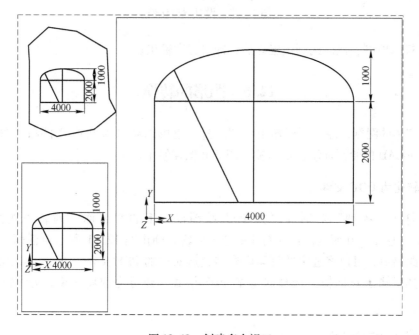

图 12.48 创建多个视口

　　"自定义比例"：用户自由指定打印比例。显示的值为小数，其值可以对应换算成 1：
M 的形式。

　　"视觉样式"：二维线框。

　　"显示锁定"：是否固定视口的比例。

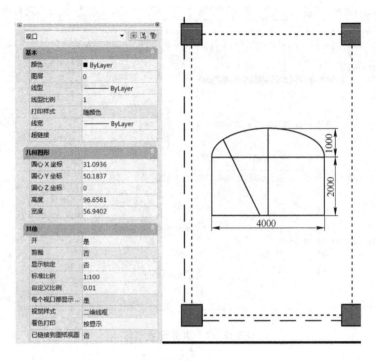

图 12.49　设置视口比例

（4）打印输出。视口比例设置好后，即可打印输出。

12.6　图形的转换

绘制完毕的图纸，除了可以输出到图纸外，也可以输出为 PDF 文件和位图文件，从而脱离 AutoCAD 的绘图环境，供传输、阅读和保存使用。

12.6.1　转化为 PDF 文件

在"打印 - 模型"对话框"打印机/绘图仪"下的"名称"列表中选择 DWGto-PDF. pc3，如图 12.50 所示，选择对应的选项内容，弹出图 12.51 所示对话框，设置文件的名称和路径后，可以将选中的打印内容转化成对应的 PDF 文件。在 AutoCAD2010 以后的版本，选择输出对话框，选择对应的 PDF 格式，即可完成将 DWG 文件转化为 PDF 文件。

12.6.2　转化为位图文件

（1）输出图元文件。WMF 是 Windows Metafile 的缩写，简称图元文件，它是微软公司定义的一种 Windows 平台下的图形文件格式。WMF 格式文件所占的磁盘空间比其他任何格式的图形文件都要小得多。选择"文件"→"输出"→"图元文件"，选择对应的文件名称和存储位置，即可将 DWG 文件转化为 WMF 图元文件。

（2）输出 JPG 和 PNG 文件。在"打印 - 模型"对话框"打印机/绘图仪"下的"名

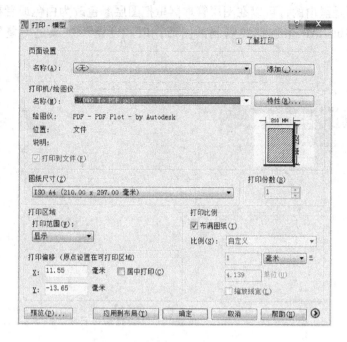

图 12.50 打印成 PDF 格式

图 12.51 另存为 PDF 文件

称"列表中选择 PublishToWeb JPG. pc3 或 PublishToWeb PNG. pc3,类似图 12.50 所示虚拟打印机,将 DWG 文件转化成对应类型的文件。

12.6.3 转化为 Office 文件

AutoCAD 图形或表格复制到 Word、Excel 的步骤:

(1) 更改 AutoCAD 系统变量 WMFBKGND 值为 OFF,使 AutoCAD 背景为透明。如果

想让复制的图形是黑白的，可以在图层管理器里把图层颜色改为白色或者在选项中将背景改为白色。在 AutoCAD 中选择要复制的图形，用"复制"工具进行复制，如图 12.52 所示。

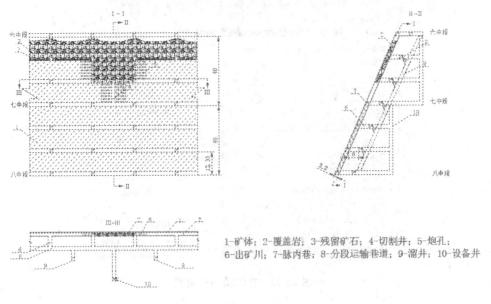

1-矿体；2-覆盖岩；3-残留矿石；4-切割井；5-炮孔；6-出矿川；7-脉内巷；8-分段运输巷道；9-溜井；10-设备井

图 12.52   复制 AutoCAD 图形

（2）切换到 Word 或 Excel，激活需要粘贴的区域，然后选择"编辑"→"粘贴"，如图 12.53 所示。

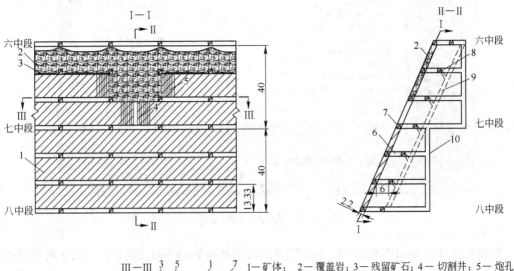

1—矿体；2—覆盖岩；3—残留矿石；4—切割井；5—炮孔；6—出矿川；7—脉内巷；8—分段运输巷道；9—溜井；10—设备井

图 12.53   粘贴到 Word 中

（3）利用"图片裁剪"将图12.53中图形空白区域剪掉，然后用拖对角的方法把图形缩放到合适的大小。裁剪和缩放工具按钮如图12.54所示。

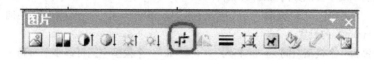

图12.54　Word图片工具条中的裁剪命令

此外，需要注意的是，当我们在Word或科技论文中插入我们绘制的图纸时，如果Word中A4页面整页布置，则输出图幅宽度$B=16cm$，如果分两栏，则图幅宽度$B=7cm$。设AutoCAD中绘图比例1∶1，对象最大宽度L，则打印比例$M=B/L$。因此，为了保持输出图纸中文字和标注的美观与合理，则图纸中文字高度控为$1/M \times 3.5$，如此，输出图纸后，插入到Word中的字体高度才能合适。

12.7　小　　结

通过本章的学习，读者应掌握图形输出比例的定义及其相互间的关系、打印样式表的设置与使用、布局的概念，能正确使用布局、模型空间、图纸空间中设置视口的方法并能够打印AutoCAD图纸，同时掌握DWG文件转换为其他格式文件的几种方法。通过对以上知识点的学习，读者可熟练地掌握AutoCAD的打印与输出技巧。

习　　题

1. 选择题

（1）绘图比例是（　　）。
A. 物体的实际尺寸与AutoCAD尺寸的比值　　　B. 物体在AutoCAD中的尺寸与实际尺寸的比值
C. 物体在图纸中的尺寸与实际尺寸的比值　　　D. 物体的实际尺寸与AutoCAD中尺寸的比值

（2）打印比例是（　　）。
A. 物体的实际尺寸与AutoCAD尺寸的比值　　　B. 物体在AutoCAD中的尺寸与实际尺寸的比值
C. 物体在图纸中的尺寸与实际尺寸的比值　　　D. 物体的实际尺寸与AutoCAD中尺寸的比值

（3）图纸比例是（　　）。
A. 物体的实际尺寸与AutoCAD尺寸的比值　　　B. 物体在AutoCAD中的尺寸与实际尺寸的比值
C. 物体在图纸中的尺寸与实际尺寸的比值　　　D. 物体的实际尺寸与AutoCAD中尺寸的比值

（4）在图纸空间中不可做的操作是（　　）。
A. 编辑修改模型空间中绘制的图形　　　B. 绘制新的图形
C. 设置视口与视图　　　D. 标注尺寸

（5）模型空间是（　　）。
A. 和图纸空间设置一样　　　B. 和布局设置一样
C. 为了建立模型设定的，不能打印　　　D. 主要为设计建模用，但也可以打印

（6）以下关于布局的说法，哪个不正确？（　　）
A. 一个布局就是一张图纸，并提供预置的打印选项卡设置
B. 在布局中可以创建和定位视口，并生成图框、标题栏等

C. 布局中的每个视口都可以有不同的显示缩放比例或冻结指定的图层

D. 在 AutoCAD 中打开一个 DWG 图形后，可以把图形中的所有布局全部删除

(7) 下面哪个选项不属于图纸方向设置的内容？（　　）

　　A. 反向　　　　　　　B. 横向　　　　　　　C. 纵向　　　　　　　D. 逆向

(8) 布局空间（layout）的设置（　　）。

　　A. 必须设置为一个模型空间，一个布局　　　　B. 一个模型空间可以多个布局

　　C. 一个布局可以多个模型空间　　　　D. 一个文件中可以有多个模型空间和多个布局

(9) 在预览窗口中的"预览"工具栏里没有提供的工具是（　　）。

　　A. 打印　　　　　　　B. 平移　　　　　　　C. 缩放　　　　　　　D. 保存

(10) 可以用（　　）命令把 AutoCAD 的图形转换成图像格式（如 BMP、EPS、WMF、PostScript）。

　　A. 保存　　　　　　　B. 发送　　　　　　　C. 另存为　　　　　　D. 输出

2. 填空题

(1) A0 图纸的大小是＿＿＿＿＿，A1 图纸的大小是＿＿＿＿＿，A2 图纸的大小是＿＿＿＿＿，A3 图纸的大小是＿＿＿＿＿，A4 图纸的大小是＿＿＿＿＿（单位：mm）。

(2) 绘图单位为 mm，1:1 比例绘制长 1000m、宽 800m 的矿体中段平面图，打印成 A0 标准图纸，图纸比例 1:1000，则打印比例为＿＿＿＿＿，如果打印成 A1 标准图纸，图纸最大工程比例为＿＿＿＿＿，则打印比例为＿＿＿＿＿。如果绘图单位为 m，1:1 比例绘制长 1000m、宽 800m 的矿体中段平面图，打印成 A0 标准图纸，图纸最大工程比例为＿＿＿＿＿，打印成 A1 图纸，图纸比例为＿＿＿＿＿。

(3) AutoCAD 的＿＿＿＿＿是用户建立模型（即绘制二维或三维图形）时所处的一种环境，也可以理解为现实物体的真实空间。该空间＿＿＿＿＿，只有图形单位。因此，在用户进行绘图前首先要确定图形单位所表征的＿＿＿＿＿，及 1 个图形单位代表 1m，1cm 还是 1mm 等。

(4) AutoCAD 的图纸空间是＿＿＿＿＿的一种环境，可以理解为是真实图纸所在的空间，在该空间中用户需要根据自己选用的打印机和＿＿＿＿＿进行图纸单位的设置，分为公制（mm）和英制（in）两种。

(5) 绘图单位对打印比例的选择是有影响的。在打印时，如 1 个图形单位代表 1mm，则 1:100 的打印比例设置为 1mm =＿＿＿＿＿个图形单位；如 1 个图形单位代表 1m，则 1:100 的打印比例设置为 1＿＿＿＿ =100 个图形单位，但是由于打印对话框上没有单位"m"，则应设置为＿＿＿＿＿ mm =100 个图形单位，即 10mm =1 个图形单位。

3. 思考题

(1) 简述图纸空间与模型空间的异同。

(2) 图纸打印时，打印范围中窗口、图形界限、布局和视口有什么区别？

(3) 简述颜色相关打印样式和命名打印样式的异同。

(4) 总结绘图单位、绘图比例与图幅之间的关系，简述工程图纸标准输出的两条途径。

附　　录

附录1　图　　例

附表1.1　矿石、岩石及材料图例

序号	名　　称	图　　例	备　注
1	整体矿石	 周边涂色　矿石符号	—
2	崩落矿石	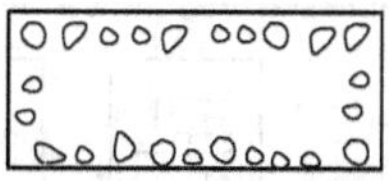	—
3	整体岩石	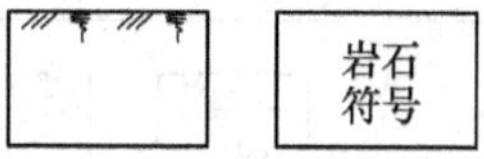 岩石符号	—
4	崩落岩石	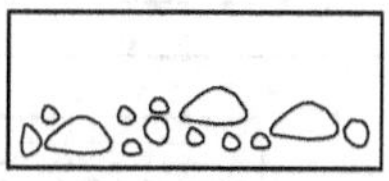	—
5	自然土壤	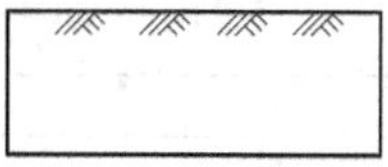	—
6	尾砂、水砂、充填料	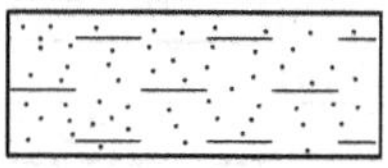	—
7	干式充填料	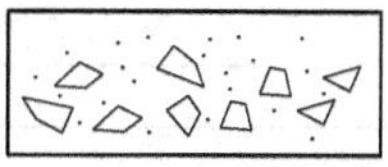	—
8	混凝土（胶结充填料）	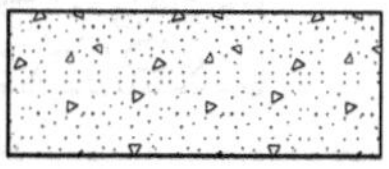	图中可以局部填充
9	钢筋混凝土	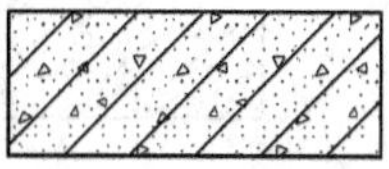	图中可以局部填充
10	混凝土块砌体	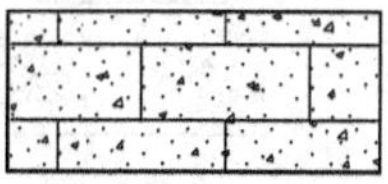	图中可以局部填充

续附表 1.1

序号	名　　称	图　　例	备　注
11	料石砌体	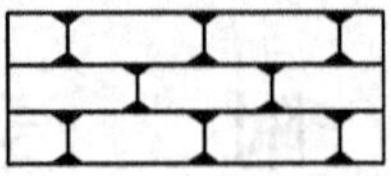	图中可以局部填充
12	砖砌体	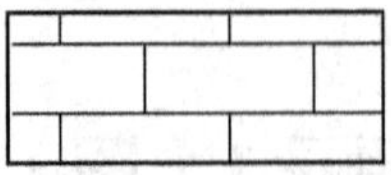	图中可以局部填充
13	道砟	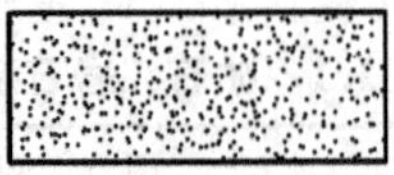	—
14	金属	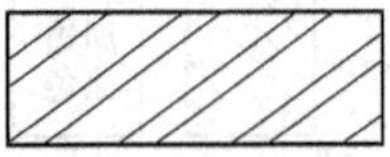	—
15	金属网	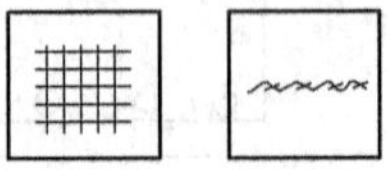	—
16	木材	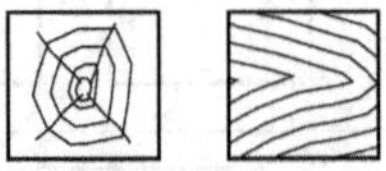	—
17	水	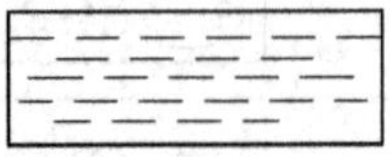	—
18	锚杆 金属网锚杆	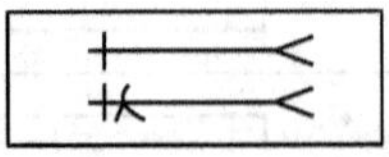	—
19	毛石混凝土	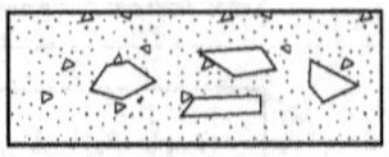	—
20	毛石及片石	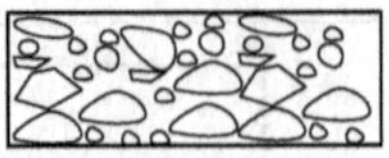	—
21	预制钢筋混凝土	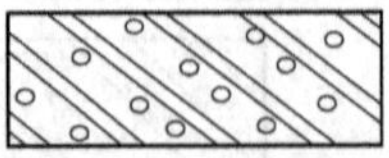	—
22	充填土	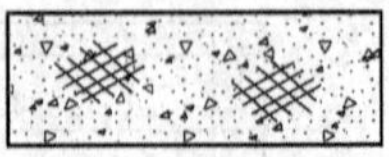	—

附表1.2 各种界线与方向图例

序号	名　称	图　例	备　注
1	开采境界线	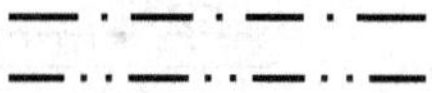	上图为前期开采境界线 下图为末期开采境界线
2	爆破警戒线		上图为前期警戒线 下图为末期警戒线
3	错动界线		—
4	崩落界线		—
5	预留矿柱界线		—
6	指北方向	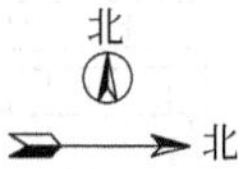 北	上图用于平面图 下图用于竖井车场图、阶段平面图
7	新鲜风流方向		—
8	污浊风流方向		—
9	重车运输方向		—
10	空车运输方向		—
11	水沟、电缆沟坡度及水流方向	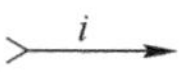 i	箭头指向下坡方向
12	巷道、路堑坡度	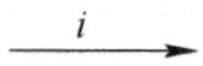 i	箭头指向下坡方向
13	边坡加固界线		—
14	火灾避灾方向	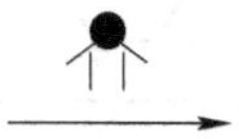	—
15	水灾避灾方向		—

附表 1.3　露天工程与井巷工程图例

序号	名　称	图　例	备　注
1	阶段平台坡面与标高		—
2	原有阶段平台坡面与标高		—
3	倾斜路堑		—
4	水平路堑		—
5	倒装场		—
6	排土场		—
7	护坡加固		—
8	斜井		—
9	斜坡道		—
10	平硐		—
11	矿石溜井		漏斗颈、溜口亦可使用
12	废石溜井		—

续附表1.3

序号	名 称	图 例	备 注
13	圆竖井	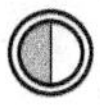	—
14	矩形竖井	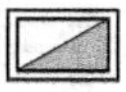	—
15	主通风井	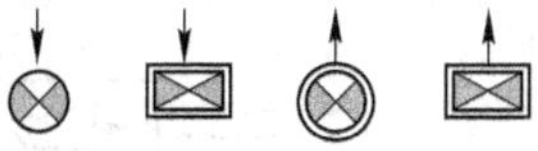	左侧两个图为入风井 右侧两个图为出风井
16	充填井	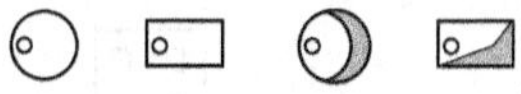	左侧两个图为下口 右侧两个图为上口
17	设备材料井	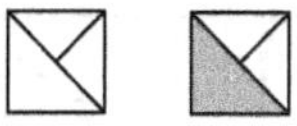	左图为下口 右图为上口
18	电梯井	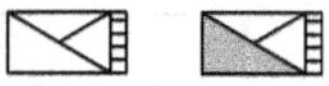	左图为下口 右图为上口
19	人行通风天井	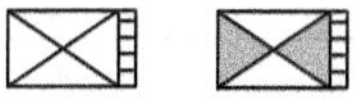	左图为下口 右图为上口
20	切割天井	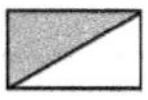	—
21	凿岩天井	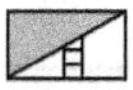	—
22	设计平巷	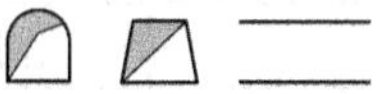	粗实线，也可不填充
23	原有平巷	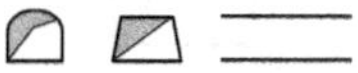	细实线，也可不填充
24	拟建井巷	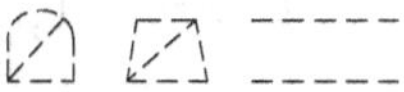	—
25	探矿井巷	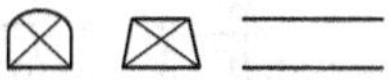	最细实线

续附表 1.3

序号	名　称	图　例	备　注
26	水沟		—
27	地面充填站	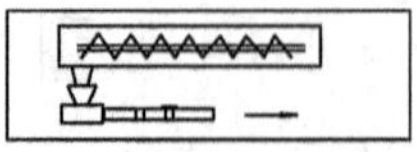	—
28	地面风机房	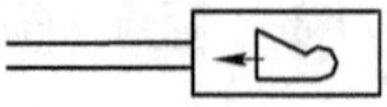	—
29	井塔	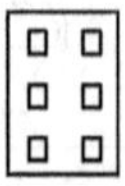	—
30	井架	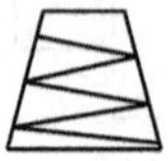	—
31	变电站	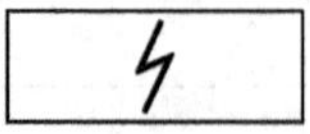	—
32	大块石条筛	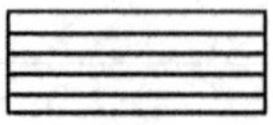	—
33	块石格筛	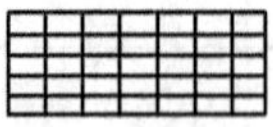	—

附表 1.4　设备图例

序号	名　称	图　例	备　注
1	钻机		—
2	挖掘机	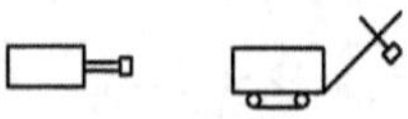	—
3	装载机	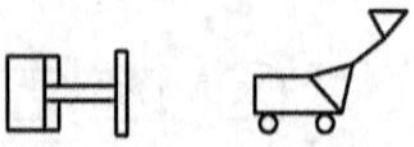	包括前装机

序号	名 称	图 例	备 注
4	推土机		—
5	铲运机		—
6	汽车		—
7	矿车		—
8	电机车		—
9	移动式胶带排土机		—
10	半固定破碎机		—
11	移动式破碎机		—
12	胶带运输机		—
13	混凝土搅拌机		—
14	电耙		—
15	电耙绞车		—

续附表 1.4

序号	名　称	图　例	备　注
16	振动放矿机	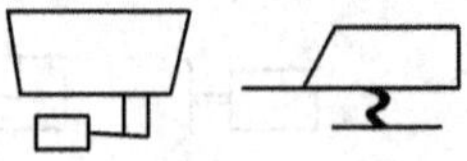	—
17	翻车机	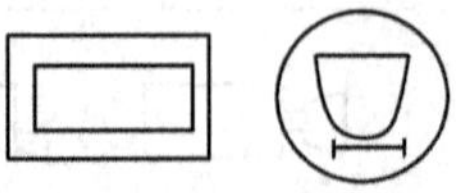	—
18	索斗铲	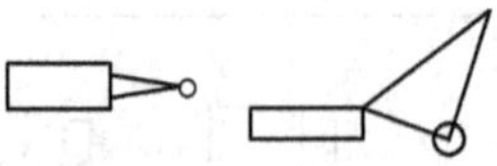	—
19	移动空压站	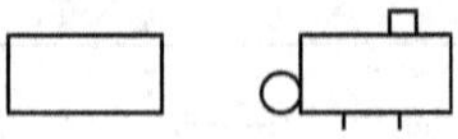	—

附表 1.5　铁路、公路、桥涵图例

序号	名　称	图　例	备　注
1	新设计标准轨距铁路		—
2	原有标准轨距铁路		—
3	拟建标准轨距铁路		—
4	外部准轨铁路		—
5	车挡	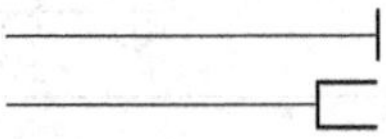	上图为非土堆式 下图为土堆式
6	新设计窄轨铁路	 GJ762	—
7	原有窄轨铁路	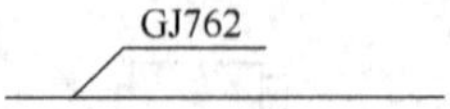 GJ762	—
8	拟建窄轨铁路	 GJ762	—
9	外部窄轨铁路	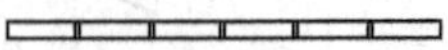	—
10	新设计道路		—

序号	名 称	图 例	备 注
11	原有道路		—
12	拟建道路		—
13	人行道		—
14	公路桥		—
15	铁路桥		—
16	立交桥（公路跨铁路）		—
17	立交桥（铁路跨公路）		—
18	过水路面		—
19	涵管或涵洞		—

附表1.6 通风图例

序号	名 称	图 例	备 注
1	普通风门		或
2	自动风门		—
3	调节风门		—
4	风帘		—

序号	名 称	图 例	备 注
5	风窗		—
6	风障		—
7	风桥		—
8	测风站		—
9	密闭墙		—
10	防水墙		—
11	防水门		或
12	防火门		或
13	水幕		—
14	主通风机		—
15	局扇		—
16	栅栏门		—

注：画风（水）门等图例时，圆弧突出部分应迎向风（水）来的方向。

附录 2　常用系统变量

序号	类型	变量名称	说　　明
1		ANGDIR	设置正角度的方向，初始值为 0；为从相对于当前 UCS 方向的 0 角度测量角度值。0，逆时针；1，顺时针
2		APBOX	打开或关闭 AutoSnap 靶框；当捕捉对象时，靶框显示在十字光标的中心。0，不显示靶框；1，显示靶框
3		APERTURE	以像素为单位设置靶框显示尺寸。靶框是绘图命令中使用的选择工具，初始值为 10
4		AREA	既是命令又是系统变量，存储由 AREA 计算的最后一个面积值
5		AUNITS	设置角度单位：0，十进制度数；1，度/分/秒；2，百分度；3，弧度；4，勘测单位
6		AUTOSNAP	0，关（自动捕捉）；1，开；2，开提示；4，开磁吸；8，开极轴追踪；16，开捕捉追踪；32，开极轴追踪和捕捉追踪提示
7		BLIPMODE	控制点标记是否可见，既是命令又是系统变量；使用 SETVAR 命令访问此变量：0，关闭；1，打开
8	图形环境配置	CECOLOR	设置新对象的颜色，有效值包括 BYLAYER、BYBLOCK 以及从 1 到 255 的整数
9		CELTSCALE	设置当前对象的线型比例因子
10		CELTYPE	设置新对象的线型，初始值 "BYLAYER"
11		CELWEIGHT	设置新对象的线宽：1，线宽为 "BYLAYER"；2，线宽为 "BYBLOCK"；3，线宽为 "DEFAULT"
12		CLAYER	设置当前图层，初始值为 0
13		CMDDIA	输入方式的切换：0，命令行输入；1，对话框输入
14		CMDECHO	控制在 AutoLISP 的 command 函数运行时 AutoCAD 是否回显提示和输入：0，关闭回显；1，打开回显
15		COMPASS	控制当前视口中三维指南针的开关状态：0，关闭三维指南针；1，打开三维指南针
16		COORDS	控制状态行上坐标的格式和更新频率。0，仅当指定点时才会更新定点设备的绝对坐标；1，连续更新定点设备的绝对坐标；2，连续更新定点设备的绝对坐标（需要点、距离或角度时除外），在该情况下，将显示相对极坐标而不显示 X 和 Y。Z 值始终显示为绝对坐标
17		CURSORSIZE	按屏幕大小的百分比确定十字光标的大小，初始值为 5
18		DIMADEC	控制角度标注中显示精度的小数位数。-1，角度标注显示由标注样式中的格式指定；0~8，指定角度标注中显示的小数位数（与 DIMDEC 无关）
19		DIMAUNIT	设置角度标注的单位格式：0，十进制度数；1，度/分/秒；2，百分度；3，弧度
20		DIMDSEP	指定一个单字符作为创建十进制标注时使用的小数分隔符

续表

序号	类型	变量名称	说　　明
21		DIMLFAC	设置线性标注测量值的比例因子
22		FILEDIA	控制与读写文件命令一起使用的对话框的显示
23		GRIDUNIT	指定当前视口的栅格间距（X 和 Y 方向）
24		GRIPS	控制"拉伸"、"移动"、"旋转"、"缩放"和"镜像夹点"模式中选择集夹点的使用
25		LIMCHECK	控制在图形界限之外是否可以创建对象
26		LIMMAX	存储当前空间的右上方图形界限，用世界坐标系坐标表示
27		LIMMIN	存储当前空间的左下方图形界限，用世界坐标系坐标表示
28		LTSCALE	设置全局线型比例因子，线型比例因子不能为0
29		LUNITS	设置线性单位：1，科学；2，小数；3，工程；4，建筑；5，分数
30		LWDEFAULT	设置默认线宽的值，默认线宽可以以 mm 的百分之一为单位，设置为任何有效线宽
31		LWDISPLAY	控制是否显示线宽，设置随每个选项卡保存在图形中。0，不显示线宽；1，显示线宽
32		LWUNITS	控制线宽单位以 in 还是 mm 显示：0，in；1，mm
33	图形环境配置	MAXACTVP	设置布局中一次最多可以激活多少视口。MAXACTVP 不影响打印视口的数目
34		MBUTTONPAN	控制定点设备第三按钮或滑轮的动作响应
35		MEASUREINIT	设置初始图形单位（英制或公制）
36		MEASUREMENT	仅设置当前图形的图形单位（英制或公制）
37		PICKAUTO	控制"选择对象"提示下是否自动显示选择窗口
38		PICKBOX	以像素为单位设置对象选择目标的高度
39		PICKDRAG	控制绘制选择窗口的方式
40		PICKFIRST	控制在发出命令之前（先选择后执行）还是之后选择对象
41		PSLTSCALE	控制图纸空间的线型比例
42		SAVEFILEPATH	指定 AutoCAD 任务的所有自动保存文件目录的路径
43		SAVENAME	在保存当前图形之后存储图形的文件名和目录路径
44		SAVETIME	以 min 为单位设置自动保存的时间间隔
45		SDI	控制 AutoCAD 运行于单文档还是多文档界面
46		SKETCHINC	设置 SKETCH 命令使用的记录增量
47		SKPOLY	确定 SKETCH 命令生成直线还是多段线
48		SNAPANG	为当前视口设置捕捉和栅格的旋转角，旋转角相对当前 UCS 指定
49		SNAPMODE	打开或关闭"捕捉"模式
50		TOOLTIPS	控制工具栏提示是否显示：0，不显示工具栏提示；1，显示工具栏提示
51		UCSAXISANG	存储使用 UCS 命令的 X、Y 或 Z 选项绕轴旋转 UCS 时的默认角度值
52		UCSBASE	存储定义正交 UCS 设置的原点和方向的 UCS 名称，有效值可以是任何命名 UCS

续表

序号	类型	变量名称	说　明
53	图形环境配置	UCSICON	使用位码显示当前视口的 UCS 图标
54		UNITMODE	控制单位的显示格式
55		WHIPARC	控制圆和圆弧是否平滑显示
56		WMFBKGND	控制 AutoCAD 对象在其他应用程序中的背景显示是否透明
57		WMFFOREGND	控制 AutoCAD 对象在其他应用程序中的前景色指定
58		ZOOMFACTOR	接受一个整数，有效值为 0～100，数字越大，鼠标滑轮每次前后移动引起改变的增量就越多。
59	块与属性	AFLAGS	设置 ATTDEF 位码的属性标志：0，无选定的属性模式；1，不可见；2，固定；4，验证；8，预置
60		ATTDIA	控制 INSERT 命令是否使用对话框用于属性值的输入：0，给出命令行提示；1，使用对话框
61		ATTMODE	控制属性的显示模式：0，关，使所有属性不可见；1，普通，保持每个属性当前的可见性；2，开，使全部属性可见
62	图形绘制与修改	CMLJUST	指定多线对正方式：0，上；1，中间；2，下。初始值为 0
63		EDGEMODE	控制 TRIM 和 EXTEND 命令确定边界的边和剪切边的方式
64		FILLMODE	指定图案填充(包括实体填充和渐变填充)、二维实体和宽多段线是否被填充
65		HPASSOC	控制图案填充和渐变填充是否关联.
66		HPBOUND	控制 BHATCH 和 BOUNDARY 命令创建的对象类型
67		MIRRTEXT	控制 MIRROR 命令影响文字的方式：0，保持文字方向；1，镜像显示文字
68		PDMODE	控制如何显示点对象
69		PDSIZE	设置显示的点对象大小
70		PEDITACCEPT	控制在使用 PEDIT 时，显示"选取的对象不是多段线"的提示
71		PELLIPSE	控制由 ELLIPSE 命令创建的椭圆类型
72		PICKADD	控制后续选定对象是替换还是添加到当前选择集
73		SPLINESEGS	设置每条样条拟合多段线（此多段线通过 PEDIT 命令的"样条曲线"选项生成）的线段数目
74	标注	DIMDEC	设置标注主单位显示的小数位位数，精度基于选定的单位或角度格式
75		DIMDLE	当使用小斜线代替箭头进行标注时，设置尺寸线超出尺寸界线的距离
76		DIMDLI	控制基线标注中尺寸线的间距
77		DIMEXE	指定尺寸界线超出尺寸线的距离
78	文字	QTEXTMODE	控制文字如何显示
79		TEXTSTYLE	设置当前文本样式的名称
80		TSPACEFAC	控制多行文字的行间距(按文字高度的比例因子测量)，有效值为 0.25～4.0

附录3　上机练习

A　绘图准备工作

A.1　绘图的原则

进行工程设计，实际上是将想要表达的设计思想和设计内容反映到设计文件中，而图纸就是一种直观、准确、醒目的设计文件载体。因此，在采用计算机进行图纸绘制时应该遵循四个原则：清晰、准确、规范、高效。

（1）清晰。要表达的东西必须清晰，醒目。图纸内容除了应在显示器上显示清晰外还要保证其打印出图清晰。同时绘图清晰除了能清楚地表达设计思路和设计内容外，也是提高绘图速度的基石。

（2）准确。绘制图纸时要保证图纸的准确。制图准确不仅可以更美观地展示绘图内容，还可以直观地反映出图面存在的问题，对于提高绘图速度具有重要的影响。

（3）规范。采用 AutoCAD 进行图纸绘制时，对图纸中的文字、标注、线型、线宽及颜色的设置应遵循相应行业的工程制图标准。

（4）高效。在满足 AutoCAD 基本绘图要求的前提下，尽量减少 AutoCAD 中相应功能的设置，以减小 AutoCAD 文件的大小，提高机器的运算速度，减少因图元归类所导致的错误。

A.2　绘图步骤

（1）分析图形。在绘图之前首先应对所要绘制的图形进行初步的分析，以提高绘图工作的效率。图形分析的内容主要包括：分析图形的组成及特征，确定图形的尺寸，选择绘图的位置等。

1）图形是否对称。通过镜像操作来简化图形的绘制。

2）图形是否有重复部分。通过图块或阵列等命令来实现。

3）图形是否可以分解为几个部分。将复杂图形分解为几个模块，先绘制局部模块，后组装完整图形。

4）图形尺寸确定。除了直接可读出的尺寸外，确定间接可获得的尺寸。

5）绘图位置确定。分析图形，看从何处下手来绘制，找到入手点。

（2）确定比例。在用 AutoCAD 进行工程图纸的绘制过程中，需要确定其选用的图幅大小，输出时拟采用的图纸比例，进而选择打印比例。

1）根据绘图者所拥有的绘图机的绘图图幅，并考虑实际工程需要，选择最终打印图纸的图幅大小。

2）预估要绘制对象长与宽的最大尺寸，结合所选择的图幅大小，确定图纸比例 M。

3）如无特殊需要，推荐采用 1∶1 比例绘图。

4）依据图纸比例和绘图比例，确定文字的高度、表格的尺寸、标注的尺寸及调整比例等。

5）依照选择的图纸比例、绘图比例，计算出打印时所需要的打印比例。

（3）打开模板文件。根据用户需要选择或建立模板文件，调整图层数量及名称，设置相应的文字样式及标注样式。

（4）绘制辅助线。绘图时，切换辅助线图层为当前，充分利用构造线、射线等辅助线进行图形起始定位和辅助构图。

（5）绘制图形。根据图形分析的结果进行图形的绘制，力求使绘制的图形层次分明、粗细清楚、内外有别、滴水不漏。

（6）标注图纸。依照图纸比例，选择合适的标注样式，设置全局系数，进行图纸标注和引线注释。

（7）插入图框。图形绘制完毕后，根据所选择的图幅，结合图纸比例，放大后插入拟采用的图框，并完善标题栏内的基本信息。

（8）整理图纸。图形图框绘制完毕后，需要对图形文件中未使用的图层、图块、文本样式、尺寸标注样式、线型等对象进行清理，以减小图形文件的大小，提高 AutoCAD 的性能，清理的命令为"purge"。

A.3 环境配置

（1）绘图环境设置。

1）设置绘图区域背景颜色。

2）设置十字光标大小。

3）设置捕捉标记的大小、颜色。

4）设置拾取框的大小。

5）设置常用的文件版本保存类型、保存时间间隔。

6）设置绘图单位和数值精度，默认以 mm 为单位。

7）设置栅格密度，对象捕捉类型，正交设置。

8）设置图形界限。依据用户的最终需求，依照绘制的图纸大小，设定图形界限和打印时的页面大小。

9）加载常用的工具条，关闭不常用的工具面板，调整绘图区域大小。

（2）常用图层设置，如附表3.1所示。

附表3.1 采矿工程图纸中常用图层设置

序　号	名　　称	颜　色	线　型	线　宽
1	图框	黑色	连续	1mm
2	勘探线	黑色	连续	0.5mm
3	辅助线	红色	点划线	默认
4	矿体	黑色	连续	0.5mm
5	巷道	黑色	连续	0.3mm
6	文字	黑色	—	—
7	标注	蓝色	—	—

注：设定图层的颜色、线型、线宽后，在"特性"工具条或"特性"面板中应将对象的基本属性设置为 ByLayer。

这样在进行图形属性更改时，可以通过更改图层的属性来实现，以保证对象与图层的一致性。

（3）常用文字样式设置，如附表3.2所示。

附表 3.2　常用文字样式设置

样式名称	字体	字高	宽度比例	备注
文字注释	仿宋	3.5	0.75	1：1 图纸比例
标注文字	仿宋	0	0.5	1：1 图纸比例
标题文字	仿宋	7	0.75	1：1 图纸比例
说明文字	仿宋	5	0.75	1：1 图纸比例
1-30 文字	仿宋	150	0.75	1：30 图纸比例
1-50 文字	仿宋	250	0.75	1：50 图纸比例
1-100 文字	仿宋	500	0.75	1：100 图纸比例

（4）常用标注样式设置，如附表3.3所示。

附表 3.3　常用标注样式设置

样式名称	字体	字高	宽度比例	调整系数	备注
1-1	仿宋	2.5	0.5	1	1：1 图纸比例
1-30	仿宋	2.5	0.5	30	1：30 图纸比例
1-50	仿宋	2.5	0.5	50	1：50 图纸比例
1-200	仿宋	2.5	0.5	200	1：200 图纸比例
1-500	仿宋	2.5	0.5	500	1：500 图纸比例
1-1000	仿宋	2.5	0.5	1000	1：1000 图纸比例
1-2000	仿宋	2.5	0.5	2000	1：2000 图纸比例

注：表中的字体也可以通过已经建立的文字样式来设定，如附表3.2中所示。

（5）建立模板文件。建立模板文件，保存自己的绘图设置，为后期重复绘图提供模板。图形模板文件的扩展名为.dwt。

B　矿图基本信息绘制

B.1　图框

采矿工程各设计阶段图纸的幅面及图框尺寸，应符合我国工程制图规范相关规定，如附图3.1和附图3.2所示为A0及A4图框。

注意：当绘制A3、A4图框时，由于图框的尺寸与图纸尺寸相同，将导致图框外侧边界线无法打印。这时建议用户完成图框绘制后，选中图框，将图框缩小为原尺寸的95%，如此即可打印出完整的图框。

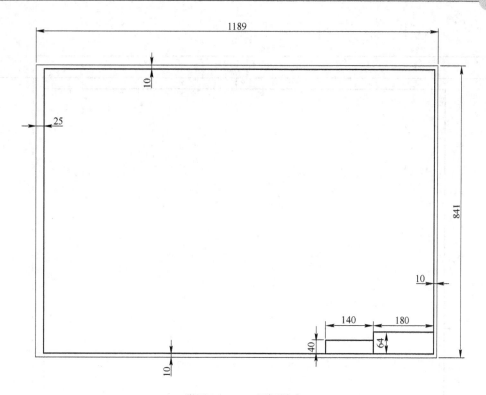

附图 3.1 A0 图框样式

B.2 图签

工程图纸输出需要有标准的图框、图签。我国工程制图规范规定，A3、A4 幅面的图签如附图 3.3 所示，A0 ~ A2 幅面的图签如附图 3.4 所示，其中附图 3.4 为附图 3.3 和附图 3.5 组合而成。

东北大学采矿工程在进行课程设计和毕业设计时，建议采用附图 3.6 所示图签。

B.3 坐标网

坐标网是工程图纸中重要的参考线，在图框内以 $100mm \times 100mm$ 的间隔绘制如附图 3.7 所示的坐标网。

B.4 指北针

完成对采矿图元指北针的绘制，如附图 3.8 所示，进一步熟悉、掌握 "circle" "zoom" "regen" "donut" "line" "mirror" "trim" "hatch" 等命令的使用。

C 井巷断面绘制

C.1 巷道断面组成

C.1.1 水沟

完成巷道断面基本图元水沟的绘制。水沟共有三种类型，本次练习仅要求绘制Ⅰ型水

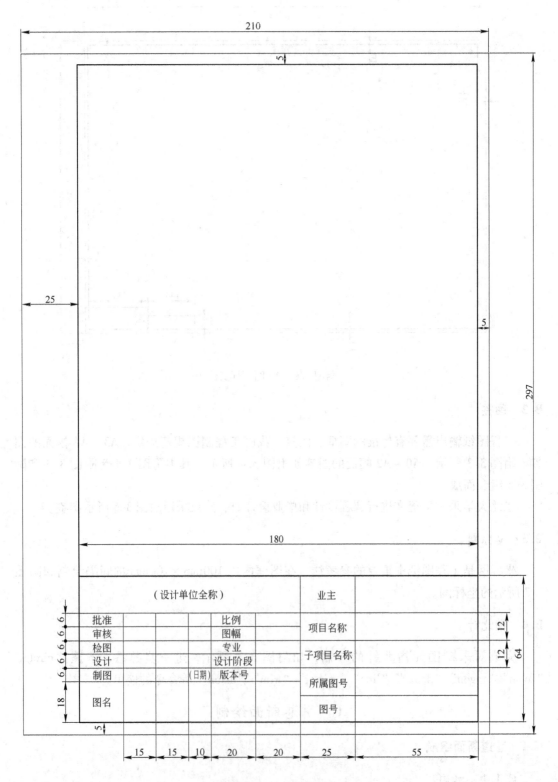

附图 3.2　A4 图框样式

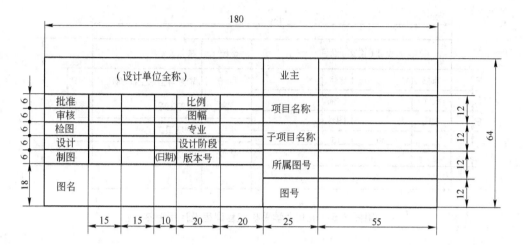

附图 3.3　A3、A4 幅面的图签

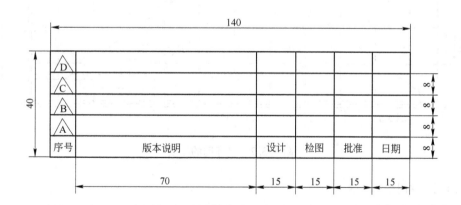

附图 3.4　A0～A2 幅面的图签

附图 3.5　附加标题栏

沟。查阅《采矿设计手册　井巷工程卷》选取相应的水沟参数：上断面宽 $B_1 = 310\text{mm}$，下断面宽 $B_2 = 280\text{mm}$，深 $H_1 = 230\text{mm}$，盖板厚度 $B_3 = 50\text{mm}$，支护厚度 $B_4 = 100\text{mm}$，如附图 3.9 所示。

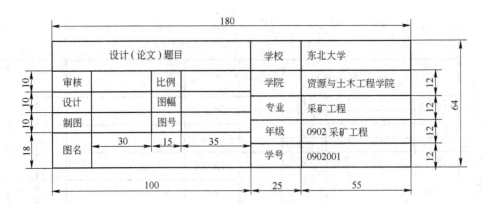

附图 3.6　东北大学采矿工程课程设计用图签

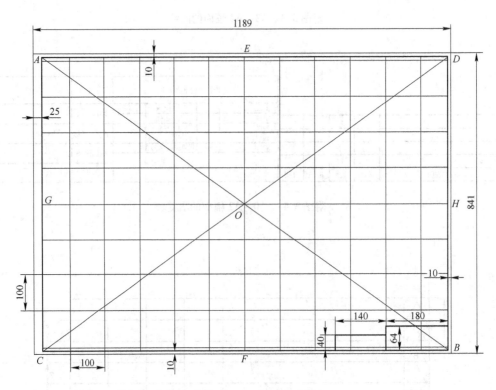

附图 3.7　坐标网的绘制

C.1.2　轨枕

完成巷道断面基本图元轨枕的绘制。本次练习要求绘制 I 型轨枕。该型号轨枕的基本参数如下：$L = 1350mm$，$L_1 = 525mm$，$L_5 = 130mm$，$L_8 = 50mm$，$L_9 = 100mm$，$L_2 = L_8 + L_9$，$h_4 = 50mm$，$h_3 = 100mm$，如附图 3.10 所示。

C.1.3　钢轨

完成巷道断面基本图元钢轨的绘制。本次练习要求绘制轨型为 15kg/m 的钢轨。该型号钢轨的基本参数如下：轨高 79.37mm，底宽 79.37mm，头宽 42.86mm，头高 22.22mm，

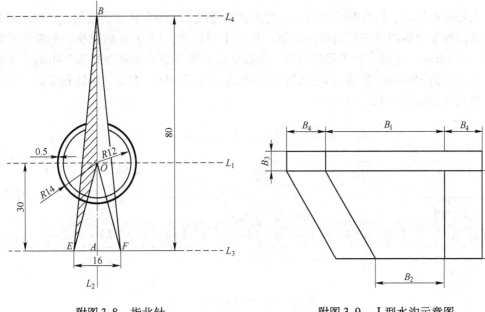

附图 3.8　指北针

附图 3.9　Ⅰ型水沟示意图

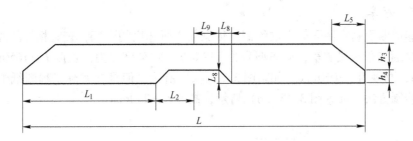

附图 3.10　Ⅰ型钢筋混凝土轨枕

腰高 43.65mm，底高 13.50mm，腰厚 8.33mm，横截面积 19.33cm²，理论质量 15.20kg/m，长度 6～7m，长度允许偏差 ±18mm，如附图 3.11 所示。

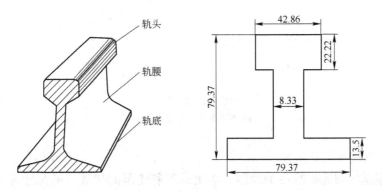

附图 3.11　钢轨断面示意图

C.1.4　道床

　　矿用道床由轨道、轨枕和道砟组成，前文已经完成了轨道和轨枕的绘制，本次练习要求结合前面所学内容组合完成道床的绘制。选取Ⅰ型轨枕，15kg/m 的钢轨，垫板尺寸宽180mm，高18mm。查阅井巷工程类书籍，选取底板水平与道砟水平距离为200mm，与轨面水平的距离为350mm（轨枕与轨道的详细参数见前文内容）。轨道、轨枕和道砟，矿用道床具体尺寸如附图3.12所示。

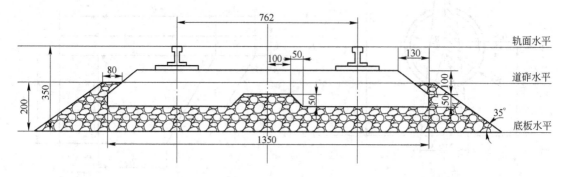

附图3.12　道床示意图

C.1.5　矿车

　　完成巷道断面基本图元矿车的绘制。依据前文所选用的道床，查阅相关的井巷工程类标准，选取翻转车厢式矿车，矿车型号为 YFC0.7，矿车尺寸为：长度 $L=1650mm$，宽度 $B=980mm$，高度 $H=1050mm$，如附图3.13（a）所示。但是在实际工程图纸中常采用简易的矿车绘制方法，如附图3.13（b）所示，高度 $h=250mm$。

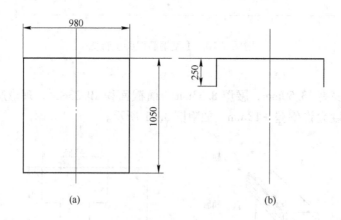

(a)　　　　　　　　　　　(b)

附图3.13　矿车
(a) 标准矿车；(b) 简易矿车

C.1.6　架线弓

　　完成巷道基本图元架线弓的绘制。本次练习所绘制的架线弓的尺寸为：$L=800mm$，$L_1=100mm$，$L_2=100mm$，如附图3.14所示。

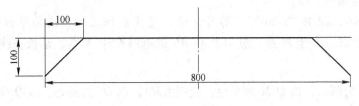

附图 3.14 架线弓

C.2 巷道断面类型

巷道断面依据形状可划分为三心拱形、圆弧拱形、半圆拱形、梯形、矩形、六角形等。

C.2.1 三心拱断面

取一段大弧和两段小弧组合而成的新拱形，由于其有三个圆心，故称之为三心拱。三心拱的承压性能比圆弧拱差，碹胎加工制作也比圆弧拱复杂，但断面利用率较高。三心拱巷道的主要参数有拱高 f_0，墙高 H，巷道净宽 B_0，拱高与净宽之比 f_0/B_0，大圆半径 R，小圆半径 r 等，如附图 3.15 所示。

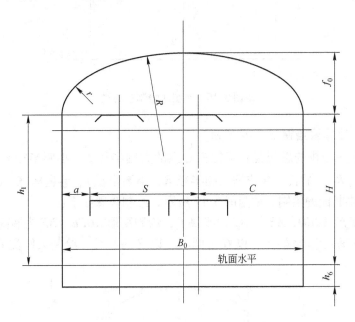

附图 3.15 三心拱断面示意图

本次练习要求按照两种方法（作图法和计算法）进行三心拱断面的绘制。巷道净宽 $B_0 = 4000\text{mm}$，墙高 $H = 2800\text{mm}$，$f_0/B_0 = 1/4$，$R = 0.9044B_0$，$r = 0.1727B_0$（相关参数的选取可以参照井巷工程类书籍中的井巷断面绘制部分）。

C.2.1.1 作图法绘制三心拱断面

如附图 3.16 所示，绘制步骤如下：

（1）先做矩形 $ABCD$，令 $AB = B_0$，$AD = f_0$，$GH \perp AB$ 且 $AH = HB = B_0/2$，绘制矩形

AEFB，令 *AE* 为墙高。

（2）连接 *AG*，调用 "xline" 二等分命令，过 *A* 点作∠*DAG* 的角平分线，过 *G* 点作∠*DGA* 的角平分线，交于 *M* 点，过 *M* 点作 *AG* 的垂线交于 *N* 点，延长垂线交 *AH*、*GH* 于 *O₁*、*O₂*。

（3）以 *O₁* 为圆心，以 *O₁M* 为半径，绘制弧$\widehat{MA}$，以 *O₂* 为圆心，以 *O₂G* 为半径，绘制弧$\widehat{GM}$。

（4）以 *O₂G* 为镜像轴，将弧$\widehat{MA}$、弧$\widehat{GM}$镜像，即完成整个三心拱的绘制。

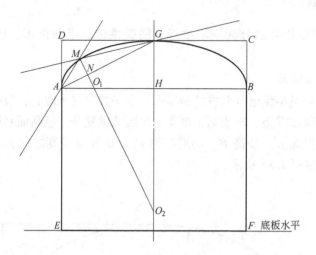

附图 3.16　作图法绘制三心拱

C.2.1.2　计算法绘制三心拱断面

计算法绘制三心拱的思想是：依据三心拱的大圆半径 R、小圆半径 r 与巷道净宽 B_0 的关系，计算出 R、r 的长，并依据大圆半径 R、小圆半径 r、巷道净宽 B_0、墙高 H 和拱高 f_0 进行三心拱断面的绘制。如附图 3.17 所示，绘制步骤如下：

（1）绘制矩形 *ABCD*，*AB* 长 B_0，*BC* 高 f_0，绘制矩形 *ABFE*，*BF* 为墙高。

（2）取 *CD* 垂直中心线 *GH*，以 *G* 为圆心，以 *R* 为半径，绘制大圆交 *GH* 的延长线于

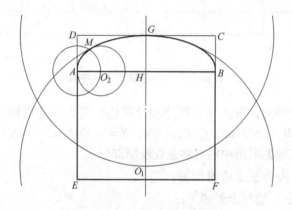

附图 3.17　计算法绘制三心拱

O_1。以 O_1 为圆心，以 R 为半径，绘制大圆，相切 CD 于 G。

（3）以 A 为圆心，以 r 为半径，绘制小圆，交 AB 于 O_2，以 O_2 为圆心，以 r 为半径，相切 AD 于 A，与大圆 O_1 相交与 M，进行修剪，保留弧 $\widehat{AM}$、$\widehat{MG}$。

（4）以 GH 为镜像轴，镜像弧 $\widehat{AM}$、$\widehat{MG}$，完成整个三心拱的绘制。

C.2.2 圆弧拱

圆弧拱是取圆周的一部分构成巷道的拱部，该种拱形的承压性能比半圆拱差，但比三心拱好，断面利用率比半圆拱高，比三心拱低；拱部成形比较容易，施工比较方便，但工程量比较大，在矿山应用较少。圆弧拱巷道的主要参数有拱高 f_0，墙高 H，巷道净宽 B_0，拱高与净宽之比 f_0/B_0，圆弧半径 R，如附图 3.18 所示。

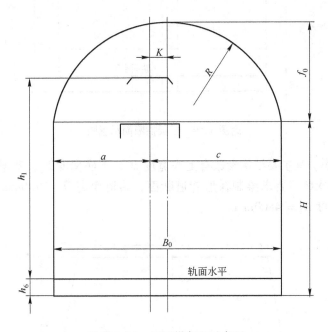

附图 3.18 圆弧拱断面示意图

本次练习要求进行圆弧拱断面的绘制。巷道净宽 $B_0 = 4000\text{mm}$，墙高 $H = 2800\text{mm}$，$f_0/B_0 = 1/4$，圆弧半径 $R = 0.6250B_0$（相关参数的选取可以参照井巷工程类书籍中的井巷断面绘制部分）。

C.2.3 半圆拱断面

半圆拱断面是以巷道净宽为直径作圆，取其一半作为巷道拱部的断面类型。其拱高及拱形半径均为巷道净宽的 $1/2$，即 $f_0 = B_0/2$，$R = B_0/2$。半圆拱拱高较大，能承受较大的顶压，但断面利用率低。半圆拱巷道的主要参数有拱高 f_0，墙高 H，巷道净宽 B_0，圆弧半径 R，如附图 3.19 所示。本次练习要求进行半圆拱断面的绘制。巷道净宽 $B_0 = 4000\text{mm}$，墙高 $H = 3000\text{mm}$，半径 $R = 2000\text{mm}$。

C.2.4 梯形断面

梯形巷道断面是回采巷道中的一种断面形式，该种断面形式的巷道的掘进、支护和维

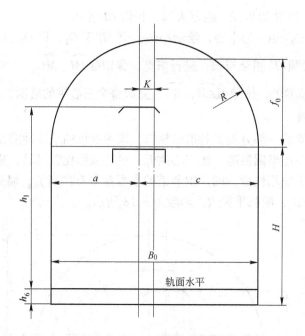

附图 3.19　半圆拱断面示意图

修等综合费用最小。其主要结构参数有上底宽度 B_1，下底宽度 B_2，巷道净高 H 等，如附图 3.20 所示。本次练习要求绘制梯形巷道断面，巷道净高 $H = 2700\text{mm}$，上底宽度 $B_1 = 3850\text{mm}$，下底宽度 $B_2 = 4800\text{mm}$。

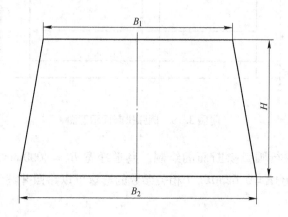

附图 3.20　梯形断面示意图

C.2.5　矩形断面

矩形巷道断面是最简单的巷道断面形式，该种断面的结构参数主要有巷道的净宽度 B_0 和巷道的净高度 H，如附图 3.21 所示。本次练习要求绘制矩形巷道断面，巷道净高度 $H = 2800\text{mm}$，净宽度 $B_0 = 4200\text{mm}$。

C.2.6　双线运输巷道断面图绘制

综合以上练习，绘制双线运输巷道断面图，如附图 3.22 所示。巷道断面形状采用三

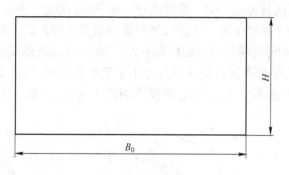

附图 3.21 矩形断面

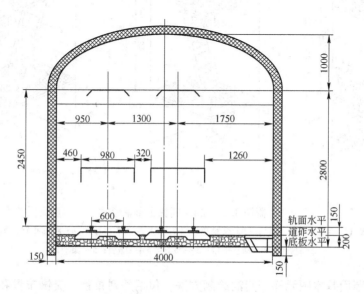

附图 3.22 双线运输巷道断面图

心拱形，巷道净宽度 $B_0 = 4000\text{mm}$，墙高 $h_3 = 2800\text{mm}$，$f_0/B_0 = 1/4$，采用双线运输，选用 I 型轨枕，15kg/m 的钢轨，I 型水沟，YGC0.7 型矿车，具体尺寸在绘制巷道图元部分（C.1 节）已经给出，此处不再重复。查阅井巷工程类书籍，确定运输设备的宽度 $b = 980\text{mm}$，运输设备到支护体的间隙 $b_1 = 460\text{mm}$，人行道的宽度 $b_2 = 1260\text{mm}$，运输设备间的间隙 $m = 320\text{mm}$，非人行道侧线路中心线到支架的距离 $A = 950\text{mm}$，双轨运输线路中心距 $F = 1300\text{mm}$，人行道侧线路中心线到支护体的距离 $C = 1750\text{mm}$，混凝土支护厚度 $d_1 = 150\text{mm}$，混凝土支护深入底板水平 $d_2 = 150\text{mm}$。

C.3 竖井断面

竖井井筒装备包括罐笼、箕斗等提升容器以及罐道梁、罐道、梯子间、管路、电缆等辅助设备。由于罐道梁、罐道、管路和电缆等的绘制过于简单，本节不再一一练习。

C.3.1 梯子间

有安全出口作用的竖井必须设梯子间。梯子间除用作安全出口外，平时还用于竖井内各种设备的检修。梯子间一般布置在罐笼井中，箕斗井中可不设梯子间。梯子间通常布置在井筒的一侧,并用隔板与提升间、管缆隔开。梯子间的布置,按上下两层梯子安设的相对位置不同,可以分为并列布置、交错布置和顺列布置三种形式,如附图 3.23 所示。梯子倾角不大于 80°;相邻两梯子平台的距离不大于 8m,通常按罐梁层间距大小而定;上下相邻平台的梯子孔错开布置,梯子口尺寸不小于 0.6m×0.7m;梯子上端应高出平台1m;梯子下端离开井壁不小于 0.6m,脚踏板间距不大于 0.4m,梯子宽度不小于 0.4m。

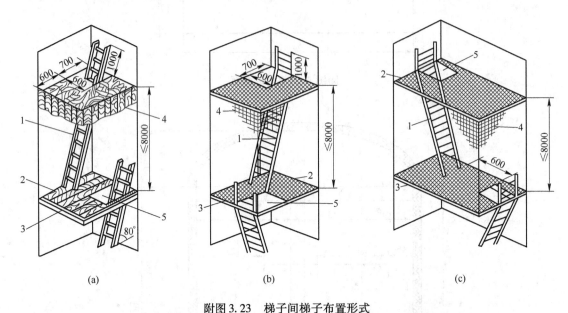

附图 3.23 梯子间梯子布置形式

(a) 并列布置 $(S_小 = 1.3m×1.2m)$;(b) 交错布置 $(S_小 = 1.3m×1.4m)$;(c) 顺列布置 $(S_小 = 1m×2m)$

1—梯子;2—梯子平台;3—梯子梁;4—隔板;5—梯子口

练习竖井断面基本图元梯子间的绘制方法,包括并列布置、交错布置和顺列布置三种梯子间梯子布置方式。查阅《采矿工程 井巷工程卷》得到本练习中梯子间的相关参数。并列布置:梯子口长度 $L = 1300mm$,宽度 $W = 1200mm$,梯子水平长度 $B = 700mm$,脚踏板间距(斜长)$L_1 = 300mm$,梯子角度 $\alpha = 80°$,脚踏板间距(水平)$L_2 = 52.1mm$,梯子宽度 $B_0 = 400mm$,梯子距离梯子口边壁的间隙 $B_1 = B_2 = 150mm$。交错布置:梯子口长度 $L = 1300mm$,宽度 $W = 1400mm$,梯子水平长度 $B = 700mm$,脚踏板间距(斜长)$L_1 = 300mm$,梯子角度 $\alpha = 80°$,脚踏板间距(水平)$L_2 = 52.1mm$,梯子宽度 $B_0 = 400mm$,梯子距离梯子口边壁的间隙 $B_1 = B_2 = 200mm$。顺列布置:梯子口长度 $L = 2000mm$,宽度 $W = 1000mm$,梯子水平长度 $B = 700mm$,脚踏板间距(斜长)$L_1 = 300mm$,梯子角度 $\alpha = 80°$,脚踏板间距(水平)$L_2 = 52.1mm$,梯子宽度 $B_0 = 400mm$,梯子距离梯子口边壁的间隙 $B_1 = 150mm$。

(1)并列布置。并列布置梯子平面图如附图 3.24 所示。

(2)交错布置。交错布置梯子平面图如附图 3.25 所示。

(3)顺列布置。顺列布置梯子平面图如附图 3.26 所示。

C.3.2 箕斗与罐笼

目前矿山竖井的提升容器有罐笼和箕斗两种。罐笼用途广泛,可以提升矿石、废石、

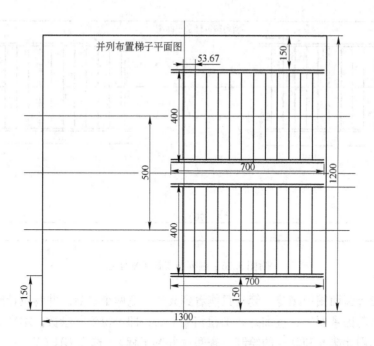

附图 3.24　并列布置梯子平面图

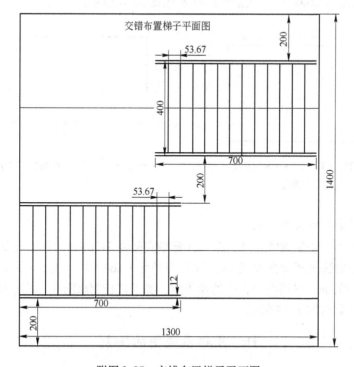

附图 3.25　交错布置梯子平面图

设备和人员，但罐笼的生产能力低，一般用作副井的提升容器。箕斗只用来提升矿石（也可以提升废石），提升速度快，生产能力大，用于产量高的主井。

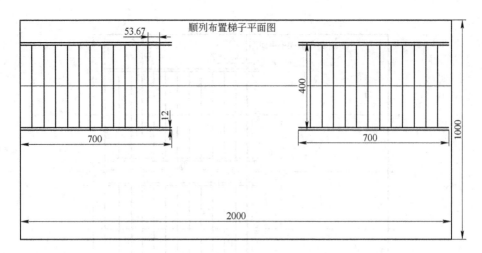

附图 3.26　顺列布置梯子平面图

在井巷设计断面图中罐笼、箕斗只能看到其长、宽两个参数。井巷设计时，根据矿山设计生产能力等因素要求，查询井巷工程相关书籍，即可得到其参数。本次练习要求掌握竖井断面基本图元罐笼和箕斗的绘制。查阅《井巷工程》，选择 GLS(Y) -1×1/1 型立井单绳罐笼，长度为 2550mm，宽度为 1156mm；选择 JL(Y) -6 型立井单绳提矿箕斗，长度为 2200mm，宽度为 1100mm，如附图 3.27 和附图 3.28 所示。

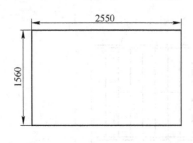

附图 3.27　GLS(Y) -1×1/1 型
立井单绳罐笼

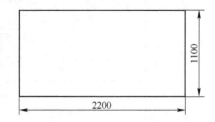

附图 3.28　JL(Y) -6 型立井单绳提矿箕斗

C.3.3　罐笼井断面图绘制

综合以上练习，绘制罐笼井断面图。井筒净直径为 5100mm，井壁混凝土支护厚度为 300mm，提升容器选用罐笼配平衡锤，罐笼型号为 GL6(Y7) -1.5×2/2 型，尺寸为长 3300mm，宽 1530mm。采用顺列布置的梯子间，梯子口长 2000mm，宽度方向与井筒内壁相接。其余尺寸如附图 3.29 所示。

D　开拓系统图的绘制

D.1　井底车场设计图

井底车场连接着井下运输和井筒提升，提升矿石、废石和下送材料、设备等都要在这里转运，因而在井筒附近设置储车线、调车线、绕道等工程。此外，井底车场也为升降人

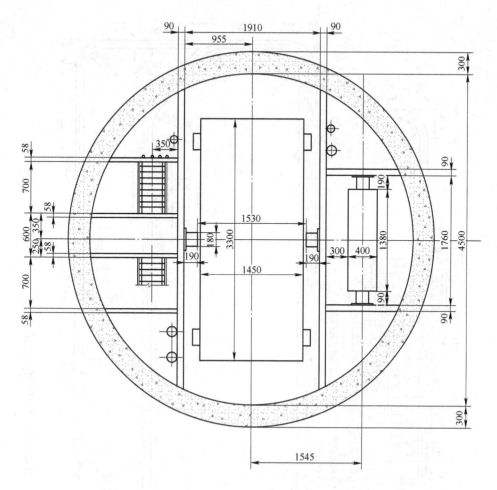

附图3.29 罐笼配平衡锤

员、排水等工作服务，所以相应地还要在井筒附近设置一些硐室，如候罐室、水仓、变电所等。井底车场就是这些硐室和工程的总称。井底车场设计属于井巷设计中的重要部分，设计方法参考井巷工程，如附图3.30所示。

D.2 开拓系统投影图

开拓系统投影图可以很清晰地表示出开拓系统的总体布置情况，如附图3.31所示。

D.3 风井布置形式

任何一个地下矿山，必须要有两个以上的独立出口通达地面，以便于通风和作为安全出口，因此除了主井或平硐外，还应有副井或通风平硐等。副井除用作通风和安全出口外，有时还用于上下设备、材料、人员，并提升废石或一部分矿石。按主井和副井的相关位置，风井布置形式有中央并列式、中央对角式和侧翼对角式。

本练习分别绘制中央并列式、中央对角式和侧翼对角式三种风井布置形式，以加深对采矿过程的理解，熟练掌握采矿工程图纸的绘制。

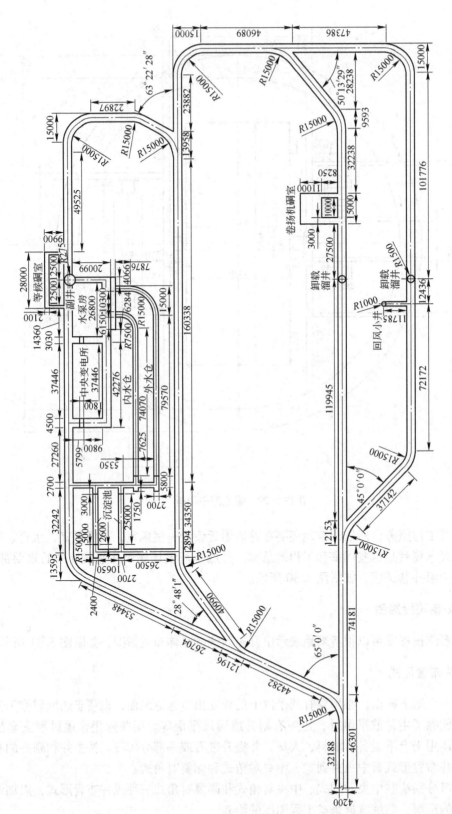

附图 3.30　井底车场设计图

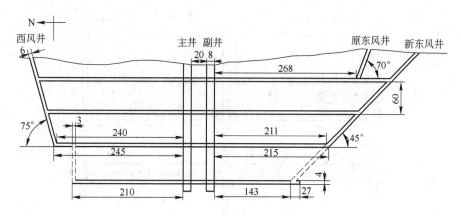

附图3.31　开拓系统投影图

（1）中央并列式。中央并列式是指主井和副井均位于矿体中央部位的布置形式，且两井之间的间距小于30m，如附图3.32所示。该图主要由矿体、入风井、排风井、天井和沿脉运输巷道组成，各组成部分的具体尺寸参数为：矿体长280m，宽15m，高30m，入风井直径6m，排风井直径6m，入风井和排风井距离矿体下盘分别为15m和20m，沿脉运输巷道宽3m，距矿体下盘4m，风井直径2m，紧挨沿脉运输巷道布置。

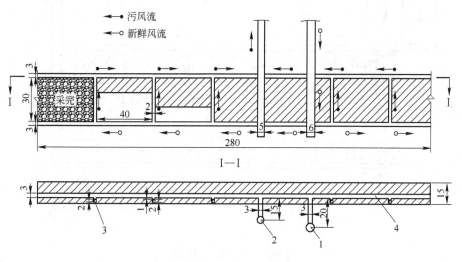

附图3.32　中央并列式
1—入风井；2—排风井；3—天井；4—沿脉运输巷道

（2）中央对角式。中央对角式是指主井布置在矿体中央，可兼作入风井，在矿体两翼各布置一个风井，作为出风井，如附图3.33所示。该图主要由矿体、主井、副井、石门、天井和沿脉巷道组成，各组成部分的具体尺寸参数为：矿体长260m，宽8m，高30m，主井直径6m，风井直径6m，石门宽3m，长15m，沿脉运输巷道宽3m，紧挨矿体下盘，天井直径2m，紧挨沿脉运输巷道布置。

（3）侧翼对角式。侧翼对角式是指主井布置在矿体的一翼，副井布置在矿体的另一翼，由主井进风，副井排风，如附图3.34所示。该图主要由矿体、主井、副井、天井和

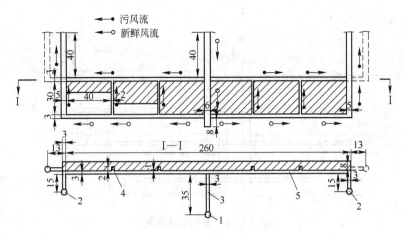

附图 3.33　中央对角式
1—入风井；2—排风井；3—石门；4—天井；5—沿脉运输巷道

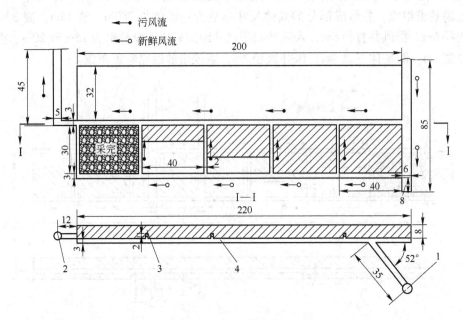

附图 3.34　侧翼对角式
1—主井；2—副井；3—天井；4—沿脉运输巷道

沿脉巷道组成，各组成部分的具体尺寸参数为：矿体长 220m，宽 8m，高 30m，主井直径 6m，副井直径 6m，石门长 35m，与矿体斜交 52°，沿脉运输巷道宽 3m，紧挨矿体下盘，风井直径 2m，紧挨沿脉运输巷道布置。

E　落　矿

E.1　浅孔落矿设计

浅孔落矿设计的主要内容包括：炮孔长度、炮孔直径、填塞长度、炮孔排距、炮孔孔距，最小抵抗线和炮孔倾角等。本练习要求分别绘制单层回采工作面、下向梯段工作面、上向梯段工作面的炮孔布置图，相关的尺寸如附图 3.35 所示（注：附图 3.35（c）中的矿石堆可参照图中样式绘制，没有具体尺寸的要求，有关炮孔相关尺寸可以在矿山爆破及采矿工程类数据中查询）。

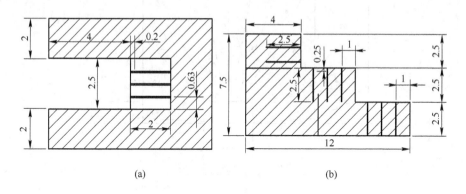

(a)   (b)

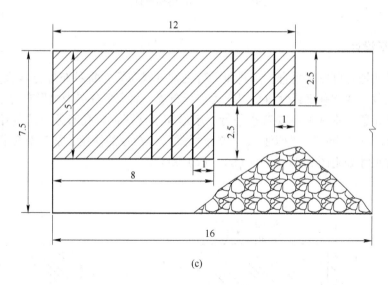

(c)

附图 3.35　浅孔落矿设计

(a) 单层回采工作面炮孔；(b) 下向梯段工作面；(c) 上向梯段工作面

E.2　中深孔落矿设计

中深孔落矿的炮孔布置方式常采用扇形布置，可分为上向扇形和水平扇形两种。绘制扇形中深孔时需要确定凿岩边界、巷道尺寸凿岩中心、边孔角、填塞长度、炮孔直径、孔底距等参数。本练习要求绘制周边循环式中深孔布置，相关尺寸如附图 3.36 所示。凿岩边界宽 10m，高 10m；巷道高 2.6m，宽 2.8m，其两端距离凿岩边界 3.6m；凿岩中心距巷道底板 1.4m；边孔角 3°；以 1.8m 的孔底距绘制扇形炮孔。

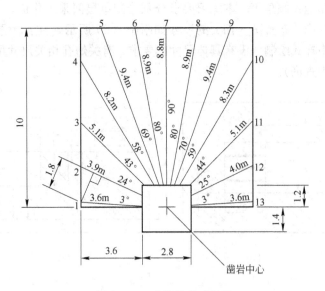

附图 3.36　中深孔落矿设计

E.3　深孔落矿设计

　　深孔落矿的炮孔可按照垂直、倾斜和平行三种方式布置，每种布置方式又分为扇形、平行和束状三种。通常垂直或倾斜分层均为平行布置，而水平分层为扇形布置，在某些情况下还有束状布置。本练习主要考察平行、扇形和束状三种炮孔布置方式的绘制，掌握"hatch"、"line"、"pline"、"标注"、"文字样式"等命令的使用，加深对深孔落矿方式的理解。相关尺寸如附图 3.37（a）、（b）、（c）所示。

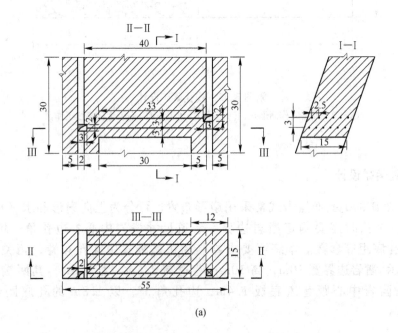

(a)

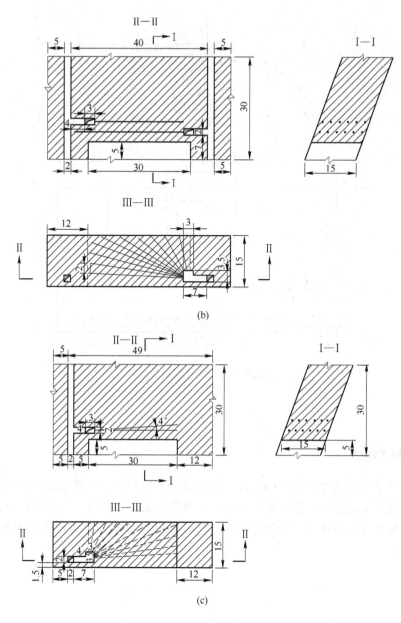

附图 3.37　深孔落矿设计

（a）平行深孔；（b）扇形深孔；（c）束状深孔

E.4　巷道掘进炮孔布置图

　　金属矿山大多采用凿岩爆破方法进行掘进。典型巷道掘进常采用浅孔爆破的方式，炮孔主要分为掏槽孔、辅助孔和周边孔三类。本练习要求绘制巷道掘进炮孔布置图，图中巷道断面采用半圆拱形，巷道净宽 $B_0 = 4000\text{mm}$，墙高 $H_1 = 2000\text{mm}$，拱高 $f_0 = 2000\text{mm}$。采用锥形掏槽方式，共布置 4 个掏槽孔，孔径 40mm，设置 14 个辅助孔和 22 个周边孔，具体尺寸如附图 3.38 所示。

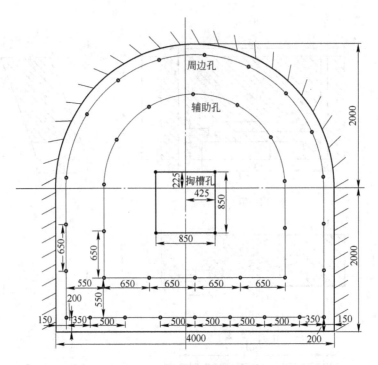

附图 3.38　掘进爆破设计

F　矿　石　运　搬

F.1　漏斗受矿巷道

漏斗受矿巷道适用于各种矿体条件。由于对底柱切割较少，其稳定性较好，是目前应用最广泛的受矿巷道形式。漏斗的形状可分为方形和圆形，但对于受矿条件没有本质的影响。本练习要求绘制对称布置的圆形漏斗，其具体尺寸及典型布置形式如附图 3.39 和附图 3.40 所示。

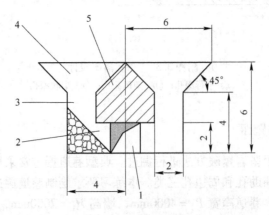

附图 3.39　漏斗细部

1—电耙巷道；2—斗穿；3—漏斗颈；4—漏斗；5—桃形矿柱

（1）漏斗细部图。

（2）漏斗布置形式图。

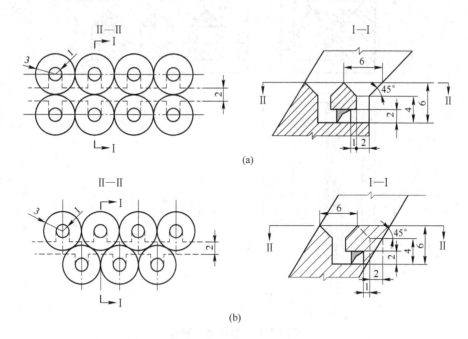

附图 3.40　漏斗布置形式
(a) 对称布置；(b) 交错布置

F.2　堑沟受矿巷道

堑沟受矿巷道将各个漏斗沿纵向连通，形成一个 V 形槽。它把拉底和扩漏两项作业结合起来，提高了切割工作效率。本练习要求绘制典型堑沟受矿巷道布置图，具体尺寸如附图 3.41 所示。

F.3　平底受矿巷道

平底受矿巷道，其特点是拉底水平和电耙巷道在同一高度上，采下的矿石在拉底水平形成三角矿堆，上面的矿石借自重经放矿口流入耙道中。本练习要求绘制电耙出矿平底受矿巷道图，具体尺寸如附图 3.42 (a)、(b) 所示。

G　典型采矿方法示意图

G.1　空场采矿法

留矿采矿法是空场采矿法的一种，它的特点是工人直接在矿房暴露面下的矿堆上作业，自下而上分层回采，每次采下的矿石靠着自重放出三分之一左右（对于倾角较缓的矿体也可部分借助于电耙运搬），其余留在矿房中作为继续上采的工作台。在矿房全部回采结束后再进行大量放矿，将矿石全部放出。其中全面留矿采矿法的典型示意图及其具体尺寸如附图 3.43 所示。

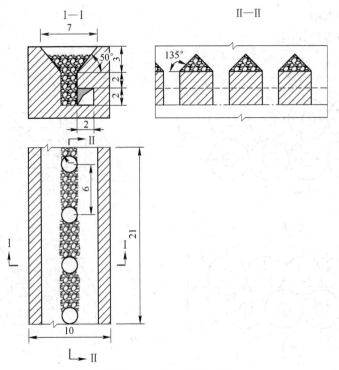

附图 3.41　堑沟受矿巷道

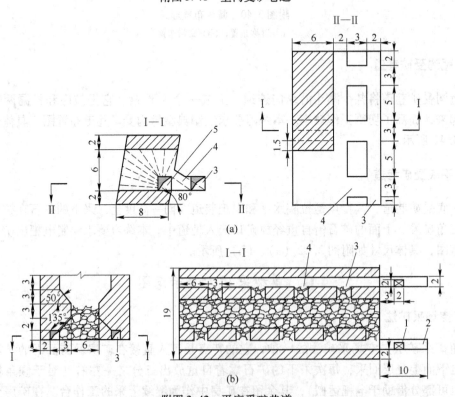

附图 3.42　平底受矿巷道
(a) 单电耙道出矿；(b) 双电耙道出矿
1—溜井；2—电耙绞车硐室；3—电耙巷道；4—放矿口；5—拉底巷道

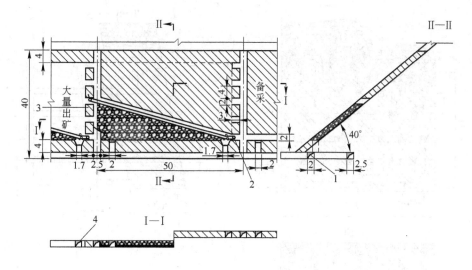

附图3.43 全面留矿采矿法
1—沿脉巷道（2.5m×2m）；2—电耙绞车；3—间柱；
4—矿石溜井（2m×2m）

G.2 崩落采矿法

无底柱分段崩落法的基本特征是：分段下部未设由专用出矿巷道所构成的底部结构；分段的凿岩、崩矿和出矿等工作均在回采巷道中进行。其典型的采矿方法图及其具体尺寸如附图3.44所示。

G.3 充填采矿法

进路充填采矿法和分层充填采矿法的工艺基本相同，实际上就是将分层划分为多条进路进行回采。其典型的采矿方法图及其具体尺寸如附图3.45所示。

H 露天开采

H.1 台阶坡面线

台阶要素：台阶高度12m，工作坡面角70°，台阶宽度12m。台阶坡面线要求采用自定义线型的方式绘制，如附图3.46所示。

H.2 炮孔布置方式图

台阶参数：台阶高度12m，平台宽度25m，工作坡面角70°。附图3.47（a）、（b）给出了两种典型炮孔布置方式图，其中炮孔抵抗线2m，排距3m，孔距6m；共布置三排炮孔，孔径310mm。

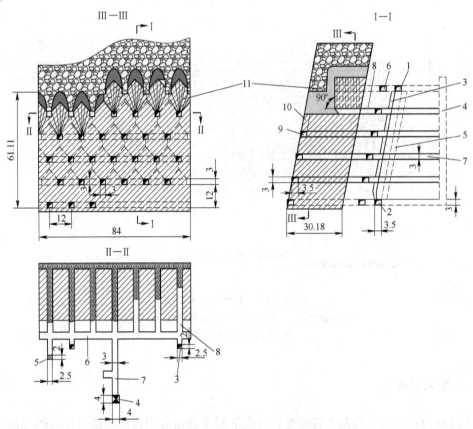

附图 3.44　无底柱分段崩落法

1，2—上、下阶段岩脉运输巷道；3—矿石溜井；4—设备井；5—通风行人天井；6—分段运输平巷；
7—设备井联络道；8—回采巷道；9—分段切割平巷；10—切割天井；11—上向扇形炮孔

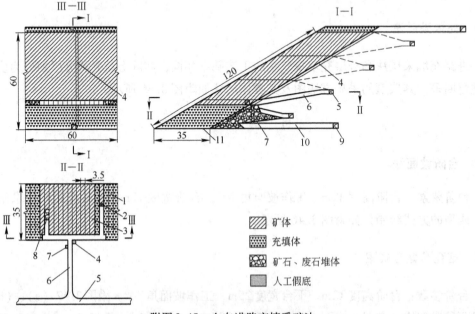

矿体

充填体

矿石、废石堆体

人工假底

附图 3.45　上向进路充填采矿法

1—已充填进路；2—炮孔；3—待开采进路；4—通风充填井；5—分段运输巷；6—分层联巷；
7—泄水井；8—崩落矿石；9—阶段运输巷；10—出矿穿脉；11—人工假底

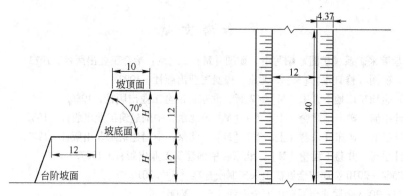

附图 3.46 台阶参数图

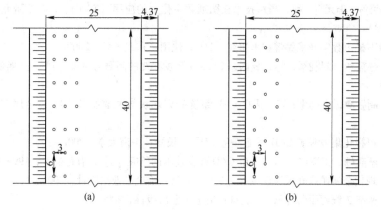

附图 3.47 露天炮孔布置示意图

(a) 直列布置; (b) 错列布置

参 考 文 献

[1] 东北工学院采矿系《矿图》编写组. 矿图 [M]. 北京：冶金工业出版社，1973.
[2] 周冠军. 矿图（修订本）[M]. 北京：煤炭工业出版社，1993.
[3] 解世俊. 金属矿床地下开采 [M]. 2 版. 北京：冶金工业出版社，1986.
[4] 采矿设计手册 矿产地质卷（上、下）[M]. 北京：中国建筑工业出版社，1987.
[5] 采矿设计手册 矿床开采卷（上、下）[M]. 北京：中国建筑工业出版社，1987.
[6] 采矿设计手册 井巷工程卷 [M]. 北京：中国建筑工业出版社，1987.
[7] GB/T 50564—2010 金属非金属矿山采矿制图标准 [S]. 2010.
[8] GB 16423—2006 金属非金属矿山安全规程 [S]. 2006.
[9] 孙豁然，徐帅. 论数字矿山 [J]. 金属矿山，2007，2：1～5.
[10] 徐帅，孙豁然，李元辉，等. 摄影技术在图纸数字化上的应用研究 [J]. 矿业研究与开发，2009，2：76～78.
[11] 徐帅. 地下矿山数字开采关键技术研究 [D]. 沈阳：东北大学，2009.
[12] 邵安林，孙豁然，刘晓军，等. 我国采矿 CAD 开发存在的问题与对策 [J]. 金属矿山，2004，2：1～4，19.
[13] 陈建宏，周智勇，古德生，等. 采矿 CAD 系统研究现状与关键技术 [J]. 金属矿山，2004，10：5～9.
[14] 陈建宏. 可视化集成采矿 CAD 系统研究 [D]. 长沙：中南大学，2002.
[15] 董卫军，蔡美峰，王双红. 有关采矿 CAD 开发技术的研究 [J]. 有色矿业，1999（1）：4～6.
[16] 古德生. 现代金属矿床开采科学技术 [M]. 北京：冶金工业出版社，2006.
[17] 于润沧. 采矿工程师手册 [M]. 北京：冶金工业出版社，2009.
[18] 廖浩得. 新编中文 AutoCAD 2008 实用教程 [M]. 西安：西北工业大学出版社，2009.
[19] 郑西贵，吴秀萍，涂建山. 井底车场图册 [M]. 徐州：中国矿业大学出版社，2008.
[20] 万志军，赵培荣，张东升. 采矿专业毕业设计文件 [M]. 徐州：中国矿业大学出版社，2008.
[21] 郑西贵，郑友山. 井筒断面图册 [M]. 徐州：中国矿业大学出版社，2008.
[22] 王强，崔志勇，屠志浩. 开拓方案主要经济数据及毕业设计制图标准 [M]. 徐州：中国矿业大学出版社，2008.
[23] 林在康，宫良伟，牛贵明. 采矿 CAD 设计软件及应用 [M]. 徐州：中国矿业大学出版社，2008.
[24] 舍斯塔科夫 B A. 矿山设计 [M]. 李祥仪，杜竞中，李国乔译，熊国华校. 北京：冶金工业出版社，1992.
[25] 邹光华，吴健斌. 矿山设计 CAD [M]. 北京：煤炭工业出版社，2007.
[26] 王作棠，周华强，谢耀社. 矿山岩体力学 [M]. 徐州：中国矿业大学出版社，2007.
[27] 郑西贵，李学华. 采矿 AutoCAD 2006 入门与提高 [M]. 徐州：中国矿业大学出版社，2005.
[28] 郭红利，张元莹. 工程制图 [M]. 北京：科学出版社，2008.
[29] 袁泽虎，戴锦春. 计算机辅助设计与制造 [M]. 北京：中国水利水电出版社，2004.
[30] 潘云鹤. 智能 CAD 方法与模型 [M]. 北京：科学出版社，1997.
[31] 林在康. 采矿 CAD 开发及编程技术 [M]. 徐州：中国矿业大学出版社，1998.
[32] 李纯. 工程 CAD 技术基础 [M]. 北京：中国电力出版社，1996.
[33] 杨春峰，于群. 工程制图与 CAD [M]. 沈阳：辽宁科学技术出版社，2009.
[34] 郑坚. 计算机辅助制造（CAD/CAM）[M]. 北京：电子工业出版社，1997.
[35] 袁太生，金萍，江冰. 计算机辅助设计教程 [M]. 北京：中国电力出版社，2002.

冶金工业出版社部分图书推荐

书　名	作　者	定价(元)
Multisim 虚拟工控系统实训教程	王晓明　沈明新	20.00
PLC 控制技术与程序设计	王鹏飞　李　旭	46.00
PLC 综合实训教程	黄　超	39.00
Python 程序设计基础项目化教程	邱鹏瑞　王　旭	39.00
传感器技术与应用项目式教程	牛百齐	59.00
大中型 PLC 实训教程	郭利霞　罗　妤	35.00
电机与电气控制技术项目式教程	陈　伟	39.80
电力拖动数字控制系统设计	潘月斗　李华德	28.00
电力系统微机保护（第3版）	张明君　伦淑娴　王　巍　等	48.00
电路基础	谢　扬　吉志敏　李伟欣	49.00
电气传动系统综合实训教程	王华斌	29.00
电气控制技术与 PLC	刘　玉	45.00
电子封装技术实验	王善林　陈玉华	32.00
工业自动化生产线实训教程（第2版）	李　擎　阎　群　崔家瑞　等	39.00
机械工程基础（第2版）	韩淑敏	31.00
机械制图	孙如军　李　泽　孙　莉	49.00
机械制造基础	赵时璐	45.00
矿山三维激光空间感知技术及应用	张　达　杨小聪　陈　凯	69.00
三维数字化建模技术与应用	李恒凯　李子阳　武镇邦	39.00
微机电系统概论	邱丽芳　谢仲添	31.00
遥感实验教程	况润元　李海翠　艾云婵　等	38.00
遥感专题信息处理与分析	李恒凯	39.00
电气控制与 S7-1200 PLC 应用技术案例教程	郭利霞	55.00
智能控制理论与应用	李鸿儒　尤富强	69.90
智造创想与应用开发研究	廖晓玲　徐文峰　徐紫宸	35.00
自动控制原理及应用项目式教程	汪　勤	39.80
工程制图与 CAD	刘　树	39.00
工程制图与 CAD 习题集	刘　树	39.00